SPRINGER LABOR MANUAL

T0178221

Springer

Berlin
Heidelberg
New York
Barcelona
Budapest
Hongkong
London
Mailand
Paris
Santa Clara
Singapur
Tokio

Martin Holtzhauer

Biochemische Labormethoden

Dritte, korrigierte Auflage
mit 15 Abbildungen und 79 Tabellen

Springer

Dr. rer. nat. habil. Martin Holtzhauer
BioGenes GmbH
Köpenicker Straße 325
12555 Berlin

ISBN 3-540-62435-X 3. Aufl. Springer-Verlag Berlin Heidelberg New York
ISBN 3-540-58584-2 2. Aufl. Springer-Verlag Berlin Heidelberg New York

Die Deutsche Bibliothek – Cip-Einheitsaufnahme
Holtzhauer, Martin:
Biochemische Labormethoden : mit 79 Tabellen / Martin Holtzhauer.
3., korrigierte Aufl. - Berlin ; Heidelberg ; New York ; Barcelona ; Budapest ;
Hongkong ; London ; Mailand ; Paris ; Santa Clara ; Singapur ; Tokio : Springer, 1997
    (Springer-Labor-Manual)
    ISBN 3-540-62435-X

Satz: Datenkonvertierung durch Lewis & Leins Buchproduktion, Berlin;
Herstellung: ProduServ GmbH Verlagsservice, Berlin
SPIN: 10565832   02/3020 - 5 4 3 2 1 0 - Gedruckt auf säurefreiem Papier

Vorwort zur 3. Auflage

Vor reichlich zehn Jahren erstellte ich ein Manuskript mit dem Titel „Biochemische Arbeitsblätter", das aus der Suche nach und Dokumentation von verläßlichen, überprüften Arbeitsanleitungen für die tägliche Routine im biochemischen Labor entstanden war. Es sollte im Anspruch zwischen Praktikumsanleitungen und hochspezialisierten methodischen Büchern stehen. Und um auf dem Labortisch Platz zu finden, sollte es nicht zu dick und mit theoretischen Erörterungen überfrachtet werden. Gelegentlich einer Leipziger Messe sprach ich am Stand des Springer-Verlags Herrn Dr. STUMPE an und gab ihm das Manuskript zu Prüfung. Nach kurzer Zeit teilte Herr Dr. STUMPE mit, daß der Springer-Verlag den Versuch wagen und die Versuchsvorschriften in den „Heidelberger Taschenbüchern" herausbringen wolle. So erschien 1988 die nunmehr „Biochemische Labormethoden" geheißene Sammlung als Band 249 dieser Reihe.

Es setzte ein freundlich-kritischer Dialog mit Lesern und Nutzern ein und es wurde ein Ziel meines Unterfangens, zur reflektierenden Nutzung von Laborverfahren anzuregen, angenommen.

Als 1995 das zuständige Lektorat des Springer-Verlags, nunmehr unter der Leitung von Frau Dr. MARION HERTEL, eine Neuauflage ins Auge faßten, bot sich die Gelegenheit, nicht nur Schreibfehler auszumerzen, sondern den Hinweisen von Kolleginnen und Kollegen und des Heidelberger Lektorats zu folgen und Streichungen, aber auch Ergänzungen vorzunehmen. Auch die zweite, überarbeitete Auflage der „Biochemischen Labormethoden" wurde freundlich aufgenommen. So kommt es, für mich überraschend schnell, zu einer dritten Auflage. Zeit für wesentliche inhaltliche Veränderungen bestand nicht, auch die im Vorwort zur 2. Auflage formulierten Anliegen und Ziele der Kollektion bleiben bestehen. Also wurden nur immer noch vorhandene Schreibfehler eliminiert. Dafür gebührt mein ganz besonderer Dank Frau EDITH MICHEEL, die mich gewissenhaft und ohne Betriebsblindheit unterstützte.

Während die dritte Auflage der „Biochemischen Labormethoden" in Druck geht, endet vorfristig (vorerst) meine wissenschaftlich-praktische Tätigkeit, ein Schicksal, das ich im Augenblick mit vielen ostdeutschen Wissenschaftlerinnen und Wissenschaftlern teile. Trotzdem hoffe ich weiter auf Hinweise von Fachkolleginnen und -kollegen, Neulingen wie „Alten Hasen", denn da es in der Biochemie nicht perfekte, allen Anforderungen auf Dauer gerecht werdende Methoden gibt, fordern die bestehenden eine stete Weiterentwicklung heraus, die selbstverständlich auch in einer praxisorientierten Sammlung reflektiert werden muß.

Martin Holtzhauer　　　　　　　　　Berlin-Karlshorst, im Frühjahr 1997

Inhaltsverzeichnis

Abkürzungen

A_{280}	Absorption (Extinktion) von Licht der Wellenlänge 280 nm
Ag	Antigen
Ak	Antikörper
AP	alkalische Phosphatase
bp	Basenpaare (Nucleinsäure)
BSA	Rinder-Serumalbumin (engl. bovine serum albumin)
% C	prozentualer Anteil an Vernetzer (engl. cross-linker), bezogen auf die Gesamtmenge T an Acrylamid-Monomeren
cAMP	cyclo-AMP
cc	konstanter Strom (engl. constant current)
cv	konstante Spannung (engl. constant voltage)
D	Dalton (relative Molmasse)
DMF	Dimethylformamid
DMSO	Dimethylsulfoxid
dpm	Zerfälle pro Minute (engl. decays per minute)
DTE	erythro-1,4-Dimercapto-2,3-butandiol (Dithioerythreitol, Clelands Reagenz)
DTT	threo-1,4-Dimercapto-2,3-butandiol (Dithiothreitol, Clelands Reagens)
$E_{280}^{1\%}$	Extinktionskoeffizient einer 1 %igen Lösung bei der Wellenlänge 280 nm
ε_{280}	molarer Extinktionskoeffizient bei der Wellenlänge 280 nm
EDTA	Ethylendiaminotetraessigsäure, Na_2-Salz
EGTA	Ethylenglycol-bis(N,N,N',N'-aminoethyltetraessigsäure)
EIA	Enzym-Immunoassay (engl. enzyme-linked immunoassay), auch ELISA
g	relative Zentrifugalbeschleunigung ($1 \cdot g = 9{,}81 \ m \cdot s^{-2}$)
g_{av}	g bei mittlerem Abstand von der Rotorachse
g_{max}	g bei maximalem Abstand von der Rotorachse
I	Ionenstärke
Ig	Immunoglobulin (z.B. IgG - Immunoglobulin G)
M	molar (Mole pro Liter)
M_r	relative Molmasse
mAK	monoklonaler Antikörper
mol-%	Moleküle pro 100 Moleküle bzw. Mole pro 100 Mole
N	normal (Vale pro Liter)
NEM	N-Ethylmaleinimid
PAGE	Polyacrylamid-Gelelektrophorese
PBS	phosphatgepufferte physiologische Kochsalzlösung (engl. phosphate buffered saline)
pI	isoelektrischer Punkt

pK	negativer dekadischer Logarithmus der Gleichgewichtskonstanten
PMSF	Phenylmethansulfonsäurefluorid
POD	Meerrettich-Peroxidase (engl. horse-radish peroxidase, HRP)
PVDF	Polyvinylidendifluorid (Material für Ultrafiltrations- und Blotting-Membranen)
R_f	relative Laufstrecke
rpm	Umdrehungen pro Minute (engl. revolutions per minute)
ρ	Dichte
SDS	Natrium-dodecylsulfat (engl. sodium dodecylsulfate)
% T	gewichtsprozentualer Anteil an Gesamt-Acrylamid in einem PAGE-Gel (Acrylamid + Vernetzer)
TBS	Tris-gepufferte physiologische Kochsalzlösung (engl. Tris buffered saline)
TCA	Trichloressigsäure
Tris	Tris-hydroxymethyl-aminomethan
v/v	Volumen pro (Gesamt-)Volumen
w/v	Masse pro (Gesamt-)Volumen
w/w	Masse pro (Gesamt-)Masse

1 Quantitative Methoden

1.1 Quantitative Proteinbestimmungen

Die quantitative Bestimmung von Proteinen ist eines der generellen Erfordernisse der Biochemie. Betrachtet man die in der Literatur beschriebenen Methoden zur schnellen, empfindlichen Ermittlung der Proteinmenge, so erhält man fast eine Widerspiegelung der Vielfalt der Eiweiße, denn die Zahl der quantitativen proteinanalytischen Methoden bzw. ihrer Modifikationen scheint unermeßlich.

Die hier vorgestellten Verfahren beruhen jeweils auf distinkten Eigenschaften der Proteine. Man gewinnt deshalb exakte Aussagen nur für den Fall, daß man ein möglichst heterogenes Proteingemisch mit einem möglichst universellen Standardprotein vergleicht, sofern nicht (eingewogener) Standard und zu bestimmendes Protein die gleichen Substanzen sind. Doch bereits mit der Auswahl des Standards beginnen die Probleme, denn der Biochemiker weiß, wie schwer ein Protein zu präparieren ist, das chemisch-analytischen Kriterien gerecht wird.

Je weiter im Verlauf einer Präparation ein Protein gereinigt wird, um so größer können die Abweichungen sein, die zwischen seiner tatsächlichen Menge und der mit einer beliebigen Methode bestimmten liegen. Tabelle 1.3 soll einen Eindruck davon vermitteln, wie weit die nach drei verschiedenen Verfahren bestimmten Proteinmengen von einer Einwaage dieser Proteine abweichen können. Um die prinzipiellen Unsicherheiten der Proteinbestimmung nicht noch durch eine aus der Methode resultierende Fehlermöglichkeit zu vergrößern, ist es angeraten, z. B. im Verlauf einer Reinigungsprozedur, wenn man Bilanzen aufstellen möchte, die Bestimmungsmethode nicht ohne zwingenden Grund zu wechseln.

Ist man sich dieser Problematik bewußt, kann man natürlich unbedenklich Protein im Vergleich zu einem Standard nach einer der nachstehend beschriebenen Methoden messen, nur fällt dann eine kategorische Aussage wie z. B. "... das erhaltene, ... reine Produkt hat eine spezifische Aktivität von ... Einheiten *pro Milligramm Protein*" etwas schwer.

Literatur

C.M.STOSCHECK (1990) Meth. Enzymol. *182*, 50-68
M.HOLTZHAUER (Hrsg.) (1996) Methoden in der Proteinanalytik. Springer, Berlin, 386-389

1.1.1 Proteinbestimmung nach Lowry u. Mitarbeitern

1.1.1.1 Standardmethode

Diese Vorschrift ist gegenüber der Originalarbeit von Lowry u. Mitarb. etwas modifiziert, um mit geringeren Volumina arbeiten zu können.

Es ist zu beachten, daß diese Proteinbestimmungsmethode, die die Oxidierbarkeit aromatischer Aminosäuren ausnutzt, sehr leicht von im Probenpuffer enthaltenen Substanzen gestört werden kann. Es empfiehlt sich daher, als Kontroll-(Blank-)Wert proteinfreien Puffer im gleichen Volumen wie die Analysenprobe mitzuführen.[1]

Da die Reaktionsbedingungen von Bestimmung zu Bestimmung geringfügig schwanken können, und die Eichkurve nicht linear verläuft, sollte bei jeder Analyse eine Standardproteinreihe im Bereich von 0 bis 100 µg gemessen werden.

Als Bezugslösung hat sich eine Stammlösung von 5,0 mg/ml Ovalbumin oder BSA mit 0,1 % SDS (w/v) in dest. Wasser bewährt. Diese Lösung ist im Kühlschrank über Monate stabil.

Lösungen

A   20 g Na_2CO_3 (wasserfrei) in 1000 ml 0,1 N NaOH
B   1 g $CuSO_4 \cdot 2H_2O$ in 100 ml dest. Wasser
C   2 g Na,K-Tartrat in 100 ml dest. Wasser
D   Folin-Ciocalteu-Phenolreagenz
     (Stammlösung), 1+1 mit dest. Wasser verdünnt
E   1 Vol. B und 1 Vol. C mischen, dann 50 Vol. A zugeben

Meßwellenlänge > 700 nm

Die Ansätze (möglichst Triplikate) werden wie in Tabelle 1.1 angegeben angesetzt, dann bei 585 nm, oder günstiger (höherer Extinktionskoeffizient) zwischen 700 nm und 745 nm im Photometer gemessen.

Halbmikro-Ansatz

Besonders für kleine Proteinmengen kann der Ansatz noch weiter reduziert werden: 0,10 ml Probe werden mit 0,10 ml

Tabelle 1.1. Pipettierschema Standard-Ansatz in ml

	Blank	Standard	Probe
	–	max. 0,1	–
	–	–	max.0,1
dest.H_2O	0,1	ad 0,1	ad 0,1
Lsg. E	2,0	2,0	2,0
	mischen, 5 bis 10 min bei Raumtemperatur		
Lsg. D	0,2	0,2	0,2
	mischen, 30 bis 45 min bei Raumtemperatur		

0,1 % SDS (w/v) in dest. Wasser und 1,0 ml E und nach 5 Minuten 0,10 ml D versetzt. Die Zeiten sind wie oben. Da im Bereich von 0 bis 30 µg die Eichkurve annähernd linear verläuft, kann hier mit einem Faktor F (F liegt zwischen 60 und 80) und einer im Kühlschrank gelagerten Mischung E mit definiertem Faktor F gearbeitet werden. Nach der Messung der Absorption von Probe (A_{Probe}) und Blank (A_{blank}) erhält man:

$$\text{µg Protein/100 µl} = (A_{Probe} - A_{Blank}) \cdot F$$

Suspensionen von Membranproteinen, Zellhomogenaten etc. sollten vor der Proteinbestimmung mit dem gleichen Volumen 0,1 N NaOH gemischt werden, um die Proteine wirklich in Lösung zu erhalten.

1.1.1.2 Mikromethode

Eine etwa fünfzigfache Empfindlichkeitssteigerung der Methode nach LOWRY und Mitarb. wurde von SARGENT beschrieben. Es können 0,1 bis 1 µg bzw. 4 bis 40 µg/ml Protein bestimmt werden.

A 20 mM $CuSO_4$, 40 mM Citronensäure, 0,1 mM EDTA   Lösungen
B 0,4 M Na_2CO_3, 0,32 M NaOH
C 1 Vol. A mit 25 Vol. B mischen (jeweils frisch bereiten)
D Folin-Ciacoulteau-Stammlösung, 1+1 mit dest. Wasser verdünnt
E 60 µg/ml Malachitgrün in 0,1 M Natrium-maleatpuffer, pH 6,0, 1 mM EDTA

Nach Zugabe von Lösung E kann sofort bei 690 nm gemessen werden. Der Ansatz ist so dimensioniert, daß eine Durchführung in einer Mikrotestplatte möglich ist.   Meßwellenlänge

Tenside (Detergenzien) wie SDS können in höheren Konzentrationen erheblich stören. Wenn bei einem hohen Blankwert die   Ausführung in Mikrotestplatten

Tabelle 1.2. Pipettierschema Mikro-Ansatz in µl

	Blank	Standard	Probe
	–	max. 15	–
Puffer der Probe	max. 15	–	max. 15
dest.H_2O	ad 15	ad 15	ad 15
Lsg. C	15	15	15
	mischen, 15 min bei Raumtemperatur		
Lsg. D	3	3	3
	mischen, 30 bis 45 min Raumtemperatur		
Lsg. E	180	180	180

Differenz zur Probe gering ist, kann man versuchen, die Störung durch Extraktion des Tensids zu eliminieren (vgl. auch Abschn. 1.1.2 und 1.1.4):

Vor Zugabe der Lösung E wird zweimal mit je 1 ml Ether extrahiert. Die wäßrige Phase wird im Vakuum nach Phasentrennung durch Zentrifugation von restlichem Ether befreit (Etherphase verwerfen). Die Eichkurve wird mit BSA im Bereich von 0 bis 1 µg aufgenommen.

Wegen der Extraktion mit Ether können Mikrotestplatten oder Plast-Testgefäße (Ausnahme: „Eppendorf"-Reaktionsgefäße aus Polyethylen oder Polypropylen) in diesem Fall nicht verwendet werden.

Auswertung Da zwischen Protein- und gebildeter Farbstoffmenge kein linearer Zusammenhang besteht (s.a. Abschn. 1.5), muß die Auswertung entweder über ein Computerprogramm mit nicht-linearer Regression (z.B. „Kinetic, EBDA, Ligand, Lowry" von McPherson (Elsevier – Biosoft) oder Prism (GraphPad)) oder über die graphische Darstellung der Eichkurve ausgewertet werden.

Literatur

O.H.Lowry, N.J.Rosebrough, A.L.Farr, R.L.Randall (1951) J. Biol. Chem. *193*, 265-275

M.G.Sargent (1987) Anal. Biochem. *163*, 476-481

1.1.2 Proteinbestimmung nach Lowry und Mitarbeitern in Gegenwart störender Begleitsubstanzen

Sind in der zu untersuchenden Probe größere Mengen die Bestimmung verfälschender Begleitsubstanzen (der Blindwert des Puffers ergibt einen relativ hohen Extinktionswert gegenüber dem Wasserwert), können diese Störfaktoren durch die Anwendung dieser modifizierten Bestimmungsmethode eliminiert werden, allerdings verhindern manche Detergenzien wie z.B. Digitonin die Ausfällung.

Lösungen
A 0,15 % Na-desoxycholat (w/v) in dest. Wasser
B 72 % Trichloressigsäure (w/v) in dest. Wasser
C 1 % $CuSO_4$ (w/v) in dest. Wasser
D 2 % Na,K-Tartrat (w/v) in dest. Wasser
E 3,4 % Natriumcarbonat (wasserfrei) (w/v) in 0,2 N NaOH
F 10 % SDS (w/v) in dest. Wasser
G C, D, E und F vor Gebrauch im Verhältnis 1:1:28:10 mischen
H Folin-Ciocalteu-Phenolreagens (Stammlösung), 1+3 mit dest. Wasser verdünnt

Tabelle 1.3. Vergleich verschiedener quantitativer Protein-Bestimmungsmethoden

Gefundene Proteinmenge in % der Einwaage für hochgereinigte Proteine mittels Mikro-Biuret-Methode (MB), Bestimmung nach LOWRY u. Mitarb. (L) und Bestimmung nach BRADFORD (B)

Protein	MB	L	B
Alkoholdehydrogenase	58	50	78
α-Amylase	68	60	83
Carbonsäureanhydrase	88	89	130
α-Chymotrypsin	94	116	78
Cytochrom c	257	113	253
Fibrinogen	62	73	78
β-Galactosidase	95	99	79
γ-Globulin	94	118	80
Hämocyanin	66	54	92
Hämoglobin	162	83	199
Histon (Gemisch)	97	92	158
Katalase	76	63	97
Lysozym	104	126	99
Myoglobin	137	79	207
Ovalbumin	102	101	94
Ovomucoid	78	83	59
Pepsin	98	128	41
Ribonuclease	118	159	53
Serumalbumin	97	84	211
Thyroglobulin	77	82	93
Transferrin	85	90	126
Trypsin	114	155	49
Trypsininhibitor	91	103	61
Durchschnittswert	101±42	95±29	109±58

nach: BIORAD (1979) Laboratories Bulletin 1059 EG

5 bis 100 µg Protein bzw. Proteinstandard werden mit dest. Wasser auf 1,0 ml aufgefüllt und mit 0,1 ml A versetzt. Nach zehn Minuten bei Raumtemperatur werden 0,1 ml B zugegeben. Es wird gut gemischt und nach fünfzehn Minuten bei Raumtemperatur wird mit 3000·g zentrifugiert (5 Minuten, Raumtemperatur).

Der Niederschlag wird in 1,0 ml dest. Wasser aufgenommen und mit 1,0 ml G versetzt. Dabei löst sich der Niederschlag. Zehn Minuten später werden 0,5 ml H zugegeben, es wird kräftig gemischt und nach 30 bis 45 Minuten im Photometer bei 585 nm, besser bei 700 nm oder 745 nm gemessen. Für einen Mikroansatz können die Volumina nach der Zentrifugation auf 1/5 der angegebenen Mengen reduziert werden.

Literatur

G.L.PETERSON (1977) Anal. Biochem. *83*, 346-356

1.1.3 Proteinbestimmung nach BRADFORD

Störfaktoren

Diese Proteinbestimmungsmethode ist wenig zeitaufwendig und wird durch Pufferchemikalien und reduzierende Stoffe kaum gestört. Allerdings versagt sie, wenn in der Probenlösung Substanzen wie z.B. Detergenzien wie Desoxycholat, Triton X-100 o.ä. vorhanden sind, die in der stark phosphorsauren Lösung grobflockige Niederschläge bilden, und sie ergibt falsche Ergebnisse, wenn die Proteinprobe Mikroheterogenität aufweist, wie es z.B. bei der Bestimmung von nicht solubilisierten Membranproteinen der Fall sein kann.

SDS stört bei Konzentrationen oberhalb 0,2 % empfindlich.[2]

Der Blankwert (proteinfreier Puffer) liegt meist relativ hoch, über 0,45 Extinktionseinheiten, was aber keinen Einfluß auf die Bestimmung hat.

Lösungen

A 0,1 g Coomassie Brilliant Blue G 250 (C.I. 42655 [3]) werden in 50 ml 50%igem Ethanol (v/v) gelöst. Dann werden 100 ml 85%ige Phosphorsäure zugegeben und es wird mit dest. Wasser auf 250 ml aufgefüllt. Diese Stammlösung sollte vor dem Erstgebrauch etwa vier Wochen stehen. Sie ist im Kühlschrank monatelang stabil. Die Lösung ist auch kommerziell und im Kit erhältlich.

Es sollte eine größere Menge dieser Stammlösung hergestellt werden, da unterschiedliche Chargen des Farbstoffs sich negativ auf die Vergleichbarkeit der Ergebnisse über einen längeren Zeitraum auswirken.

B Vor Gebrauch 1 Vol. A mit 4 Vol. dest. Wasser mischen und durch ein Faltenfilter filtrieren.

Meßwellenlänge

Die Proteinlösung (Standard bzw. Probe) kann 10 bis 100 µg Protein enthalten. Nach dem Zusammengeben der Lösungen wird gut gemischt und nach etwa 5 Minuten bei Raumtemperatur wird bei 590 nm (Absorptionsmaximum zwischen 580 und 600 nm) gemessen. Der Farbkomplex ist längere Zeit stabil.

Proteinstandard

Die Eichkurve sollte mit einem Serumalbumin-Standard (5,0 mg BSA pro ml 0,1 % SDS (w/v) in dest. Wasser) im Bereich von 10 bis 125 µg aufgenommen werden.

Tabelle 1.4. Pipettierschema Bradford-Methode in ml

	Blank	Standard	Probe
	–	max. 0,1	–
	–	–	max. 0,1
dest.H$_2$O	0,1	ad 0,1	ad 0,1
Lsg. B	2,0	2,0	2,0

Für Proteinmengen bis 50 µg kann folgende Modifikation genutzt werden: Maximal 50 µl Probenlösung bzw. für den Blindwert die gleiche Menge proteinfreier Puffer werden mit dest. Wasser auf 0,80 ml aufgefüllt, gemischt, mit 0,20 ml A versetzt und wieder gemischt. Danach wird wie oben verfahren. Da im Bereich bis 50 µg die Eichkurve linear verläuft, kann für jede Charge der Lösung A ein Faktor bestimmt werden, so daß die Eichkurve nur in größeren Abständen aufgenommen werden muß.

Modifikation: Halbmikro-Ansatz in Mikrotestplatten

Günstig ist die Verwendung von Einmal-Küvetten oder die Messung in Mikrotestplatten. Aus Glasküvetten können eventuelle Farbstoffrückstände leicht mit 96 %igem Ethanol oder Methanol entfernt werden.

Literatur

M.M.BRADFORD (1976) Anal. Biochem. *72*, 248-254

1.1.4 Proteinbestimmung in Probenlösungen für die SDS-Gelelektrophorese

Einige Bestandteile der Probenpuffer, wie z. B. Tris und 2-Mercaptoethanol, stören die meisten Proteinbestimmungen. Wenn auf die pro Elektrophoresebahn eingesetzte Proteinmenge bezogene Vergleiche angestellt werden sollen und genügend Material vorhanden ist, kann mit dem hier angegebenen Verfahren nach dem Lösen der Probe im Probenpuffer die Proteinmenge bestimmt werden.

A Elektrophorese-Probenpuffer: 62,5 mM Tris·HCl, pH 6,8, 2 % SDS (w/v), 5 % 2-Mercaptoethanol (v/v), 10 % Saccharose (w/v)

Lösungen

B 0,1 M Kalium-Phosphat-Puffer, pH 7,4 (s. Tab. 7.4)
Die Verwendung von Kaliumphosphat ist essentiell!
C 50 mg Coomassie Brillant Blue G 250 in 50 ml dest. Wasser lösen, dann 50 ml 1 M Perchlorsäure zugeben.

20 µl der Probenlösung (Protein in A gelöst) werden mit dest. Wasser auf 50 µl aufgefüllt. Dann werden 0,45 ml B zugegeben.

Nach gutem Mischen läßt man 5 bis 10 Minuten bei Raumtemperatur stehen und zentrifugiert dann mit 1500·g bis 2000·g
10 Minuten bei Raumtemperatur.

Meßwellenlänge   Vom klaren Überstand werden 0,25 ml entnommen und mit
2,75 ml C gemischt. Nach etwa 5 Minuten wird im Photometer
die Extinktion bei 620 nm gemessen.

Die Eichkurve wird mit BSA in A im Bereich von 10 bis 100 µg
gegen einen Blankwert (20 µl A, proteinfrei) aufgenommen.

Literatur

Z.ZAMAN, R.L.VERWILGHAN (1979) Anal. Biochem. *100*, 64-69

1.1.5 Proteinbestimmung mit Amidoschwarz

Lösungen   A 0,1 % Amidoschwarz 10 B (C.I. 20470) (w/v) in 30 % Methanol
(v/v), 70 % Essigsäure (v/v)
B Methanol/Eisessig 8:1 (v/v)
C 10 % Eisessig (v/v) und 30 % Methanol in dest. Wasser
D 1 N NaOH

Die Proteinprobe, die bis zu 200 µg Protein enthalten kann, wird
mit dest. Wasser auf 1,0 ml aufgefüllt. Dazu werden 2,0 ml A
gegeben. Nach intensivem Mischen werden die Proben für 10
Minuten in ein Eisbad gestellt. Anschließend wird 5 Minuten in
einer Kühlzentrifuge bei 4 °C mit 4000·g zentrifugiert.

Der Überstand wird vorsichtig abgesaugt. Der Niederschlag
wird so lange mit B gewaschen, bis der Überstand farblos bleibt.
Nach dem letzten Waschen läßt man den Niederschlag bei Raumtemperatur trocknen.

Meßwellenlänge   Der lufttrockene Niederschlag wird in 3,0 ml D gelöst und im
Photometer bei 625 nm gemessen.

Die Eichkurve wird mit Serumalbumin im Bereich von 10 bis
200 µg aufgenommen.

Modifizierung   Diese Bestimmung kann wie folgt modifiziert werden: Blättchen aus Glasfilterpapier (z.B. Whatman GF/A) werden mit Bleistift numeriert. Auf diese Filter wird nun die Analysenprobe bzw.
der Standard unverdünnt aufgetropft. Die Blättchen werden in A
20 Minuten gefärbt und anschließend in C entfärbt, bis der Hintergrund farblos erscheint. Die Blättchen werden an der Luft
getrocknet und dann mit je 2,0 ml D extrahiert. Der Extrakt wird
gemessen.

dot-blot-   Eine Variante, bei der der Protein-Farbstoff-Komplex auf 0,45-µm-
Methode   Membranfiltern gefällt und abgesaugt wird und die für Protein-

mengen zwischen 1 und 20 μg geeignet ist, wurde von NAKAO u. Mitarb. angegeben.

Literatur

N.POPOV, M.SCHMITT, S.SCHULZECK, H.MATTHIES (1975) Acta biol. med. germ. *34*, 1441-1446

T.NAKAO, M.NAKAO, F.NAGE (1973) Anal. Biochem. *55*, 358-367

1.1.6 Mikro-Biuret-Methode

A 17,3 g Natriumcitrat und 10 g Natriumcarbonat (wasserfrei) werden in 50 ml warmen dest. Wasser gelöst, dann werden dazu 10 ml einer 1,73 %igen Kupfersulfat-Lösung (w/v) gegeben und es wird auf 100 ml mit dest. Wasser aufgefüllt.   Lösungen
B 6 % NaOH (w/v) in dest. Wasser

Die Reaktion wird bei Raumtemperatur durchgeführt. Die Proteinlösungen sollten 0,1 bis 4 mg Protein enthalten. Gemessen wird, frühestens 10 Minuten nach dem Zusammengeben der Lösungen, bei 330 nm oder besser bei 540 nm.   Meßwellenlänge
    Die Eichkurve wird im Bereich von 0,5 bis 5,0 mg mit Serumalbumin als Standard aufgenommen.

Literatur

J.GOA (1953) Scand. J. Clin. Lab. Invest. *5*, 218-222

Tabelle 1.5. Pipettierschema Mikro-Biuret in ml

	Blank	Probe	Standard
Probe	-	max. 2,0	-
Standard	-	-	max. 2,0
dest.H_2O	2,0	ad 2,0	ad 2,0
Lsg. A	2,0	2,0	2,0

1.1.7 Proteinbestimmung mit BCA (Bicinchoninsäure 2,2'-Bichinolyl-4,4'-dicarbonsäure)

Diese Proteinbestimmung eignet sich besonders für Proteinbestimmungen in Gegenwart von Tensiden (Detergenzien). Sie wird durch Kupfer-Chelatoren wie EDTA gestört.
    A und B sind bei Raumtemperatur unbegrenzt, C ca. 1 Woche haltbar.

1.1.7.1 Standardmethode

Meßwellenlänge   Eichkurven werden mit 1 mg/ml BSA im Bereich 0 – 100 µg aufgenommen. Probe bzw. Standard bzw. Blank werden mit dest. Wasser auf 100 µl aufgefüllt, dann werden 2,0 ml C zugeben, nach 30 min Inkubation bei 37 °C wird bei 562 nm gemessen.

Lösungen   A   1 % (w/v) BCA (2,2'-Bichinolyl-4,4'-dicarbonsäure), Na_2-Salz
2 % (w/v) $Na_2CO_3 \cdot H_2O$
0,16 % (w/v) Na_2-tartrat
0,4 % (w/v) NaOH
0,95 % (w/v) $NaHCO_3$
  ggf. pH 11.25 mit NaOH od. $NaHCO_3$ einstellen
B   4 % $CuSO_4 \cdot 5H_2O$
C   100 Vol. A mit 2 Vol. B mischen.

1.1.7.2 Mikromethode

Lösungen A, B und C sind bei Raumtemperatur unbegrenzt haltbar und sind als Kit kommerziell erhältlich.

Lösungen   A   8 % (w/v) $Na_2CO_3 \cdot H_2O$
1,6 % (w/v) NaOH
1,6 % (w/v) Na_2-tartrat
mit $NaHCO_3$ auf pH 11.25 einstellen
B   4 % (w/v) Bicinchoninin-Säure (BCA), Na_2-Salz
C   4 % $CuSO_4 \cdot 5H_2O$
D   1 Vol. C mit 25 Vol. B mischen
E   1 Vol. A mit 1 Vol. D mischen

Meßwellenlänge   Die Eichkurve wird im Bereich von 0,5 – 10 µg BSA/100 µl erstellt. 100 µl Probe werden mit 100 µl E gemischt, dann wird für 20 min bei 60 °C inkubiert. Es wird bei 562 nm gegen Wasser gemessen.
Die Inkubationszeit kann auch in Abhängigkeit von der Temperatur variiert werden: 37 °C – 30 min, Raumtemperatur – 2 h
Dieser Mikroansatz kann auf Mikrotiterplatten durchgeführt werden.

Literatur

M.FOUNTOULAKIS, J.-F.JURANVILL, M.MANNEBERG (1992) J. Biochem. Biophys. Meth. **24**, 265-274

D.A.HARRIS, C.L.BASHFORD (Hrsg.) (1987) Spectrophotometry and Spectrofluorimetry – A Practical Approach, IRL Press, Oxford

P.K.SMITH, R.I.KROHN, G.T.HERMANSON et al. (1985) Anal. Biochem. *150*, 76-85

1.1.8 Proteinbestimmung nach KJELDAHL

Besonders geeignet für unlösliche Proben und immobilisierte Proteine an Chromatographie-Trägern

Auch wenn die Kjeldahl-Methode relativ unempfindlich ist und meist in biochemischen Labors nicht mehr angewandt wird, ist sie doch dann von Vorteil, wenn ein Probenaufschluß nicht vorgenommen werden kann bzw. die Probe in un- oder schwerlöslicher Form vorliegt. Auch zur Quantifizierung von stickstoffhaltigen Liganden (z. B. Proteinen) an Chromatographieträgern ist diese Bestimmungsmethode gut geeignet. Verfälscht werden die Werte durch einen relativ hohen Anteil stickstoffhaltiger Verbindungen wie z. B. Nucleinsäuren.

A 60 % NaOH, 10 % $Na_2S_2O_3$ (w/v) in dest. Wasser   Lösungen
B 2 % Borsäure (w/v) in dest. Wasser
C Selenreaktionsgemisch zur Schnellstickstoffbestimmung
 nach WIENINGER
D konz. Schwefelsäure

Tabelle 1.6. Kjeldahl-Faktoren

Substanz	Spezies	% N	Faktor F
Proteine			
Serumalbumin	Mensch	15,95	6,2
	Rind	16,07	6,22
Ovalbumin	Huhn	15,76	6,34
Casein	Rind	15,63	6,39
Hämoglobin	Schwein	16,80	5,95
Histon	Rind	18,00	5,55
Gliadin	Weizen	17,66	5,66
Legumin	Erbse	16,04	5,54
Pflanzensamen			
	Roggen	17,15	5,83
	Weizen	17,15	5,83
	Reis	16,80	5,95
	Bohnen, Erbsen	16,00	6,25
	Sonnenblume	18,66	5,20
	Soja	17,51	5,71
tierische Rohstoffe			
Hühnerei		16,00	6,25
Rindfleisch		16,00	6,25
Milch		15,67	6,38

E   Tashiro-Mischindikator oder Methylrot/Methylenblau
    (2 Vol. 0,2 % Methylrot in 90 % Ethanol u. 1 Vol. 0,2 % Methy-
    lenblau in 90 % Ethanol)
F   0,010 N HCl (eingestelle Maßlösung)

Zu 1 bis 10 mg Probe werden 1,5 g Katalysator-Gemisch C und
3 ml D zugegeben. Im Sandbad wird zwei Stunden so hoch
erhitzt, daß die Schwefelsäure siedet und etwa in der Mitte des
langen Halses des Kjeldahl-Kolbens kondensiert.
Vorsicht! Stark ätzend! Durchführung im Abzug.
Man läßt erkalten, setzt den Kolben in die Destillationsappara-
tur ein und gibt pro ml Schwefelsäure erst 4 ml dest. Wasser und
dann 4 ml A zu. Die Mischung wird auf etwa 100 °C erwärmt und
der freigesetzte Ammoniak wird mit Wasserdampf in die Vorlage übergetrieben. Die Wasserdampfdestillation sollte in etwa
10 min mit ca. 20 ml Kondensat abgeschlossen sein.

Titration des Pro-
teinstickstoffs als
Ammoniak
In die Vorlage werden 5 ml B, 3 Tropfen E und so viel dest. Wasser gegeben, daß die Mündung des Kühlers ca. $^1/_2$ cm unter der
Flüssigkeitsoberfläche endet. Der absorbierte Ammoniak wird
mit F titriert. (1 ml 0,010 N HCl = 10 µMol N = 0,14 mg N).
Eine Zusammenstellung von KJELDAHL-Faktoren zur Umrech-
nung von Ammoniak auf Gesamtprotein ist Tabelle 1.6 zu entnehmen.

$$\text{mg Protein} = \text{mg N} \cdot \text{F}$$

Literatur

S.JACOB (1965) The Determination of Nitrogen in Biological Materials.
  in: D.GLICK (Hrsg.) Meth. Biochem. Anal. *33*, 241-263, J.Wiley & Sons,
  New York
L.MAZOR (1983) Meth. Organic Anal., 312-321, Akadémiai Kiadó, Budapest

1.1.9 Protein-Konzentrationsbestimmung durch UV-Absorptionsmessung (Photometrie)

Im allgemeinen hat man es bei der Photometrie kolloidaler
Lösungen (Proteinlösungen, Zellsuspensionen) immer mit der
Extinktion, d.h. der Schwächung des eingestrahlten Lichts
sowohl durch Lichtabsorption durch chromophore Gruppen,
durch Lichtstreuung an Partikeln als auch mit apparativen Faktoren wie Reflexionen und Brechungen an Küvetten zu tun. Die
Extinktion ist somit eine umfassendere Größe als die Absorption. Für einfachere Vergleichsmessungen und Überschlagsbe-

stimmungen von Proteinlösungen ist jedoch die Gleichsetzung von Extinktion mit Absorption eine praktikable Methode, besonders wenn in Zweistrahl-Photometern durch die Verwendung von weitestgehend gleichen Küvetten Streuung und Reflexion kompensiert werden.

Bei der photometrischen Konzentrationsbestimmung von Proteinen sind einige Besonderheiten zu beachten: Proteine treten in Abhängigkeit von ihrer Konzentration mit einander in Wechselwirkungen bzw. verändern konzentrationsabhängig ihre Sekundär- und Tertiärstruktur (partielle Denaturierung in verdünnter Lösung), womit sich auch ihre Absorptionseigenschaften (Konzentrationsabhängigkeit des molaren Extinktionskoeffizienten ε) verändern. Man kann daher das Lambert-Beersche Gesetz nicht streng über einen weiten Konzentrations- oder Extinktionsbereich anwenden.

Auch bei Verbindungen, in denen die dissoziierte Form andere Absorptionseigenschaften besitzt als die undissoziierte, wie z. B. das in wäßrigen Lösungen mit einander im Dissoziationsgleichgewicht stehende Paar p-Nitrophenolat/p-Nitrophenol, ändern sich die Extinktionskoeffizienten in Abhängigkeit von der Konzentration, was beim Verdünnen einer Lösung und dem Vergleich der aus der Lichtabsorption berechneten Konzentration zu berücksichtigen ist.

Durch Extinktionsmessung lassen sich auch in Fermentationslösungen Zellzahlen bzw. -dichten bestimmen, zu deren Methodik und Theorie aber auf die angegebene Monographie von BERGTER verwiesen sei.

Für die Konzentrationsbestimmung von Proteinlösungen durch UV-Absorptionsmessung wurden verschiedene Formeln entwickelt, die für ein und dieselbe Proteinlösung verschiedene Werte ergeben können. Eine Aussage darüber, welches der „richtige" Wert ist, kann ohne Eichung an unabhängigen Methoden nicht entschieden werden.

a) Formel nach WARBURG und CHRISTIAN (vgl. auch Abschn.   Auswertung
   1.2.5)

$$\text{mg Protein pro ml} = 1{,}55 \cdot A_{280}{}^{1cm} - 0{,}76 \cdot A_{260}{}^{1cm}$$

b) Formel nach KALCKAR und SHAFRAN

$$\text{mg Protein pro ml} = 1{,}45 \cdot A_{280}{}^{1cm} - 0{,}74 \cdot A_{260}{}^{1cm}$$

c) Formel nach WHITAKER und GRANUM

$$\text{mg Protein pro ml} = (A_{235}{}^{1cm} - A_{280}{}^{1cm}) : 2{,}51$$

d) Konzentration von Immunoglobulinen (IgG)

$$\text{mg IgG pro ml} = A_{280}{}^{1cm} : 1{,}38$$

Wichtig: Schichtdicke d der Meß- und Vergleichsküvette beachten. Die Angaben beziehen sich auf 10-mm-Küvetten, bei Verwendung anderer Schichtdicken sind entsprechende Korrekturen vorzunehmen.

e) Lambert-Beersches Gesetz

$$E_\lambda = \log_{10} \frac{I_0}{I} = \varepsilon_\lambda \cdot c \cdot d$$

mit E_λ – Extinktion bei der Wellenlänge λ, I_0 – Intensität des eingestrahlten, I – Intensität des die Meßküvette verlassenden Lichts, ε_λ – molarer Extinktionskoeffizient bei der Wellenlänge λ, c – Konzentration, d – Schichtdicke der durchstrahlten Lösung
  Die Messung erfolgt immer gegen den proteinfreien Probenpuffer. Extinktionskoeffizienten von anderen Proteinen als den Immunoglobulinen (Formel d) sind in Tabelle 9.3e aufgeführt.

Literatur

O.WARBURG, W.CHRISTIAN (1941) Biochem. Z. *310*, 384-423
H.M.KALCKAR, M.SHAFRAN (1947) J. Biol. Chem. *167*, 461-475
J.R.WHITAKER, P.E.GRANUM (1980) Anal. Biochem. *109*, 155-159
F.BERGTER (1983) Wachstum von Mikroorganismen – Experimente und
    Modelle. 2. Aufl., 16-24, VEB G.Fischer Verlag, Jena
R.A.JOHN (1992) in: R.EISENTHAL, M.J.DANSON Enzyme Assays – A
    Practical Approach; 59-92, IRL Press, Oxford

1.2 Quantitative Nucleinsäurebestimmungen

1.2.1 DNA-, RNA- und Proteintrennungsgang nach SCHMIDT und THANNHAUSER

Diese Methode dient vor allem zur quantitativen Bestimmung der drei Makromolekülgruppen in Gewebeextrakten. Kleine gelöste Mengen, die nicht verloren gehen sollen, können auch UV-photometrisch bestimmt werden (s. Abschn. 1.2.5).

Lösungen

A   14 % Perchlorsäure (w/v)
B   7 % Perchlorsäure (w/v)
C   3 % Perchlorsäure (w/v)
D   Diethylether-Ethanol 3:1 (v/v)
E   1 N KOH

F   5 % Trichloressigsäure (w/v)
G   1 N NaOH

Die wäßrige Gewebeprobe, in der DNA, RNA und Protein bestimmt werden sollen, wird mit einem gleichen Volumen an eiskalter Lösung A versetzt, mit eiskalter Lösung B auf 3,0 ml aufgefüllt und anschließend für 10 Minuten in ein Eisbad gestellt. Man
zentrifugiert den Niederschlag bei 0 °C 10 Minuten mit 4000·g
und wäscht ihn mindestens dreimal durch Suspendieren in eiskalter Lösung C und anschließende Zentrifugation.

Lipide werden durch zweifache Extraktion mit Ethanol und   **Lipidextraktion**
anschließende dreimalige Extraktion mit D bei 30 bis 40 °C entfernt. Zwischen jeder Extraktion wird kurz bei Raumtemperatur
zentrifugiert. Die Überstände werden verworfen. Nach beendeter
Lipidextraktion wird der Rückstand an der Luft getrocknet.

Das Trockenpulver wird mit etwa 0,5 ml E versetzt und eine   **alkalische Hydro-**
Stunde bei Raumtemperatur stehengelassen. Dann wird mit dem   **lyse der RNA**
gleichen Volumen A angesäuert. Nach einer Stunde im Eisbad
wird bei 4 °C 10 Minuten mit 4000·g zentrifugiert. Der Überstand
wird für die RNA-Bestimmung mit Orcin verwendet.

Der Niederschlag wird mit 1 ml F versetzt und 30 Minuten bei   **saure Hydrolyse**
90 °C hydrolysiert. Die Reagenzgläser sollten mit einer dicken   **der DNA**
Glaskugel oder einem massiven Glasstopfen abgedeckt werden,
um ein Eintrocknen zu vermeiden. Nach dem Abkühlen läßt
man die Proben weitere 30 Minuten im Eisbad stehen und zentrifugiert dann wie oben. Der Überstand wird für die DNA-Bestimmung mit Diphenylamin verwendet.

Wichtig: Verdunstungsverluste vermeiden!

Der Niederschlag wird mit 0,5 bis 1 ml G versetzt und 10 Minu-   **Proteinextrak-**
ten auf 90 °C erhitzt, wodurch das Protein extrahiert wird. An-   **tion**
schließend wird wie oben zentrifugiert. Ein Aliquot des Über-
stands wird für die Proteinbestimmung nach LOWRY u. Mitarb.
(Abschn. 1.1.1) verwendet.

Literatur

G.SCHMIDT, S.J.THANNHAUSER (1945) J. Biol. Chem. *161*, 83-89

1.2.2 RNA-Bestimmung mit Orcin

A   15 mg $FeCl_3$ oder 25 mg $FeCl_3 \cdot 6H_2O$ in 100 ml konz. Salzsäu-   **Lösungen**
re
B   100 mg Orcin (5-Methyl-resorcin) in 20 ml A frisch lösen

1,0 ml der neutralen oder sauren Probenlösung werden mit
2,0 ml B versetzt und 30 Minuten im Wasserbad gekocht. Dabei

Meßwellenlänge

sind die Reagenzgläser mit Glaskugeln o.ä. abzudecken, um Verdunstungsverluste gering zu halten.

Nach dem Abkühlen wird bei 660 nm gegen den Blankwert gemessen.

Unter Verwendung von Ribose als Standard entspricht 1 µg Ribose 4,56 µg RNA.

In proteinfreien oder -armen Lösungen kann die RNA-Menge auch verlustfrei näherungsweise durch UV-Messung bestimmt werden: Der Zahlenwert der Absorption bei 260 nm beträgt ca. 1/10 der RNA-Menge in µg.

Literatur

W.MEJBAUM (1939) Z. physiol. Chem. *258*, 117-120

1.2.3 DNA-Bestimmung mit Diphenylamin

Lösungen

A   5 % Perchlorsäure (w/v)
B   10 % Perchlorsäure (w/v)
C   300 mg Diphenylamin werden in 20 ml dest. Eisessig gelöst, dazu werden 0,3 ml konz. Schwefelsäure und dann 0,1 ml 50 %iger wäßriger Acetaldehyd gegeben. Diese Lösung ist jeweils vor Gebrauch frisch zu bereiten.

Das Schmidt-Thannhauser-Trockenpulver (vgl. Abschn. 1.2.1) wird mit 1,0 ml A versetzt bzw. die DNA-haltige Lösung wird mit einem gleichen Volumen an B versetzt und mit A auf 1,0 ml aufgefüllt. Diese perchlorsaure Lösung wird 15 Minuten bei 70 °C im Wasserbad erhitzt. 1,0 ml der Probenlösung, die etwa 5 bis 10 µg Desoxyribose (entspricht 30 bis 60 µg DNA) enthalten sollte, wird mit 2,0 ml C gemischt und über Nacht in einen auf 30 °C temperierten Trockenschrank gestellt. Die Gläser sollten mit einer Glaskugel o.ä. abgedeckt sein.

Wichtig: Verdunstungsverluste vermeiden!

Meßwellenlänge

Nach dieser Wärmebehandlung wird bei 600 nm gemessen. Bei Desoxyribose als Standard entspricht 1 µg Desoxyribose 6 µg DNA.

DNA kann in Abwesenheit von RNA und Protein durch UV-Messung bei 260 nm mit dem gleichen Faktor wie RNA (s. Abschn. 1.2.2) bestimmt werden.

Literatur

K.BURTON (1956) Biochem. J. *62*, 315-323

1.2.4 DNA- bzw. RNA-Bestimmung in Gewebehomogenaten

Zur DNA-Bestimmung werden RNA und Protein, zur RNA-Bestimmung DNA und Protein enzymatisch abgebaut. Meßgröße ist anschließend jeweils die Fluoreszenz von in die Nucleinsäure interkaliertem Ethidiumbromid.

Vorsicht! Hautkontakt unbedingt vermeiden! Ethidiumbromid ist cancerogen.

A PBS   Lösungen
B 0,02 % $CaCl_2 \cdot 6H_2O$ (w/v) in dest. Wasser
C 0,01 % $MgCl_2 \cdot 6\,H_2O$ (w/v) in dest. Wasser
D 80 ml A werden mit dest. Wasser auf 900 ml aufgefüllt, der pH-Wert wird auf 7.45 eingestellt und es werden nacheinander je 10 ml B und C langsam zugeben. Anschließend wird mit dest. Wasser auf 1000 ml aufgefüllt.
E 100 µg/ml Pronase (Nuclease-frei) in D
F 50 µg/ml Ribonuclease (DNase-frei) in D
G 100 µg/ml Desoxyribonuclease (RNase-frei) in D
H 25 µg/ml Ethidiumbromid in D
I 1 µg/ml Rhodamin B in dest. Wasser

Die Zellen einer Zellkultur werden im Kulturmedium, das mit 20 µg/ml Pronase versetzt wurde, im Eisbad zweimal 10 s mit einem Ultra-Turrax-Homogenisator homogenisiert. Das Homogenat wird 1:10 bis 1:20 mit D verdünnt und 20 Minuten bei 37 °C inkubiert. Der Meß-, Leer- und Standard-Ansatz wird nach dem angegebenen Schema (Tab. 1.7) pipettiert. Wenn die Proben bis

Fluoreszenz-Anregungs- und Emissions-Wellenlängen

Tabelle 1.7. Pipettierschema für die DNA- u. RNA-Bestimmung in Gewebehomogenaten (Angaben in ml pro Ansatz)

Lösung	Standard	Leerwert	Probe
Probenlösung	–	–	1,0
D	–	1,0	–
I	0,5	0,5	0,5
E	0,5	0,5	0,5
F bzw. G [a]	0,5	0,5	0,5
	Inkubation bei 37 °C		
H	0,5	0,5	0,5

[a] Für DNA-Bestimmung Lösung F, zur RNA-Bestimmung G verwenden

Auswertung

auf die Lösung H gemischt sind, werden sie für 10 Minuten bei
37 °C inkubiert. Anschließend wird im Fluorimeter gemessen:
Anregungswellenlänge 365 nm, Emissionswellenlänge 590 nm.
Die Fluoreszenz $F_{St} - F_L$ wird gleich 100 % gesetzt. Der Gehalt
an DNA berechnet sich nach

$$\mu g \ DNA \ / \ ml = 1,30 \cdot (\% \ F_{Pr} - \% \ F_L)$$

der Gehalt an RNA nach

$$\mu g \ RNA \ / \ ml = 0,60 \cdot (\% \ F_{Pr} - \% \ F_L)$$

mit F_{St} bzw. F_L – Fluoreszenzintensität von Standard bzw. Leer-
probe, % F_{Pr} bzw. % F_L – relative Fluoreszenz der Probe bzw. des
Leerwerts in Prozent, bezogen auf $F_{St} - F_L = 100$

Literatur

U.Karsten, A.Wollenberger (1977) Anal. Biochem. *77*, 464-470

1.2.5 Quantitative Nucleinsäurebestimmung durch UV-Messung

Die UV-Absorption von Nucleinsäuren hängt stark von dem Typ
der Nucleinsäure und den Lösungsbedingungen wie pH-Wert,
Ionenstärke und Temperatur („Aufschmelzen") ab. Die exakten
Absorptionskoeffizienten könnten nur für definierte Nucleinsäuren angegeben werden.

Nucleinsäuren zeigen Absorptionsmaxima im Bereich um
260 nm, so daß diese Wellenlänge gut geeignet ist, besonders bei
Chromatographie und Ultrazentrifugationen Verlaufskontrollen
und Bilanzen durchzuführen.

Die Extinktionskoeffizienten äquimolarer Mischungen von
Nucleotiden bei verschiedenen pH-Werten sind der Tabelle 1.8
zu entnehmen (vgl. auch Tab. 9.6).

quantitative
Methode

Eine quantitative Methode, die auf der UV-Messung von hydro-
lysierten Nucleinsäuren beruht, wurde von Ogur und Rosen
angegeben (zitiert nach Habers):

Tabelle 1.8. Extinktionskoeffizienten von Nucleotiden (Nucleinsäuren)

	$\varepsilon_{260}{}^{1cm} \cdot 10^{-3}$	$E_{260}{}^{1mg/ml}$	
	pH 2	pH 7	pH 12
Ribonucleotide	10,55	10,85	10,3	28,5
Desoxyribonucleotide	10,3	10,45	10,1	22,4

A 95 %iges Ethanol
B 0,1 % Perchlorsäure in 70 %igem Ethanol (v/v)
C Ethanol-Diethylether 3:1 (v/v)
D 0,2 N Perchlorsäure
E 1 N Perchlorsäure
F 0,5 N Perchlorsäure

Lösungen

Das Gewebe wird bei 4 °C in A homogenisiert und anschließend bei 4000·g sedimentiert. Der Niederschlag wird mit B extrahiert und zentrifugiert, darauf folgt eine mehrfache Extraktion/Zentrifugation mit C. Die Überstände werden jeweils verworfen.

Der letzte Niederschlag wird in eiskalter Lösung D suspendiert (etwa 1 ml pro Gramm Gewebe (Feuchtgewicht)). Es wird zentrifugiert, der Niederschlag wird zur Extraktion der RNA 4 bis 6 Stunden in ca. 1 ml E pro Gramm Gewebe bei 4 °C langsam gerührt und nach dieser Zeit zentrifugiert. Es wird noch zweimal mit dem halben Volumen E nachextrahiert (alles bei 4 °C). Die vereinigten kalten Perchlorsäure-Überstände werden bei 260 nm gemessen.

RNA-Extraktion und -Messung

Die DNA wird aus dem letzten Niederschlag extrahiert, indem dieser mit 1 ml F pro Gramm Gewebe versetzt und 20 Minuten im Wasserbad auf 70 °C erwärmt wird. Sollten die Meßwerte zu hoch sein, kann mit Lösung F verdünnt werden. Es sind die in Tabelle 1.8 angegebenen Zahlenwerte zu verwenden.

DNA-Extraktion und -Messung

Tabelle 1.9. UV-Bestimmung von Nucleinsäuren neben Protein

E_{280}/E_{260}	T	F	E_{280}/E_{260}	T	F
1,75	0	1,118	0,86	0,052	0,671
1,60	0,0030	1,078	0,84	0,056	0,650
1,50	0,0056	1,047	0,82	0,061	0,628
1,40	0,0087	1,011	0,80	0,066	0,605
1,30	0,0126	0,969	0,78	0,071	0,581
1,25	0,0146	0,946	0,76	0,076	0,555
1,20	0,0175	0,921	0,74	0,085	0,528
1,15	0,0205	0,893	0,72	0,093	0,500
1,10	0,024	0,836	0,70	0,103	0,470
1,05	0,028	0,831	0,68	0,114	0,438
1,00	0,033	0,794	0,66	0,128	0,404
0,96	0,037	0,763	0,64	0,145	0,368
0,92	0,043	0,728	0,62	0,166	0,330
0,90	0,046	0,710	0,60	0,192	0,289
0,88	0,049	0,691			

Tabelle 1.10. Nucleinsäure-Umrechnungen

1 A_{260} Doppelstrang-DNA	$\cong$ 50 µg/ml	$\cong$ 0,15 mM Nucleotide
1 A_{260} Einzelstrang-DNA	$\cong$ 33 µg/ml	$\cong$ 0,1 mM Nucleotide
1 A_{260} Einzelstrang-RNA	$\cong$ 40 µg/ml	$\cong$ 0,11 mM Nucleotide
1 µg DNA (1000 bp)	$\cong$ 1,52 pMole Nucleotide	
1 pmol DNA (1000 bp)	$\cong$ 0,66 µg DNA	
1000 bp DNA	$\cong$ 333 Amino-säuren	$\cong$ 37000-D-Protein
50.000-D-Protein	$\cong$ 1320 bp DNA	

Berechnung der Protein- und Nucleinsäure-Menge aus UV-Absorption-werten

Nach WARBURG und CHRISTIAN können Gesamt-Nucleinsäuren neben Protein spektrometrisch bestimmt werden. Tabelle 1.9 sind die entsprechenden Faktoren F und T zu entnehmen.

$$P = \frac{E_{280} \cdot F}{d}$$

$$N = \frac{T \cdot P}{1 - T} = \frac{E_{280} \cdot F \cdot T}{d \cdot (1 - T)}$$

P – Proteinmenge in mg/ml, d – Schichtdicke in cm, N – Nucleinsäuremenge in mg/ml

Mit den in Tab. 1.10 angegebenen Werten lassen sich Nucleotid-Mengen bzw. Nucleinsäure- oder (exprimierte) Protein-Molmassen abschätzen.

Literatur

E.HABERS (1975) Die Nucleinsäuren, 2.Aufl. G.Thieme-Verlag, Stuttgart
J.M.WEBB, H.B.LEVY. In: D.GLICK (Hrsg.) (1958) Meth. Biochemical Analysis, Bd. 6, 1-30, New York
O.WARBURG, W.CHRISTIAN (1941) Biochem. Z. *310*, 384-423
Gassen

1.3 Quantitative Phosphatbestimmung

1.3.1 Bestimmung von anorganischem Phosphat

Lösungen

A 1 N Perchlorsäure
B 5 mM Natrium-molybdat ($Na_2MoO_4 \cdot 2H_2O$, M_r 241,95)
   Wichtig: **Kein Ammonium-molybdat verwenden!**
C Isopropylacetat

In phosphatfreie Gläser werden je Probe 1,5 ml B und 2,0 ml C
vorgelegt. Die Probe, die maximal 100 nmol Phosphat enthalten
sollte, wird mit einem gleichen Volumen A gemischt. Von dieser
perchlorsauren Lösung werden 0,5 ml zum BC-Gemisch gegeben.
30 s lang wird kräftig geschüttelt, dann wird kurz zur Phasen-   Vermeidung der
trennung zentrifugiert.   Hydrolyse labiler

Um labile organische Phosphate nicht zerfallen zu lassen und   organischer
damit zu hohe Werte an anorganischem Phosphat zu bestimmen,   Phosphate (Ester)
sollte die Extraktion bei 0 °C oder darunter erfolgen.

In der organischen Phase befindet sich der Molybdatophos-   Meßwellenlänge
phorsäure-Komplex, der bei 725 nm gegen einen Leerwert gemessen wird.

Die Eichkurve wird mit 10 mM KH_2PO_4 in 0,5 M Perchlorsäure   Standard-Lösun-
als Standard im Bereich von 5 bis 100 nmol Phosphat aufgenom-   gen
men.

Literatur

B.E.WAHLER, A.WOLLENBERGER (1958) Biochem. Z. *329*, 508-520

1.3.2 Bestimmung von Gesamt-Phosphat

Für Phosphatbestimmungen sind unbedingt phosphatfreie Gläser zu verwenden, sofern nicht mit Einmal-Plaströhrchen gearbeitet wird. Da die gängigen Waschmittel häufig Phosphate enthalten, sind mit ihnen gereinigte Laborgeräte nachzubehandeln:
Phosphatreste werden entfernt, indem die Gläser mit verdünnter
p.a. Salzsäure etwa 15 Minuten ausgekocht und anschließend
gründlich mit dest. Wasser nachgespült werden. Die für die
Phosphatbestimmung verwendeten Gläser sollten gesondert aufbewahrt werden.

Wichtig: Reinigung der Glasgeräte von Phosphat-Rückständen
Die hier beschriebene Methode ist einfacher und sicherer als
die oft zitierte nach FISKE und SUBBAROW.

A 6 N Salzsäure   Lösungen
B 2,5 % Ammoniummolybdat (w/v) in dest. Wasser
C 10 % Ascorbinsäure (w/v) in dest. Wasser
D 2 % Harnstoff (w/v) in dest. Wasser
E (Reagens nach Aufschluß) B, C und dest. Wasser werden im
    Verhältnis 1:1:8 gemischt
E' (Reagens ohne vorhergehenden Aufschluß) A, B, C und dest.
    Wasser werden im Verhältnis 1:1:1:7 gemischt
    E und E' sind nur einen Tag haltbar.

Aufschluß   Aufschluß (Veraschung):
                            Der Aufschluß wird durchgeführt, wenn das Phosphat minde-
                            stens teilweise kovalent gebunden in Nucleinsäuren, Nucleoti-
                            den, Phosphoproteine usw. vorliegt.
                            Zur 1 bis 2 ml wäßriger Probe werden 0,2 ml konz. Schwefelsäu-
                            re gegeben. Die Lösung wird im Abzug bei ca. 130 °C vorsichtig
                            eingeengt und anschließend auf 280 °C erhitzt, bis weiße Nebel
                            auftreten. Nach dem Abkühlen werden 1 bis 2 Tropfen konz. Sal-
                            petersäure zugesetzt und es wird wieder erhitzt, bis nitrose Gase
                            entstehen. Nach dem Abkühlen werden 2 ml D zugegeben, es wird
                            kurz aufgekocht und mit dest. Wasser auf 5,0 ml aufgefüllt.

Phosphat-Bestim-   Bestimmung:
mung   2,0 ml der Aufschluß- bzw. Probenlösung werden mit 2,0 ml E
                            bzw. E' versetzt. Die Reagenzgläser werden verschlossen und 1,5
                            bis 2 Stunden im Dunkeln auf ca. 37 °C temperiert.
Meßwellenlänge   Anschließend wird bei 750 nm im Photometer gemessen.
                            Die Eichkurve wird im Bereich zwischen 50 bis 350 nmol Phos-
Berechnung   phat je Probe mit 10 mM KH_2PO_4-Lösung als Standard aufgenom-
                            men. 100 nmol Phosphat entsprechen 9,497 µg PO_4 bzw. 3,097 µg P.

                            Literatur

                            P.S.CHEN, T.Y.TORIBARA (1956) Anal. Chem. *28*, 1756-1761

                            ## 1.3.3 Phospholipid-Bestimmung

Lösung   A Chloroform-Methanol 1:2 (v/v)

                            Die lyophilisierte Probe wird mit 80 µl dest. Wasser angefeuchtet.
                            Dann werden 300 µl A zugegeben. Es wird intensiv gemischt, am
                            besten mit einem Teflon-Glas-Homogenisator. Nach der Zugabe
                            von 100 µl Chloroform wird zur schnelleren Phasentrennung bei
                            Raumtemperatur zentrifugiert.
                            Diese Extraktion wird drei- bis viermal wiederholt. Die das
                            extrahierte Lipid enthaltenden organischen Phasen, die im Zwei-
                            felsfall durch die Zugabe eines Tropfens Chloroform identifiziert
                            werden können, werden vereinigt und die Lösungsmittel werden
                            im Stickstoffstrom verblasen. Der Rückstand wird im Wasser-
                            strahlvakuum von anhaftenden Lösungsmittelresten befreit.
                            Im trockenen Rückstand wird nach Aufschluß das Gesamt-
                            Phosphat bestimmt (s. Abschn. 1.3.3).
Berechnung   1 nmol Phosphat entspricht ca. 85 ng Phospholipid, 1 µg Phos-
                            phat entspricht 8,3 µg Phospholipid bei einer durchschnittlichen
                            Molmasse der Phospholipide von 800.

Literatur

E.G.BLIGHT, W.DYER (1959) Can. J. Biochem. Physiol. *37*, 911-917

1.4 Monosaccharid-Bestimmung

Die quantitative Bestimmung der Monosaccharide Ribose und Desoxyribose ist in den Abschn. 1.2.2 bzw. 1.2.3 beschrieben, nachstehend wird eine allgemeine Bestimmungsmöglichkeit angegeben.

A 80 % Phenol (w/v) in dest. Wasser (das Phenol muß farblos sein, anderenfalls ist es im Vakuum unter Stickstoff zu destillieren)   **Lösung**

1,0 ml der Monosaccharid-Lösung, die 10 bis 70 µg Zucker enthalten kann, werden in ein Zentrifugenglas pipettiert und mit 20 µl A gemischt. Möglichst rasch werden danach 2,5 ml konz. Schwefelsäure auf die Flüssigkeitsoberfläche gegeben.
Vorsicht! Stark ätzend.
Man läßt etwa 10 Minuten abkühlen, dann wird die Lösung für 10 bis 20 Minuten auf 25 bis 30 °C temperiert. Nach weiteren 30 Minuten bei Raumtemperatur wird die Extinktion gemessen. Die Meßwellenlänge ist für Hexosen 490 nm, für Pentosen 480 nm. Als Standard dient eine definierte Lösung des jeweiligen Zuckers in dest. Wasser.   **Meßwellenlänge**
Wichtig: Gebrauchte Lösungen als Sonderabfall entsorgen!
Kommerziell ist auch ein ELISA (Boehrigner-Mannheim, Glycan Quantification Kit) erhältlich, der auf der allgemeinen Oxidierbarkeit von Sacchariden durch Periodsäure und der anschließenden Kopplung der entstandenen Aldehyd-Gruppen mit einem immunchemisch nachweisbaren Digoxigenin-Hydrazid beruht. Einzelheiten des Verfahrens sind dem Beipackzettel zu entnehmen.

Literatur

M.DUBOIS, K.A.GILLES, J.K.HAMILTON, P.A.REBERS, F.SMITH (1956) Anal. Biochem. *28*, 350-355

1.5 Auswertung quantitativer Analysen

Die Anforderungen an die Auswertung richten sich unter anderem danach, welche Aussage getroffen werden soll. Will man nur eine „ja-nein"-Aussage, will man ein semiquantitatives Ergebnis („stark"-„mittel"-„schwach") oder will man einen exakten, statistisch abgesicherten Zahlenwert. Während für die ersten beiden Fälle nur die richtige Auswahl der Bestimmungsmethode und des Meßbereichs zu beachten ist, sind die Anforderungen bei Angabe von Zahlenwerten selbstverständlich höher. Einige für die Auswertung bedeutsame statistische Größen sind im Abschn. 10.1 aufgeführt.

Die Wahl des Analysenbereichs ist eine entscheidende Voraussetzung für exakte Werte. Die meisten quantitativen Methoden besitzen nur in einem relativ engen Bereich eine nahzu lineare Beziehung zwischen Meßsignal und Stoffmenge. Solange dieser Bereich mit Eichwerten abgedeckt werden kann, sind Interpolationen zwischen Eich- und Analysenwert möglich. Mit größter Vorsicht sind dagegen Extrapolationen über die Eichreihe hinaus zu behandeln, da häufig besonders im höheren Konzentrationsbereich eine Eichkurve so flach wird, daß schon geringe Differenzen im Meßsignal zu unvertretbar großen Differenzen im berechneten Analysenwert führen. Nachfolgende Abb. 1.1 gibt typische Eichkurven für Proteinbestimmungen im Bereich von 0 bis 80 µg Rinder-Serumalbumin wieder.

Weiter ist zu beachten, daß das Lambert-Beersche Gesetz häufig bei höheren Extinktionen nicht mehr exakt gilt, weil dann verstärkt Interaktionen der Chromophoren mit dem Milieu auftreten.

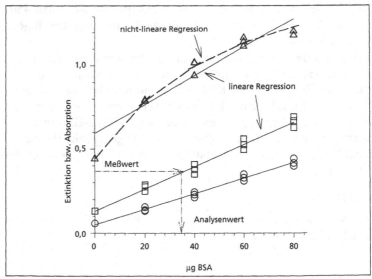

Abb. 1.1. Beispiele für Eichkurven zur Proteinbestimmung aus Mehrfachbestimmungen von verschiedenen Rinder-Serumalbumin-Mengen
Proteinbestimmung nach Lowry et al. (quadrat. Regressionsrechnung):
—O— Meßwellenlänge 530 nm, —□— Meßwellenlänge 720 nm;
Proteinbestimmung nach Bradford: – –△– – quadrat. Regressionsrechnung bzw.
—△— lineare Regressionsrechnung (Meßwellenlänge 580 nm)
Mit „Meßwert" und „Analysenwert" ist ein Beispiel für die graphische Auswertung eingetragen.

Besonders ist damit bei der Messung von Proteinen im UV-Bereich zu rechnen.[4] Wenn man sich sicher ist, daß im benötigten Meßbereich die geforderte und/oder erreichbare Genauigkeit die Verwendung des Lambert-Beerschen Gesetzes bzw. einer anderen Gesetzmäßigkeit mit linearer Korrelation zuläßt, kann die Analytmenge durch eine einfache Proportion errechnet werden:

$$K_P = \frac{M_P - M_L \cdot K_S}{M_S - M_L}$$

K – Stoffmenge bzw. Konzentration; M – Meßsignal; P – Probe; S – Standard; L – Leerwert (Blank)

Da die meisten quantitativen Analysenverfahren durch vielerlei subjektive und objektive Faktoren beeinflußt werden können, sollte für jeden Reagensansatz eine Eichreihe mit entsprechenden Kontrollen aufgenommen werden. Die wichtigste Kontrolle ist der Leerwert (Blank), d.h. alle Komponenten des Testansatzes werden wie im Testansatz behandelt, nur anstelle des Analyten (= Probe) wird ein entsprechendes Volumen Lösungsmittel (Puffer) eingesetzt. Es versteht sich auch von selbst, daß zur Bestimmung des Leerwerts, der Punkte auch der Eichkurve und des Analyten Mehrfachbestimmungen angesetzt werden (was bei der Bereitstellung der Reagenzlösungen zu beachten ist). Als Minimum sollten Dreifachbestimmungen gelten, um einen vertretbaren Mittelwert bilden bzw. Ausreißer eindeutig erkennen zu können.

Ob schließlich die Eichkurve von Hand gezeichnet und zum Ablesen verwendet wird oder ob entsprechende Rechnerprogramme verwendet werden, ist vom jeweiligen Aufwand abhängig, allerdings sind Rechnerprogramme, denen mathematisch-statistisch gesicherte Kurvenanpassungsmodelle zugrunde liegen, unbedingt zu empfehlen. Man sollte in jedem Fall die Eichkurven bzw. deren Parameter dokumentieren, um Unregelmäßigkeiten schnell erkennen zu können.

1   Eine ausführliche Diskussion dieser Folin-Phenol-Proteinbestimmungsmethode, besonders hinsichtlich der möglichen Störungen und Fehlerquellen bei der Blindwertbestimmung, wurde von PETERSON gegeben (G.L.PETERSON (1979) Anal. Biochem. **100**, 210-220).

2   Der Einfluß von Tensiden auf diese Proteinbestimmungsmethode wurde u.a. von FRIEDENAUER und BERLET untersucht. (S.FRIEDENAUER, H.D.BERLET (1989) Anal. Biochem. *178*, 263-268)

3   C.I. Colour Index, internationales System zur Charakterisierung organisch-chemischer Farbstoffe

4   H.-F.GALLA (1988) Spektroskopische Methoden in der Biochemie. Georg Thieme Verlag, Stuttgart

Anmerkungen

2 Elektrophorese

2.1 Elektrophoresesysteme

Als analytisches Verfahren in der Biochemie ist die Polyacryl-amid-Gelelektrophorese (PAGE) bezüglich ihrer universellen Einsetzbarkeit bis heute unübertroffen.

Bei ihrer Anwendung ist daran zu denken, daß es sich hierbei um ein Trennverfahren handelt, in dem geladene, von einer idealen Kugel- oder Stäbchenform mehr oder minder abweichende, verformbare, mehr oder minder hydrophobe Partikel, die von den Ionen des Puffersystems umgeben sind, von einem elektrischen Feld durch eine Matrix aus einem hydrophilen synthetischen Polymeren getrieben werden, mit dem diese Partikel in Wechselwirkung treten.

Die elektrophoretische Beweglichkeit von Proteinen oder anderen Biomakromolekülen, auch wenn sie mit einem ionischen denaturierenden Detergens wie SDS beladen sind[1], ist immer nur in erster Näherung der Molmasse proportional. Vor einer Angabe der Molmasse, abgeleitet aus dem Vergleich der relativen Laufstrecke (R_f-Wert) des jeweiligen Proteins mit der von Markerproteinen mit bekannter Molmasse, sollte daher durch eine Überprüfung mittels FERGUSON-Plot (relative elektrophoretische Beweglichkeit R_f des zu untersuchenden Proteins als Funktion der Gesamt-Acrylamidkonzentration % T) untersucht werden, ob diese Proportionalität gegeben ist. [2]

elektrophoretische Beweglichkeit

Ob man ein Gel mit Polyacrylamid-Konzentrationsgradienten oder eines mit konstanter Polyacrylamid-Konzentration verwendet, ob man ein denaturierendes (SDS und/oder 2-Mercaptoethanol bzw. DTE/DTT[3] und/oder Harnstoff enthaltendes) oder ein nicht-denaturierendes System vorzieht, hängt von der jeweiligen Fragestellung ab. Für Übersichtstrennungen oder Trennungen von Komponenten mit weit auseinanderliegender Molmasse ist die Konzentrationsgradienten-PAGE die Methode der Wahl und der höhere Aufwand beim Gießen des Gels ist immer gerechtfertigt, ebenso wie die Verwendung von Plattengelen (slab gels) die Regel sein sollte und Röhrchengele Spezialzwecken wie z. B. der zweidimensionalen Elektrophorese vorbehalten sein sollten.

Elektrophoresesysteme; Denaturierung; Tensid-Beladung

Eine Darstellung der Trennleistung von Gelen mit unterschiedlicher Acrylamidkonzentration für Markerproteine ist in Abb. 2.1

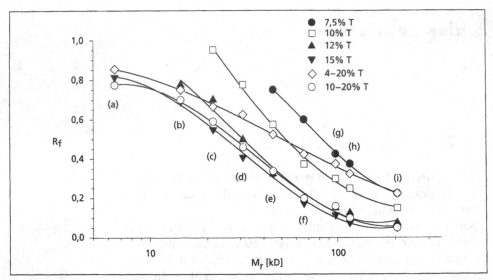

Abb. 2.1. Relative Laufstrecke (Rf, Laufstrecke des Markerproteins:Laufstrecke der Elektrophoresefront) für Markerproteine in Gelen mit unterschiedlichen Acrylamid-Konzentrationen
Markerproteine: (a) Aprotinin (6,5 kD), (b) Lysozym (14,5 kD), (c) Trypsininhibitor (Soja) (21,5 kD), (d) Carbonsäureanhydrase (31 kD), (e) Ovalbumin (45 kD), (f) Serumbumin (Rind) (66 kD), (g) Phosphorylase b (97,4 kD), (h) ß-Galactosidase (116 kD), (i) Myosin (205 kD)
Daten nach BioRad

gegeben. Daraus ist ersichtlich, daß auch Gele mit Polyacryl-amid-Konzentrationsgradienten über einen sehr weiten Molmassenbreich nicht gleichmäßig gut auftrennen, was teilweise durch Verlängerung der Trennstrecke kompensiert werden kann.

Für selbstgegossene Polyacrylamid-Gele ist die vertikale Laufanordnung günstiger, auch ist hierbei der Probenauftrag leichter zu beherrschen.

Ob mit selbstgegossenen oder mit kommerziell gefertigten Gelen gearbeitet wird, ist eine finanzielle Frage und eine Frage der Reproduzierbarkeit von Lauf zu Lauf, die bei industriell gefertigten Gelen in der Regel höher ist, von laborpraktischer Routine und experimenteller Geschicklichkeit abgesehen.

Wenn nicht besondere präparative Aufgaben zusätzlich zur analytischen Trennung gelöst werden sollen oder das Probenvolumen größere Auftragetaschen verlangt, empfiehlt es sich, ein Gel mit geringer Schichtdicke (1 mm und weniger, bei dünnen Gelen auf einer Trägerfolie mechanisch stabilisiert) zu verwenden. Die Trenngellänge richtet sich nach der geforderten Auflösung. Schon bei Laufstrecken von 3 bis 4 cm sind bei geeigneter Wahl der Trennbedingungen gute Ergebnisse zu erzielen. Um besonders bei dünnen Gelen (≤ 0,5 mm Geldicke) variabel zu sein, sollte man hier eine horizontale Trennapparatur vorziehen, wenngleich das Gießen der Polyacrylamid-Gele, das unter Sauerstoffausschluß erfolgen muß, für Horizontalgele etwas aufwendiger ist als für Vertikalplatten.

Im allgemeinen sollte, wenn nicht ein Stromversorgungsgerät vorhanden ist, das eine konstante Leistung abgibt, mit dem Regime „konstante Spannung (cv)" gearbeitet werden, um im Verlauf der Elektrophorese, bei der der elektrische Widerstand zunimmt, die Wärmeentwicklung im Trenngel gering zu halten (die Leistungsfähigkeit der in den meisten Trennapparaturen eingebauten Kühlsysteme ist häufig geringer als vermutet). Erfahrungsgemäß ist eine Spannung von 30 bis 40 V für das Einziehen der Proben in das Sammelgel und von 5 bis 15 V/cm Trenngellänge, bei wirklich guter Kühlleistung der Apparatur über das gesamte Gel auch höher, für die eigentliche Trennung anzulegen.

Feldstärke für Trennung: 10 bis 15 V/cm

Viele Elektrophoresesysteme sind empfindlich gegenüber Proben mit hohem Salzgehalt (hoher Ionenstärke). Eine etwa halbstündige Dialyse der Proben gegen das hundertfache Volumen an Probenpuffer ist einer Säurefällung mit anschließender Wiederaufnahme vorzuziehen. Der Abstand zwischen zwei benachbarten, mit Proben beschickten Bahnen sollte nur 1 bis 2 mm betragen, größere Abstände bewirken eine Bahnverbreiterung mit zunehmender Trennstrecke.

Die in diesem Abschn. anschließend aufgeführten PAGE-Systeme sind weit verbreitete und erprobte Trennsysteme, die jedoch für das jeweilige Trennproblem, besonders hinsichtlich ihres Gehalts an Vernetzer und Gesamt-Acrylamid im Trenngel, durchaus modifiziert werden können. Die unten angeführte Literatur geht auf die Theorie und weitere Applikationen intensiv ein, was im Rahmen dieser Einführung nicht möglich ist.

Literatur

R.C.ALLEN, C.A.SARAVIS, H.R.MAURER (1984) Gel Electrophoresis and Isoelectric Focusing of Proteins. Selected Techniques, W. de Gruyter, Berlin
A.CHRAMBACH, M.J.DUNN, B.J.RADOLA (Hrsg.) (1987 ff.) Advances in Electrophoresis, Bd. 1 ff., VCH, Weinheim
B.D.HAMES, D.RICKWOOD (Hrsg.) (1990) Gel Electrophoresis of Proteins: A Practical Approach, 2.Aufl., Oxford University Press, New York
Z.DEYL (Hrsg.), A.CHRAMBACH, F.M.EVERAERTS, Z.PRUSIK (Mithrsg.) (1983) Electrophoresis. A Survey of Techniques and Applications. J. Chromatogr. Library, Vol. 18B, Elsevier, Amsterdam
R.WESTERMEIER (1990) Elektrophorese-Praktikum, VCH, Weinheim

2.1.1 SDS-Polyacrylamid-Gelelektrophorese nach LAEMMLI

Das SDS-PAGE-System nach LAEMMLI ist das zur Zeit am weitesten verbreitete System der Proteinanalytik mittels Gelelektrophorese. Es ist ein Trennsystem mit diskontinuierlichem pH-Verlauf (Disk-Elektrophorese). Das Trenngel kann mit einem Polyacrylamid-Konzentrationsgradienten oder als homogenes Trenngel bereitet werden.

Wichtig: Das Einatmen von Acrylamid-Staub und der Hautkontakt mit Acrylamid-Lösung ist zu vermeiden, da das Monomere neurotoxisch ist.

Lösungen	A 40,0 % Acrylamid (w/v) und 1,08 % Methylen-bis-acrylamid (w/v) in dest. Wasser (C = 2,63 %)

A 40,0 % Acrylamid (w/v) und 1,08 % Methylen-bis-acrylamid (w/v) in dest. Wasser (C = 2,63 %)

A' 40,0 % Acrylamid (w/v) und 2,1 % Methylen-bis-acrylamid (w/v) in dest. Wasser (C = 5,0 %)

B 1 M Tris·HCl, pH 8,8

C 0,5 M Tris·HCl, pH 6,8

D 20 % SDS (w/v) in dest. Wasser

E 10 % Tetramethylethylendiamin (TEMED) (v/v) in dest. Wasser

F 10 % Ammoniumpersulfat (w/v) in dest. Wasser (im verschlossenen Gefäß ein bis zwei Tage im Kühlschrank haltbar)

G Probenpuffer: 50 mM Tris·HCl, pH 6,8, 4 % SDS (w/v), 5 % 2-Mercaptoethanol [4] (v/v) oder:

Probenpuffer mit Markerfarbstoffen

G' Probenpuffer: 50 mM Tris·HCl, pH 6,8, 10 % Glycerol (v/v) oder 10 % Saccharose (w/v), 4 % SDS (w/v), 5 % 2-Mercaptoethanol (v/v), 0,005 % Bromphenolblau (w/v), 0,005 % Pyronin G [5]

H Elektrodenpuffer: 50 mM Tris-Base (6,0 g/l), 384 mM Glycin (28,8 g/l), 0,1 % SDS (1 g/l), pH 8,3 ggf. mit Salzsäure einstellen

Die Lösungen A bzw. A' sollten aus umkristallisierten Substanzen bereitet werden. Es empfiehlt sich, nur etwa einen Monatsbedarf herzustellen und diesen im Kühlschrank über einem Anionenaustauscher in Chloridform zu lagern. Die Acrylamidlösung sollte nicht über 30 °C erwärmt werden, um eine Bildung von Acrylsäure zu vermeiden.

Für besondere Zwecke können in diesem Trennsystem Tris durch Triethanolamin und Glycin durch Buttersäure ersetzt werden. Ein Vergleichslauf zwischen dem Tris- und dem Triethanolamin-System sollte vor einer allgemeinen Übertragung durchgeführt werden.

Gießen des Gels Um eine gleichmäßige, vollständige Polymerisation zu erhalten, ist es günstig, das Trenngel am Vortage zu gießen und es mit Wasser oder verdünntem Puffer B überschichtet kühl stehen zu lassen. Das Sammelgel wird kurz vor Beginn der Elektrophorese gegossen, nachdem die das Trenngel bedeckende Flüssigkeit sorgfältig mit Filterpapier abgetupft wurde. Der Abstand zwischen Trenngeloberkante und Sammelgel-Taschenunterkante (Kamm-Unterkante) sollte 2 bis maximal 5 mm betragen.

Häufig ist es besonders bei der Verwendung von SDS-haltigen Lösungen schwierig, die Gießkammer wirklich bis zur vollständigen Polymerisation dicht zu halten. Man kann sich helfen, indem von der Gelmischung vor Zugabe von Ammoniumpersulfat F eine kleine Menge abgenommen wird, die mit 1/100 des Volumens an F gemischt und entlang der inneren Rändern mit einer Tropfpipette eingefüllt wird. Dabei sollte am Boden die Gelmischung ca. 3 – 4 mm hoch stehen. Wenn dieses Gel polymerisiert ist, kann das eigentliche Trenngel ohne Risiko gegossen werden.

(Poren-)Gradientengele gießt man, indem man einen Gradientenmischer nach Abb. 2.2 so beschickt, daß in die vordere Mischkammer bei geschlossenen Hähnen zuerst die schwerere Gelmischung (genau das halbe Plattenvolumen) gegeben wird. Dann wird kurz der Verbindungshahn zwischen den beiden Kammern geöffnet, um Luft zu verdrängen. Anschließend wird die hintere Kammer mit der leichteren Lösung gefüllt. Nun wird der Verbindungshahn geöffnet, der Rührer wird angestellt und die nötige Menge F (s. Tab. 2.2) wird zugegeben. Der Auslaßhahn wird so weit geöffnet, daß ein nicht zu schneller Flüssigkeitsstrom in der Mitte der Plattenkammer ohne zu perlen fließt und sich der Porengradient von unten (schwer und dicht) nach oben (leichter und weiter) aufbaut. Wenn die Plattenkammer gefüllt ist, wird die Gelmischung mit dest. Wasser überschichtet und der Gradientenmischer wird sofort mit Wasser ausgespült.

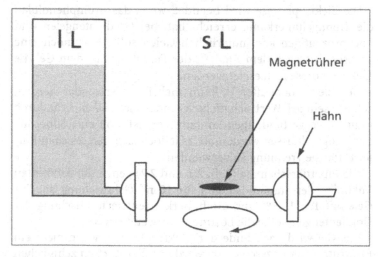

Abb. 2.2. Gradientenmischer
lL - leichte Lösung, sL - schwere Lösung

Nach dem Erstarren des Sammelgels wird mit Puffer H in der Vertikalapparatur überschichtet bzw. werden die Pufferbrücken in der Horizontalapparatur angeschlossen. Dann wird vorsichtig der Probenkamm herausgezogen. So läßt es sich vermeiden, daß in schmalen Probenkammern Luftblasen zurückbleiben oder die Trennstege verrutschen.

Wichtig: Taschenformer (Kamm) erst nach Auffüllen des Elektrodenpuffers entfernen!

Probenauftrag und Probenlauf

Wenn der Probenpuffer G zum Auflösen gefällter oder lyophilisierter Proben verwendet wird (manchmal lösen sich die Proben in G' schlechter), kann jetzt zum leichteren Auftragen etwas Glucose, Saccharose oder Glycerol sowie 5 % des Probenvolumens einer gesättigten Lösung von Bromphenolblau in G zugegeben werden. Die Elektrophoresefront wird dann annähernd durch eine Farbstoffbande markiert, die besonders in höherprozentigen Gelen aufspaltet und deren schnellere mit der Phasengrenze, der eigentlichen Elektrophoresefront, mitwandert.

Beladungskapazität

Das Probenvolumen sollte so gering wie möglich gehalten werden und richtet sich nach der Taschengröße. Bei 1 mm Geldicke und 10 bis 15 cm Trenngellänge sollte, als Richtwert, die aufzutragende Proteinmenge 20 bis 30 μg/mm^2 Taschenbodenfläche nicht übersteigen.

Nach dem Auftragen wird eine Spannung von 40 bis 50 V angelegt (Laufrichtung ist von „-" nach „+"). Wenn das Bromphenolblau die Trenngeloberkante erreicht hat, wird die Spannung auf 10 bis 15 V/cm Trenngellänge erhöht. Während der Elektrophorese ist nach Möglichkeit z. B. mit fließendem Leitungswasser zu kühlen.

Wichtig: Wärmestau (Coulombsche Wärme) im Trenngel während des Elektrophoreselaufs ggf. durch Kühlung vermeiden.

Die Elektrophorese wird beendet, wenn das Bromphenolblau die Trenngelunterkante erreicht hat, bei Gradientengelen und hochprozentigen kontinuierlichen Gelen sollte aber noch eine gewisse Zeit nach dem Austritt des Farbstoffs aus dem Gel die Elektrophorese fortgesetzt werden.

Der Elektrodenpuffer H kann mehrfach verwendet werden, solange sein pH-Wert sich nicht verändert hat und er nicht durch radioaktive Verbindungen kontaminiert ist. Soll eine Silberfärbung angeschlossen werden, ist es jedoch sicherer, frischen Puffer H für die Trennung zu verwenden.

Die Pipettierschemata (Tab. 2.1 und 2.2) geben die benötigten Volumina der Stammlösungen für 10 ml Gelmischung an. Für Gele mit T = 12,5 % und die höherkonzentrierte Mischung der Gradientengele sollte die Lösung A' verwendet werden.

Elektrotransfer (blotting) oder Fixierung/Färbung

Das Gel wird nach Ende der Elektrophorese, wenn nicht ein Elektrotransfer angeschlossen werden soll, sofort im zehnfachen des Gelvolumens an 15 %iger Trichloressigsäure (w/v), 15 %iger

Tabelle 2.1. Pipettierschema für Trenngele mit homogener Acryl-   homogenes Gel
amidkonzentration (Laemmli-System) in ml pro 10 ml

Lösung

	T=5,0%[a]	7,5%[a]	10,0%[a]	12,5%[b]	15,0%[b]	20,0%[b]	Sammelgel[c]
A	1,22	1,83	2,43	–	–	–	1,10
A'	–	–	–	2,97	3,55	4,75	–
B	3,75	3,75	3,75	3,75	3,75	3,75	–
C	–	–	–	–	–	–	2,50
D	0,05	0,05	0,05	0,05	0,05	0,05	0,05
E	0,10	0,10	0,10	0,10	0,10	0,10	0,10
			dest. Wasser auf 9,90 ml				
F	0,10	0,10	0,10	0,10	0,10	0,10	0,10

[a] C = 2,68 %   [b] C = 5,0 %   [c] T = 4,5 %, C = 2,68 %

Tabelle 2.2. Pipettierschema für Trenngel mit Konzentrationsgradient   Gradientengel
5% → 20% (Laemmli-System) Gesamtvolumen 20 ml in ml / 10 ml [a]

Lösung	T=5,0%, C=2,68 %	T=20,0 %, C=5 %
A	1,22	–
A'	–	4,75
B	3,75	3,75
D	0,05	0,05
E	0,05	0,05
	dest.Wasser auf 9,95 ml	Glycerol auf 9,95 ml
F	0,05	0,05

[a] Die Mengen an Lösung A bzw. A für andere Gradientenzusammensetzungen sind analog vorstehender Tabelle zu wählen

Sulfosalicylsäure (w/v) oder in Eisessig-Methanol-Wasser (1:3:6, v/v/v) fixiert. Ein sofortiges Einlegen in die Färbelösung ist möglich, aber hinsichtlich der mehrfachen Verwendbarkeit der Färbelösung (Färbemethoden s. Abschn. 2.3.1 bis 2.3.9) nicht zu empfehlen.

Besondere Aufmerksamkeit ist der Interpretation von Elektropherogrammen zu widmen, die von Proben mit einem hohen Anteil an nichtionischen Detergenzien (Tensiden) mit geringer kritischer Mizellkonzentration (vgl. Tab. 9.4) erhalten wurden. Diese Detergenzien können mit dem SDS Komplexe bilden, die färbbar sind und die so Proteinbanden vortäuschen oder die bestimmte Proteinbanden im Vergleich zu detergensfreien Bahnen retardieren. Auch stören oft Lipide, wie sie aus Zellmembran-Präparationen stammen, im niedermolekularen Bereich der SDS-PAGE.

Literatur

U.K.LAEMMLI (1970) Nature *227*, 680-685

2.1.2 SDS-Polyacrylamid-Gelelektrophorese nach WEBER, PRINGLE und OSBORN

Dieses SDS-PAGE-System ist eines mit kontinuierlichem pH-Profil. Seine Trennleistung ist nicht so hoch wie die eines Disk-Systems, es wird daher nicht so häufig verwendet wie z.B. das nach LAEMMLI. Sein Vorteil besteht vor allem in der Verwendung eines Puffers, der frei von primären Aminogruppen ist. Deshalb ist das System nach WEBER u. Mitarb. besonders dann geeignet, wenn ein Elektrotransfer (blotting) auf ein Material erfolgen soll, das mit primären Aminen reagiert und ein Pufferwechsel nach der Elektrophorese sich störend auf Ausbeute und Trennschärfe auswirkt.

Lösungen

A   44,4 % Acrylamid (w/v) und 1,2 % Methylen-bis-acrylamid (w/v) in dest. Wasser (2,65 % C)

B   0,2 M Natriumphosphat-Puffer, pH 7,2, 0,2 % SDS (w/v) (kein Kaliumphosphat verwenden) (7,8 g $NaH_2PO_4 \cdot H_2O$, 38,6 g $Na_2HPO_4 \cdot 7H_2O$ und 2 g SDS in 1000 ml dest. Wasser)

C   10 % Ammoniumpersulfat (w/v) in dest. Wasser (etwa 2 Tage im Kühlschrank haltbar)

D   10 % Tetramethylethylendiamin (TEMED) (v/v) in dest. Wasser (bei Raumtemperatur über Monate stabil)

E   Probenpuffer: 10 mM Natriumphosphat-Puffer, pH 7,2, 2 % SDS (w/v), 4 % 2-Mercaptoethanol

Gießen des Gels

Die Lösungen werden in der Reihenfolge des angegebenen Schemas (Tab. 2.3) pipettiert, mit dest. Wasser aufgefüllt und gut gemischt. Durch die Zugabe von C wird die Polymerisation gestartet. Die Lösung ist rasch und möglichst blasenfrei in die Gelkammer zu gießen und mit dest. Wasser oder *n*-Butanol zu überschichten. Die Zeit bis zum Erstarren sollte 20 bis 30 Minuten betragen. Diese Zeit kann durch Verringerung der Menge an C oder durch Kühlung der Lösungen und der Gießkammer verlängert werden.

Vor dem Guß des Sammelgels ist das Wasser sorgfältig abzutupfen, bei der Verwendung von Butanol ist einmal mit Ethanol und dann mit dest. Wasser zu spülen, bevor trockengesaugt wird. Da es sich um ein pH-kontinuierliches Trennsystem handelt,

Tabelle 2.3. Pipettierschema (System nach WEBER, PRINGLE und OSBORN) mit C = 2,65% in ml/10 ml

Lösung	T = 20 %	15 %	10 %	7,5 %	5 %	Sammelgel
A	4,4	3,3	2,2	1,64	1,1	0,72
B	5,0	5,0	5,0	5,0	5,0	5,0
D	0,1	0,1	0,1	0,1	0,1	0,1
		dest. Wasser auf 9,9 ml				
C	0,1	0,1	0,1	0,1	0,1	0,1

kann bei einiger Übung das Sammelgel direkt, anstelle des Wassers oder Butanols, auf das noch flüssige Trenngel gegossen werden. Die Strecke zwischen Trenngeloberkante und Taschenunterkante sollte 2 bis 5 mm betragen.

Die Probe wird in Puffer E aufgenommen. Die Proteinkonzentration sollte 20 mg/ml nicht übersteigen. Die Probe kann 2 bis 3 Minuten auf 95 °C im Probenpuffer erwärmt werden. Ungelöste Bestandteile sind, wenn sie sich auch nach Homogenisation in einem Glas-Teflon-Homogenisator oder durch mehrfaches Aufziehen in einer Spritze nicht lösen lassen, abzuzentrifugieren. Zum leichteren Auftragen können der Probe einige Körnchen Saccharose oder ein Tröpfchen Glycerol sowie 1/20 des Probenvolumens an Bromphenolblau-Lösung zugegeben werden.

Bereits gelöste Proben werden mit doppelt konzentriertem Probenpuffer im Verhältnis 1:1 gemischt. Hat die Probe nach dem Aufnehmen eine (geschätzte) Ionenstärke > 0,05, sollte gegen E dialysiert werden, da dieses PAGE-System besonders salzempfindlich ist.

Die aufzutragende Proteinmenge richtet sich nach der Nachweismethode. Für Coomassie-Färbungen gilt als Faustregel, daß pro Proteinbande 1 μg Protein aufgetragen werden sollte.

Die Elektrophorese wird mit Puffer B, 1:1 mit dest. Wasser verdünnt, als Elektrodenpuffer durchgeführt. Die Laufrichtung ist wie in allen SDS-Systemen von der Kathode zur Anode. Die Laufbedingungen und die Fixierung des Gels sind Abschn. 2.1.1 zu entnehmen.

Probenaufgabe und Probenlauf

Literatur

K.WEBER, J.R.PRINGLE, M.OSBORN (1972) Meth. Enzymol. **26**, 3-27

2.1.3 Harnstoff-SDS-Polyacrylamid-Gelelektrophorese zur Trennung nierdermolekularer Proteine

Durch die Anwesenheit von Harnstoff und den hohen Anteil von Acrylamid und Methylen-bis-acrylamid (T = 13,35 % und C = 6,22 %) ist dieses System besonders für die Trennung niedermolekularer Proteine und Polypeptide geeignet.

Lösungen

A 0,6 % Tetramethylethylendiamin (TEMED) (v/v), 0,8 % SDS (w/v) und 0,8 M Phosphorsäure, mit fester Tris-Base auf pH 6,8 eingestellt

B 37,5 % Acrylamid (w/v) und 1,25 % Methylen-bis-acrylamid (w/v) in dest. Wasser

C 6,85 M Harnstoff, 50 mM Phosphorsäure, 2 % SDS (w/v), 1 % Mercaptoethanol (v/v), 0,1 mM EDTA, mit fester Tris-Base auf pH 6,8 eingestellt

D 0,1 M Phosphorsäure, 0,1 % SDS (w/v), mit fester Tris-Base auf pH 6,8 eingestellt

Gießen des Gels

Vor dem Gießen des Gels werden 55 mg Ammoniumpersulfat in 10 ml A gelöst (ergibt Lösung A') und zu 10 ml Lösung B werden 4,114 g Harnstoff und 0,125 g Methylen-bis-acrylamid gegeben (B') (beim Lösen nicht über 30 °C erwärmen).

Das Gel wird entsprechend dem Pipettierschema (Tab. 2.4) gemischt und ohne Sammelgel gegossen, d. h. der Taschenformer wird in das noch flüssige Trenngel gesteckt.

Probenauftrag und Probenlauf

Die Proben werden, wie in den beiden voranstehenden Vorschriften beschrieben, im Probenpuffer C aufgenommen. Elektrodenpuffer ist D. Die Trennung wird unter Kühlung mit 6 bis 8 V/cm oder mit 3 V/cm bei Raumtemperatur über Nacht durchgeführt. Es ist ratsam, nicht die gesamte Trenngellänge für die Trennung auszunutzen, sondern die Elektrophorese abzubrechen, wenn der Markerfarbstoff (Bromphenolblau) etwa 3/4 der Trennstrecke zurückgelegt hat. Nach dem Lauf und vor der Fär-

Färbung

bung ist gründlich, unter mehrfachem Wechsel, mit einer der in

Tabelle 2.4. Pipettierschema für Harnstoff-SDS-PAGE (Lösungen A' bzw. B' siehe Text)

Lösung	ml/10 ml
A'	1,25
B'	4,70
C	4,05

Abschn. 2.3.1 angegebenen Fixierlösungen vor der Färbung zu
fixieren, um den Harnstoff zu entfernen.

Literatur

R.T.Swank, K.D.Munkres (1971) Anal. Biochem. *39*, 462-477

2.1.4 TRICINE-SDS-Polyacrylamid-Gelelektropho-rese für Proteine und Oligopeptide im Molmassenbereich von 1000 bis 50.000 Dalton

Dieses System nach Schägger und v.Jagow ist ebenfalls für die
Trennung kleinerer Proteine und von Polypeptiden, besonders
von Peptiden aus Mapping-Experimenten nach BrCN- oder tryp-
tischen Spaltungen geeignet. Wegen seiner hohen Trennleistung
vor allem im unteren Molmassenbereich ist es eine gute Ergänzung zum vorstehenden System nach Swank und Munkres.
Welchem System der Vorzug gegeben wird, sollte individuell entschieden werden.

A 48 % (w/v) Acrylamid, 1,5 % (w/v) Methylen-bis-acrylamid   Lösungen
A' 46,5 % (w/v) Acrylamid, 3,0 % (w/v) Methylen-bis-acrylamid
B 3 M Tris, mit HCl auf pH 8,45, 0,3 % (w/v) SDS
C 10 % Tetramethylethylendiamin (TEMED)
D 10 % (w/v) Ammoniumpersulfat
E Anodenpuffer: 0,2 M Tris-HCl, pH 8,9
F Kathodenpuffer: 0,1 M Tris, 0,1 M TRICINE (N-[tris-(Hydroxy-methyl)methyl]-glycin), pH 8,25, 0,1 % (w/v) SDS

Entsprechend der nachstehenden Tabelle 2.5 werden die Gelan-   Gießen des Gels
sätze gemischt. Das Trenngel kann zuerst gegossen und polymerisiert werden, wie für das System nach Laemmli beschrieben, es
kann aber auch das flüssige Trenngel gleich mit dem Sammelgel
überschichtet werden, so daß eine zwar unterschiedlich schnelle,
aber doch gemeinsame Polymerisation erfolgt.
  Das Gelsystem mit T = 10 %, C = 3 % besteht nur aus Sammel-
und Trenngel, die höher konzentrierten Gele können noch eine
weitere Gelschicht (Spacergel) erhalten.
  Die Proben werden im Probenpuffer G aufgenommen (0,5 bis   Probenauftrag
2 µg Protein pro Bande, 2 bis 5 µg Peptid pro Bande, in Abhängig- und Probenlauf
keit vom Nachweissystem), 30 min auf 40 °C erwärmt und durch
Unterschichten des in den Geltaschen befindlichen Kathoden-
puffers aufgetragen. Als Markerfarbstoff für die Elektrophoresefront kann Coomassie Brilliant Blue G-250 genommen werden.

Tabelle 2.5. Pipettierschema für PAGE nach Schägger und v.Jagow

Lösung in ml	Sammelgel	Spacergel	Trenngel		
			10%T 3%C	16,5%T 3%C	16,5%T[a] 6%C
A	0,8	2,0	2,0	3,33	–
A'	–	–	–	–	3,33
B	2,5[b]	3,33	3,33	3,33	3,33
C	0,075	0,05	0,05	0,033	0,033
Glycerol	–	–	1,0	1,0	1,0
		dest. Wasser auf 10 ml			
D	0,1	0,05	0,05	0,033	0,033
konstante Spannung während des Laufs in V/cm Gellänge			8 – 11	6 – 7	6,5-7,5

[a] für Peptide < 5 kD
[b] Zugabe einer Spur Coomassie Blue R250 erleichtert das Auftragen und markiert die Elektrophoresefront

Bromphenolblau ist nicht zu empfehlen, da es deutlich langsamer wandert als kleine Peptide.

Elektrotransfer/ Färbung

Die Trennung erfolgt mit den angegebenen Spannungen (Tab. 2.5) bei Raumtemperatur. Anschließend kann wie üblich fixiert und gefärbt werden oder die Proteine bzw. Peptide werden im Western blot transferiert.

Literatur

H.Schägger, G.v.Jagow (1987) Anal. Biochem. *166*, 368-370
G.v.Jagow, H.Schägger (1994) A Practical Guide to Membrane Protein Purification. Academic Press, San Diego, 65-71

2.1.5 SDS-Polyacrylamid-Gelelektrophorese bei pH 2.4

In diesem System können alkalilabile Proteine (z. B. Acylphosphat-Phosphoproteine) unter denaturierenden Bedingungen entsprechend ihrer relativen Molmasse aufgetrennt werden. Trotz der relativ geringen Polyacrylamidkonzentration (T = 5,61 %, C = 3,61 %) ist die Trennung im Molmassenbereich zwischen 10 und 150 kD sehr gut.

Da es sich um ein SDS-PAGE-System handelt, laufen die Proteine trotz des niedrigen pH-Werts von „-" nach „+".

Lösungen

A 40,0 % Acrylamid (w/v) und 1,5 % Methylen-bis-acrylamid in dest. Wasser
B 1 M Natriumphosphat-Phosphorsäure-Puffer, pH 2,4

C   20 % SDS (w/v) in dest. Wasser
D   5 mM Ascorbinsäure
E   0,025 % Fe(II)SO$_4$·7H$_2$O (w/v) in dest. Wasser
F   2,5 % H$_2$O$_2$
G   50 mM Natriumphosphat-Puffer, pH 2,4, 2 % SDS (w/v), 2 %
    2-Mercaptoethanol (v/v) oder Dithiothreitol
H   50 mM Natriumphosphat-Puffer, pH 2,4, 0,1 % SDS

Das Gel wird entsprechend dem Pipettierschema (Tab. 2.6) **Gelbereitung**
gemischt und mit Puffer I (Tab. 2.6) überschichtet. Das Gel polymerisiert sehr langsam und sollte 36 bis 48 Stunden vor der Elektrophorese angesetzt werden. Ein Sammelgel ist nicht erforderlich.

Die Proben werden in Puffer G aufgenommen. Der Elektroden- **Probenauftrag**
puffer ist H. Die Elektrophorese wird mit 8 bis 10 V/cm Trenn- **und Probenlauf**
gellänge durchgeführt.

Als Indikator für die Elektrophoresefront ist ein anionischer
Farbstoff zu verwenden, der bei pH 2,4 kräftig farbig ist, z. B.
Kresolrot oder Pyronin G (Pyronin Y). Die verwendete Menge an
Farbstoff ist analog zu der in Abschn. 2.1.1 angegeben. Es wird
nach der Elektrophorese wie üblich fixiert und gefärbt.

Literatur

J.AURUCK, G.FAIRBANKS (1972) Proc. Natl. Acad. Sci. USA **69**, 1216-1220

Tabelle 2.6. Pipettierschema für saure SDS-PAGE in ml/10 ml

Lösung	Gel	Puffer I
A	1,40	–
B	0,50	–
C	0,50	0,05
D	1,00	1,00
E	0,10	0,10
dest. Wasser auf 9,99 ml		
F	0,01	0,01

2.1.6 Harnstoff-Polyacrylamid-Gelelektrophorese bei pH 2

Das von PANYIM und CHALKLEY beschriebene SDS-freie PAGE-
System ist besonders zur Trennung von basischen Proteinen mit
relativ geringer Molmasse (z. B. Histone) geeignet. Durch Zusatz
eines nichtionischen Detergens wie Triton X-100 (0,05 bis 0,1 %
(w/v)) läßt sich unter Umständen die Auflösung noch erhöhen.

Tabelle 2.7. Pipettierschema für saure Harnstoff-PAGE

Lösung	ml/10 ml
A	2,50
B	1,25
C	6,25
Ammoniumpersulfat (fest zugeben)	12,5 mg

Lösungen

A 60,0 % Acrylamid (w/v), 0,4 % Methylen-bis-acrylamid (w/v) in dest. Wasser

B 14,5 % Essigsäure (w/v) und 5,4 % Tetramethylethylendiamin (TEMED) (v/v) in dest. Wasser

C 4 M Harnstoff

D 2,5 M Harnstoff, 0,9 M Essigsäure

Acrylamid und Harnstoff müssen p.a. Qualität besitzen und/oder sollten umkristallisiert werden. Die Harnstoff- und Acrylamidlösungen dürfen nicht über 35 °C erwärmt werden.

Tabelle 2.7 gibt die Volumina für 10 ml Mischung für ein Gel mit T = 15,1 % und C = 0,66 % an. Ein Sammelgel ist nicht erforderlich.

Präelektro-phorese

Bei diesem System wird eine Präelektrophorese empfohlen. Sie wird mit 3,5 mA/cm² (konstanter Strom, „cc") über Nacht durchgeführt. Danach wird der Elektrodenpuffer D gewechselt. Die Trennung erfolgt nach dem Auftragen der Proben (Puffer D, mit C oder etwas Saccharose spezifisch schwerer gemacht) mit 8 bis 10 V/cm. Elektrodenpuffer ist D. Die Laufrichtung ist von der Anode zur Kathode. Die Elektrophoresefront kann mit Neutralrot markiert werden.

Elektrophorese-lauf

Literatur

S.PANYIM, R.CHALKLEY (1969) Biochem. Biophys. Res. Comm. *37*, 1042-1049

2.1.7 Anodisches diskontinuierliches Polyacrylamid-Gelelektrophoresesystem

Dieses System ist für neutrale oder saure Proteine besonders für den Fall geeignet, daß nach der Elektrophorese Enzymaktivitäten nachgewiesen werden sollen, die nicht unbedingt durch die Entfernung von SDS aus SDS-PAGE-Systemen wieder rekonstituiert werden können (native PAGE). Bei der Probenvorbereitung und während des Laufs treten Denaturierungen im Regelfall

kaum auf. Die Trennung erfolgt nach der elektrophoretischen
Beweglichkeit des jeweiligen Proteins, eine Molmassenzuordnung durch Vergleich mit Standards ist nur eingeschränkt möglich. Die Laufrichtung ist von „-" nach „+", als Markerfarbstoff
kann Bromphenolblau verwendet werden.

A 18,25 g Acrylamid und 0,487 g Methylen-bis-acrylamid in   Lösungen
   50 ml dest. Wasser lösen
B 0,75 M Tris·HCl, pH 8,9
C 0,125 M Tris·HCl, pH 6,8
D 0,05 M Tris und 0,38 M Glycin, mit HCl auf pH 8,3
E 10 % Tetramethylethylendiamin (TEMED) (v/v)
F 10 % Ammoniumpersulfat (w/v) in dest. Wasser

Die Lösungen werden entsprechend dem Pipettierschema (Tab.   Gelbereitung
2.8) in der angegebenen Reihenfolge gemischt und mit dest. Wasser aufgefüllt. Dann wird die Polymerisation durch Zugabe von F
gestartet. Die Lösung wird in die Gelkammer gefüllt und mit
Wasser oder n-Butanol überschichtet. Vor dem Gießen des Sammelgels wird die überstehende Flüssigkeit sorgfältig mit Filterpapier entfernt. Das Sammelgel sollte erst kurz vor der Elektrophorese gegossen werden, damit durch Diffusion nicht der die
Trennung schärfende pH-Sprung zwischen Sammel- und Trenngel verloren geht.
   Proben- und Elektrodenpuffer ist D. Die Probe sollte mit Brom-   Probenauftrag
phenolblau-haltiger Saccharoselösung zum Auftragen versetzt
werden (etwa 5 µl pro 50 µl Probe). Weitere Hinweise sind den
voranstehenden Arbeitsvorschriften zu entnehmen.

Literatur

B.J.Davis (1964) Ann. New York Acad. Sci. *121*, 404-427

Tabelle 2.8. Pipettierschema für basische PAGE in ml/10 ml

Lösung	Trenngel [a]	Sammelgel [b]
A	2,0	1,2
B	5,0	–
C	–	5,0
E	0,1	0,1
	dest. Wasser auf 9,9 ml	
F	0,1	0,1

[a] T = 7,5 %, C = 2,6 %
[b] T = 4,5 %, C = 2,6 %

2.1.8 Kathodisches diskontinuierliches Polyacrylamid-Gelelektrophorese-System

Für die Analyse basischer Proteine unter nicht-denaturierenden Bedingungen ist dieses System geeignet. *Achtung! Die Laufrichtung ist von „+" nach „-"; d. h. entgegengesetzt zur Polung in der SDS-PAGE.* Als Markerfarbstoffe können basisches Fuchsin oder Pyronin G (Pyronin Y) dienen.

Lösungen
A 18,25 g Acrylamid und 0,487 g Methylen-bisacrylamid in 50 ml dest. Wasser
B 0,12 M KOH, 0,75 M Essigsäure, pH 4,3
C 0,12 M KOH, 0,125 M Essigsäure, pH 6,8
D 0,35 M ß-Alanin, 0,14 M Essigsäure, pH 4,5
E 10 % Tetramethylethylendiamin (v/v)
F 10 % Ammoniumpersulfat (w/v) in dest. Wasser

Gelbereitung
Das Pipettierschema ist in Tabelle 2.9 angegeben, Hinweise zur Gelbereitung sind der Vorschrift 2.1.6 zu entnehmen. Proben- und Elektrodenpuffer ist Puffer D.

Tabelle 2.9. Pipettierschema für kathodische Disk-PAGE in ml/10 ml

Lösung	Trenngel [a]	Sammelgel [b]
A	2,0	1,2
B	5,0	-
C	-	5,0
E	0,1	0,1
	dest. Wasser auf 9,9 ml	
F	0,1	0,1

[a] T = 7,5 %, C = 2,6 %
[b] T = 4,5 %, C = 2,6 %

Literatur

T.A.REISFELD, U.J.LEWIS, D.E.WILLIAMS (1962) Nature *195*, 281-283

2.1.9 Zweidimensionale Polyacrylamid-Gelelektrophorese (IEF und SDS-PAGE)

Unter einer zweidimensionalen Gelelektrophorese (2D-Elektrophorese) versteht man eine Auftrennung eines Substanzgemischs im elektrischen Feld, die nacheinander unter verschiedenen Trennbedingungen durchgeführt wird. So können sich die 1. und die 2. Trennbedingung („1. und 2. Dimension") durch die Acrylamidkonzentration, den pH-Wert, durch Harnstoff- oder Detergenszusatz unterscheiden, es werden PAGE und Agarose-(Immun-) Elektrophorese kombiniert oder, wie in den nachstehenden Vorschriften gezeigt, wird nach einer isoelektrischen Fokussierung (IEF) eine SDS-PAGE angeschlossen. Diesen letzteren Typ der 2D-Elektrophorese bezeichnet man als O'Farrel-Technik.

Die isoelektrische Fokussierung wird in einem pH-Gradienten längs der Trennstrecke durchgeführt. Dieser pH-Gradient kann einmal, wie im O'Farrel-System beschrieben, mit löslichen polymeren amphoteren Elektrolyten (Trägerampholyte, engl. carrier ampholytes, CA) oder durch in das Polyacrylamidgel einpolymerisierte Ampholyte (immobilisierte Ampholyte, Immobiline (Pharmacia)) erzeugt werden. Vorteil der CA ist u. a., daß der pH-Wert nach dem Lauf, und somit eine Bestimmung des isoelektrischen Punkts von Proteinen, relativ einfach ist. Nachteilig ist, daß der pH-Gradient keinen Gleichgewichtszustand während des Laufs einnimmt, daß der basische pH-Bereich nur schwer erfaßbar ist, eine hohe Salzabhängigkeit besteht und daß die Ampholyte häufig von Charge zu Charge etwas in ihren Eigenschaften abweichen. Immobilisierte Ampholyte gestatten die Trennung in einem breiteren pH-Bereich, der Gradient ist über lange Zeit stabil, allerdings ist die pH-Zuordnung schwierig, meist muß man sich mit Interpolationen und Relativangaben behelfen.

2.1.9.1 Erste Dimension: Isoelektrische Fokussierung (IEF)

Isoelektrische Fokussierung in Trägerampholyten

A 40,0 % Acrylamid (w/v), 2,1 % Methylen-bis-acrylamid in dest. Wasser

B 20 % SDS (w/v) in dest. Wasser

C 10 % Triton X-100 (w/v) in dest. Wasser

D 10 % Tetramethylethylendiamin (TEMED) (v/v)

E 10 % Ammoniumpersulfat (w/v)

F 40 % Saccharose (w/v), 48 % Harnstoff (w/v) in dest. Wasser

G 48 % Harnstoff (w/v), 5 % 2-Mercaptoethanol (v/v), 2 % Ampholyt pH 3 bis 10 (w/v), 0,1 % Triton X-100 (w/v) in dest. Wasser

H Anodenpuffer (+): 50 ml 85 %ige Phosphorsäure in 1000 ml dest. Wasser

I Kathodenpuffer (-): 50 ml Ethylendiamin in 1000 ml dest. Wasser

Variante 1:
CA-IEF

Lösungen

Die Acrylamid-Stammlösung A ist über einem Mischbett-Ionenaustauscher in der NaCl-Form im Kühlschrank zu lagern, da durch Hydrolyse entstehende Acrylsäure die Ausbildung des pH-Gradienten während der Fokussierung empfindlich stört.

Die IEF kann in Plattengelen horizontal oder vertikal durchgeführt werden, für die 2D-PAGE lassen sich aber Röhrchen mit 1,5 bis 2 mm Innendurchmesser und 8 bis 15 cm Länge leichter handhaben. Es sollten zusätzlich zu den für die Proben vorgesehenen Röhrchen je eins für die Färbung, eins für die Markerprotein-Mischung und eins für die pH-Messung vorbereitet werden.

Gelbereitung Die Röhrchen werden an einer Seite mit Plastikfilm (z. B. Parafilm) verschlossen. Mit einer Spritze mit langer Kanüle wird dann die Lösung F bis zu einer Höhe von etwa 5 mm eingefüllt. Lösung F wird dann, ebenfalls mit der Kanüle, mit der Gelmischung (s. Tab. 2.10) überschichtet, die letzten verbleibenden 2 mm im Röhrchen werden mit n-Butanol gefüllt.

Nach erfolgter Polymerisation des IEF-Gels wird das Butanol sorgfältig entfernt. Der entstandene Raum wird mit frischer Gelmischung, für die anstelle von 0,9 ml (vgl. Tab. 2.10) 3,0 ml A pro 10 ml verwendet werden, ausgefüllt. Nachdem auch dieses Gel polymerisiert ist, wird der Plastikfilm entfernt, die Lösung F wird ausgespült und die Röhrchen werden in die Apparatur eingesetzt.

Probenvorbereitung Die Proben werden in G gelöst und mit dest. Wasser so verdünnt, daß die Endkonzentration des Puffers der Hälfte der für G angegebenen entspricht. Die Probenlösung wird anschließend mit 20.000 · g 5 min bei Raumtemperatur zentrifugiert. Der Überstand, der etwa 1 bis 2 mg Protein pro ml enthalten sollte, kann mit einem gleichen Volumen an in G eingequollenem Sephadex G-200 superfine gemischt werden.

Anodenraum (unten) und Kathodenraum (oben) werden mit den jeweiligen Puffern gefüllt, die Proben werden aufgetragen und mit einigen Mikrolitern einer Lösung von 1 % Ampholyt in 6 M Harnstoff überschichtet.

Thermostatierung Die Röhrchen und die Elektrodenpuffer werden auf 10 bis 15 °C gekühlt. Diese Temperatur ist während der gesamten Fokussierung zu halten. Zur Fokussierung wird das in Tabelle 2.11 gegebene Spannungsregime vorgeschlagen.

Als Marker für die Fokussierungsgeschwindigkeit kann der Probe auf der Kathodenseite Bromphenolblau oder Methylgelb zugemischt werden.

Probenauftrag Bei der Fokussierung in Plattengelen auf einer Horizontalapparatur sind die Proben entweder in vorgeformte Taschen oder auf aufgelegte Filterpapierstreifen (z. B. 2x5 mm, Filterpapier für die quantitative Analyse) aufzutragen. Auch hier ist das Gel gut zu kühlen. Zwischen der möglichst dünnen Trägerfolie, auf der das IEF-Gel liegt, und der Kühlplatte bewirken einige Tropfen Petrolether (oder Ligroin, Heptan oder andere Kohlenwasserstoffe mit einem Siedepunkt oberhalb 50 °C) einen guten Wärmeübergang. Das Gel ist vor Austrocknung durch eine Glasplatte, die das Gel nicht berührt, zu schützen.

Eine Präfokussierung wird vielfach empfohlen. Ob sie notwendig ist, sollte das Experiment entscheiden. Die Präfokussierung wird durchgeführt, indem vor dem Probenauftrag mit 1/10 der angegebenen Voltstundenzahl fokussiert wird, d. h. bei Röhrchen für 20 bis 30 min mit 1 mA pro Röhrchen und maximal 500 V.

Präfokussierung

Nach beendeter Fokussierung wird das Gel mit einer wassergefüllten Spritze oder, besser, mit einem genau passenden Draht aus dem Röhrchen herausgepreßt. Zur Markierung der Enden und damit der Polung sollte in das erste herausgetretene Gelstück ein dünner Draht eingestochen werden, der nach der Färbung bzw. nach dem Lauf in der 2. Dimension die Zuordnung erleichtert.

Die Färbung des Vergleichsgels, das die getrennte Proteinmischung bzw. die Markerproteine enthält, erfolgt nach gründlicher Fixierung, da nicht ausgewaschene Ampholyte einen hohen Untergrund erzeugen.

Proteinfärbung

Zur Kontrolle des pH-Gradienten schneidet man ein weiteres Gel unmittelbar nach der Fokussierung in ca. 5 mm lange Stücke, die in 1 bis 2 ml ausgekochtes dest. Wasser gegeben werden. Nach einer Stunde kann der pH-Wert gemessen werden. Für Plattengele ist die Messung mit einer Oberflächen-pH-Elektrode die Methode der Wahl.

Messung des pH-Gradienten

Isoelektrische Fokussierung in immobilisierten Ampholyten
Gele mit immobilisierten pH-Gradienten (IPG) sind zwar etwas komplizierter herzustellen, wenn man nicht auf kommer-

Variante 2: hochauflösende IEF

Tabelle 2.10. Pipettierschema für CA-IEF in ml/10 ml

Lösung	Volumen
A	0,90
Ampholyt (aus 4 Vol. pH 5 – 8 und 2 Vol. pH 3 – 10) [a]	0,225
Ampholyt (aus 4 Vol. pH 5 – 8, 2 Vol. pH 3 – 10 und 0,5 Vol. pH 2 – 4) [b]	0,60
C	0,05
D	0,06
Harnstoff [g]	4,8
Glycerol	2,5
dest. Wasser auf 9,97 ml	
E	0,03

[a] für Gellängen bis etwa 8 cm
[b] für Gellängen über 10 cm

Tabelle 2.11. Spannungsregime für CA-IEF

Volt	Stunden [a]	Volt	Stunden [b]
50	1	100	1
100	1	300	1
150	1	600	17,5
200	1	1000	1
250	1	1500	0,5
300	0,2	2000	0,1
400	0,2		

[a] für Gellängen bis etwa 8 cm
[b] für Gellängen über 10 cm

zielle Fertiggele zurückgreifen kann oder will, zeichnen sich aber durch höhere Konstanz und bessere Trennleistung, vor allem oberhalb pH 7, aus.

Aus Gründen einer besseren Einheitlichkeit der Gele und einer Rationalisierung bei der Gelherstellung sollten mehrere Gele gleichzeitig gegossen werden. Sie können dann bei mind. -20 °C mehrere Wochen bis zum Gebrauch gelagert werden.

Gießen des Gels   Auf eine saubere, horizontal liegende Glasplatte (200x200 mm) werden einige Tropfen dest. Wasser gegeben, dann wird ein ebenso großes Stück Gel-Haftfolie (GelBond, GelFix for PAGE) mit einer Gummiwalze blasenfrei mit der gelbindenen Schicht nach oben aufgewalzt. An der unteren, sauren bzw. anodischen Seite wird mit einem roten wasserfesten Filzstift ein Strich gezogen, an dem später diese Seite leicht erkannt werden kann (der positive Pol der Stromversorgungsgeräte ist meist rot gekennzeichnet). Auf diese Folie wird der 0,5 mm dicke U-förmige Abstandhalter gelgt, darauf kommt eine hydrophobisierte Glasplatte.[6] Die Platten werden zusammengeklammert, etwa 30 min in den Kühlschrank gelegt und unmittelbar vor dem Gießen vertikal vor den Gradientenmischer gestellt.

In die vordere Kammer des Mischers (Abb. 2.2) kommt die schwere, „saure" Lösung sL entspr. Tab. 2.12 (47,5 % des Gießkassettenvolumens). Dann wird kurz der Verbindungshahn geöffnet, um die Luft im Verbindungskanal zu verdrängen, und anschließend wird hinten die leichte, „basische" Lösung bL (47,5 % des Gießkassettenvolumens) eingefüllt. Es wird in jede Mischerkammer die angege-bene Menge an Ammoniumpersulfat-Lösung C gegeben, kurz gemischt, dann werden beide Hähne des Gradientenmischers geöffnet und man läßt in einem kontinuierlichen Flüssigkeitsstrom die Gelmischung in der Mitte der Gießkassette einfließen. Zum Schluß wird vorsichtig mit dest. Wasser überschichtet.

Wenn nach etwa 1 h bei Raumtemperatur die Polymerisation weitestgehend abgeschlossen ist, wird noch für ca. 2 h bei etwa 40 bis 50 °C nachpolymerisiert.

Die Gießkassette wird vorsichtig geöffnet, der Abstandhalter wird entfernt und das Gel, das fest auf der Folie haftet, wird dreimal für je 30 min im 100fachen Volumen an dest. Wasser gewaschen. Anschließend wird das Gel mit einem Fön getrocknet, in wasserundurchlässige Haushaltfolie gewickelt und, wenn nicht gleich weiterverarbeitet, eingefroren.

A 38,8 % Acrylamid (w/v), 1,2 % Methylen-bis-acrylamid (=3 % C)   Lösungen
B 10 % TEMED (v/v) in dest. Wasser
C 10 % Ammoniumpersulfat (w/v) in dest. Wasser
D Rehydratisierungspuffer: 8 M Harnstoff (48 g/100 ml), 0,5 % Triton X-100 oder Nonidet NP-40 (v/v).[7]
E Probenpuffer: 8 M Harnstoff, 2 % Triton X-100 oder Nonidet NP-40, 2 % DTE oder 2-Mercaptoethanol
F_1 1. Äquilibrierungspuffer: 50 mM Tris·HCl, pH 6,8, 6 M Harnstoff, 30 % Glycerol (v/v), 2 % SDS (w/v), 1 % DTE (w/v)
F_2 2. Äquilibrierungspuffer: 50 mM Tris·HCl, pH 6,8, 6 M Harnstoff, 30 % Glycerol (v/v), 2 % SDS (w/v), 2 % N-Ethylmaleinimid oder Iodacetamid (w/v), je eine Spur Bromphenolblau und Pyronin G

Die isoelektrische Fokussierung wird in einer Horizontalapparatur durchgeführt.

Das trockene IEF-Gel (gesamt oder einzelne, 7 mm breite Streifen), wird in der Gießkassette rehydratisiert. Dazu wird der   Rehydratisierung
0,5-mm-Abstandhalter um 0,2 mm verstärkt (Dicke der Haftfolie), das IEF-Gel wird eingelegt und die Lösung D eingefüllt. Nach ca. 20 min kann das Gel zur Fokussierung entnommen werden (überschüssige Rehydratisierungslösung wird mit feuchtem Zellstoff vorsichtig abgewischt).

Auf die Kühlplatte der mittels Thermostaten auf 20 °C temperierten Apparatur wird etwas hochsiedender Petrolether (Kerosin) zur besseren Wärmübertragung gegeben, darauf wird das   Fokussierung
IEF-Gel blasenfrei angedrückt. Auf das saure bzw. basische Ende werden mit dest. Wasser getränkte Filterpapierstreifen (Elektrodenpufferstreifen) gelegt, dann wird ca. 1 cm von der Anode entfernt auf der basischen Seite der Probenauftragstreifen (Filterpapier 8x5 mm, in Längsrichtung) bzw. der Silikongummi-Probenapplikator aufgelegt. Die im Puffer E aufgelöste Probe wird aufgegeben, die Elektroden (basische Seite „+", saure Seite „-") werden auf die Elektrodenpufferstreifen gelegt und es wird die Stromversorgung angeschlossen. Das Spannungsprotokoll ist nachstehender Tabelle zu entnehmen.

Tabelle 2.12. Pipettierschema für IEF-Gele mit immobilisiertem pH-Gradienten in ml/10 ml Gelmischung [a]

Lösung		pH 4 -10		pH 4 -7	
		sL	bL	sL	bL
A		1,0	1,0	1,0	1,0
Immobiline	pK 3.6	0,735	–	0,385	0,201
	pK 4.6	–	0,076	0,073	0,492
	pK 6.2	0,303	0,033	0,300	0,100
	pK 7.0	0,060	0,325	–	0,180
	pK 8.5	0,223	0,104	–	–
	pK 9.3	–	0,239	–	0,584
B		0,070	0,050	0,070	0,050
Glycerol		1,5	–	1,5	–
dest. Wasser auf 9 ml, pH mit Tris bzw. HCl auf ≈7 einstellen, auf 10,0 ml mit dest. Wasser auffüllen					
C		0,040	0,040	0,040	0,040

sL – saure Lösung; bL – basische Lösung
[a] Weitere Gelmischungen, besonders für engere pH-Bereiche, sind in WESTERMEIER, loc.cit., 200-201 aufgeführt.

Tabelle 2.13. Spannungsregime für die IEF in immobilisierten pH-Gradienten (maximal 5 W Leistung)

	Spannung in V	Zeit in h
Probeneinzug	30/cm	1
IEF pH 4-10, 10 cm Trennlänge	2-3000	5
IEF pH 4-10, 18 cm Trennlänge	2-3000	7
IEF pH 4-7, 10 cm Trennlänge	2-3000	7
IEF pH 4-7, 18 cm Trennlänge	2-3000	12 – 16

Nach der IEF kann das Gel eingefroren, fixiert und gefärbt, geblottet oder nach je 15 min Äquilibrierung in Puffer F_1 bzw. F_2 für die 2. Dimension verwendet werden. Für die Elektrophorese in der 2. Dimension empfiehlt sich ebenfalls die Verwendung einer Horizontalapparatur.

Literatur

A.GÖRG, W.POSTEL, S.GÜNTHER (1988) Electrophoresis *9*, 531-546
P.G.RIGHETTI (1990) Immobilized pH Gradients: Theory and Methodology. Laboratory Techniques in Biochemistry and Molecular Biology Vol. 20, Elsevier, Amsterdam
R.WESTERMEIER (1990) Elektrophorese-Praktikum, 197-225, VCH, Weinheim

2.1.9.2 Zweite Dimension: SDS-Polyacrylamid-
Gelelektrophorese

Als Elektrophoresesystem für die zweite Dimension hat sich das SDS-PAGE nach
SDS-PAGE-System nach LAEMMLI mit einem Acrylamid-Kon- LAEMMLI
zentrationsgradienten (vgl. Abschn. 2.1.1) bewährt. Es können
selbstverständlich auch andere Elektrophoresesysteme für den
Lauf in der zweiten Dimension verwendet werden, ihre Handhabung ist dann analog zu der im folgenden beschriebenen.

Es wird ein Plattengel mit einer Dicke von 1 mm oder weniger   Gießen des Gels
gegossen und das etwa 1 cm breiter als das IEF-Gel lang ist
(Lösungen und Pipettierschema s. Abschn. 2.1.1). Wenn ein Sammelgel verwendet werden soll, muß auch dieses wie das Trenngel,
d. h. ohne Taschenformer und mit Wasser überschichtet, bereitet
werden.

Das CA-IEF-Gel wird 15 bis 20 min im Äquilibrierungspuffer
F_1, dann wieder für ca. 20 min in F_2 äquilibriert. Das IEF-Gel
kann auch in F_1 eingefroren werden, die Zeiten für das Einfrieren
und Auftauen reichen für eine Äquilibrierung aus.

Dann wird das IEF-Gel auf die Oberfläche des Sammelgels bla-   Einbettung des
senfrei aufgelegt und mit der bei 60 °C aufgeschmolzenen Agaro-   IEF-Gels
se K angegossen. Es kann auch mit der Sammelgel-Lösung (vgl.
Tab. 2.1) einpolymerisiert werden, allerdings sollten dann entweder die SH-Reagenzien 2-Mercaptoethanol bzw. DTT in Puffer F_2
weggelassen oder eine dritte Äquilibrierung im SH-freien Puffer
F_2 vorgenommen werden.

Durch einen Plastikstreifen rechts und/oder links vom IEF-Gel
können Taschen für die Markerprotein-Mischung geformt werden.

Die Elektrophorese wird wie bei dem jeweiligen System beschrie-   Elektrophorese-
ben durchgeführt. Die Auswertung erfolgt wie für die PAGE üblich,   lauf und Protein-
d. h. durch Färbung, Gel-Overlay, Elektrotransfer (Western blot),   nachweis
Autoradiographie usw.

Die Verwendung der IPG-Streifen aus der IEF mit immobili-   2. Dimension
siertem pH-Gradienten vereinfacht das Verfahren etwas: nach immobili-

Es wird ein 0,5 mm dickes SDS-Gel (homogenes oder Poren-   siertem pH-Gra-
gradienten-Trenngel) auf einer GelBond-Trägerfolie analog zur   dienten
Herstellung der IEF-Gele gegossen.

Der IEF-Streifen wird 15 min im Äquilibrierungspuffer F_1,   Horizontalappa-
dann 15 min im Äquilibrierungspuffer F_2 leicht geschüttelt und   ratur
leicht abgetupft. Das Gel wird auf die Kühlplatte der Horizontal-
Elektrophoreseapparatur gelegt, auf die Sammelgelzone wird der
IPG-Streifen „mit dem Gesicht nach unten" gelegt und leicht
angedrückt. Ein Angießen mit Agarose o.ä. ist nicht nötig. Auf
Filterpapierstreifen von 5x3 mm, die neben das IPG-Gel aufgelegt werden, können Markerproteinmischungen aufgetragen
werden. Die Elektrophorese wird dann wie üblich durchgeführt,

d. h. die Probe läßt man mit 30 – 50 V einziehen. Wenn der Markerfarbstoff die Trenngeloberkante erreicht hat, wird die konstante Spannung auf 10 – 15 V/cm eingeregelt.

Trennung Gel-
Haftfolie für
Blotting

Soll hinterher ein Western blot durchgeführt werden, müssen
Haftfolie und Gel getrennt werden. Dazu eignet sich am besten
eine Vorrichtung, wie sie von WESTERMEIER (loc. cit. S. 192, Abb.
4) beschrieben wurde, bei der ein straff gespannter dünner Stahl-
draht oder eine Nylon-Angelsehne auf der Haftfolie entlang
geführt und so das Gel abtrennt wird.

Literatur

P.H.O'FARREL (1975) J.Biol.Chem. *250*, 4007-4021

J.KLEE (1983). In: Modern Methods in Protein Chemistry-Review
  Articles, 52-78, Springer, Berlin

M.J.DUNN, A.H.M.BURGHES (1983) Electrophoresis 4, 97-116 und 173-189

R.WESTERMEIER (1990) Elektrophorese-Praktikum, VCH, Weinheim

2.1.10 Nicht-denaturierende Nucleinsäure-Elektrophorese

In dem beschriebenen Elektrophoresesystem können Doppel-
strang-DNA-Fragmente von 70 bis 80.000 Basenpaaren (bp) in
Gelen von 3 % bis 0,1 % Agarose aufgetrennt werden. Zur Trennung kleinerer Fragmente (6 bis 1000 bp) werden in der Literatur
PAGE-Systeme mit 20 bis 3 % Polyacrylamid beschrieben.

Schutz vor den
allgegenwärti-
gen DNasen und
RNasen

Die DNA wird im Verlauf der Probenvorbereitung und der
Elektrophorese nicht denaturiert, d. h. der Doppelstrang und
höhere Strukturelemente bleiben erhalten. Um unbeabsichtigte
Fragmentierungen zu vermeiden, ist bei allen Manipulationen
und Geräten auf peinlichste Sauberkeit (Vermeidung von Finger-
abdrücken und Speicheltröpfchen, Verhinderung von mikrobiel-
lem Bewuchs) zu achten.

Spezielle Elektrophoresevorschriften für die Nucleinsäure-
Sequenzanalyse sind bei SAMBROOK u.Mitarb. beschrieben und
werden daher hier nicht aufgenommen.

Lösungen

A   200 mM Tris-acetat, pH 8,2, 5 mM EDTA
B   0,1 bis 3,0 % Agarose (geringe Endoosmose) (w/v) in 1/5 Puf-
    fer A
C   50 % Glycerol (v/v), 0,3 % Bromphenolblau in A
D   0,1 % Ethidiumbromid (w/v) in dest. Wasser
    Vorsicht! Handschuhe tragen. Ethidiumbromid ist cancerogen.

Gelbereitung

Die Agarose B wird im Wasserbad aufgeschmolzen und auf etwa
50 °C abgekühlt. D wird bis zu einer Endkonzentration von

0,5 μg/ml zugegeben.[8] Dann werden die Ränder der Platte sowie ein Sockel von etwa 1/10 der Plattenhöhe mit der warmen Lösung B ausgegossen.

Nach dem Erstarren der Agarosedichtung wird das Trenngel aus der gleichen Agarose gegossen und der Taschenformer wird in das noch flüssige Gel eingesetzt. Gele für eine Horizontalapparatur können auf einer ebenen, genau waagrechten Platte ohne Luftabschluß gegossen werden.

Als Probenpuffer wird ein Puffer mit möglichst geringer Ionenstärke verwendet. Die Probe wird vor dem Auftragen mit 1/5 ihres Volumens an C gemischt. Pro cm² Taschenfläche werden etwa 50 μg DNA aufgetragen.

Als Elektrodenpuffer wird der auf 1/5 der angegebenen Konzentration verdünnte Puffer A verwendet, dem D bis zu einer Endkonzentration von 0,5 μg/ml zugegeben und dessen pH-Wert auf 8,2 nachgestellt wurde. Die Elektrophorese wird bei Raumtemperatur mit 20 bis 60 V ggf. über Nacht durchgeführt. Die angelegte konstante Spannung soll umgekehrt proportional der durchschnittlichen DNA-Größe sein.

Probenauftrag und Probenlauf

Der Zusatz von Ethidiumbromid („EtBr") zur Agarose bzw. Probe ermöglicht eine sofortige Identifizierung der DNA, ohne daß durch eine nachträgliche Färbeprozedur eine Bandenverbreiterung auftritt. Ethidiumbromid wird bei 302 nm oder 366 nm angeregt und fluoresziert nach Interkalation in die Doppelstrang-DNA mit Licht der Wellenlänge 590 nm. Die getrennte DNA kann durch Diffusion oder Elektrotransfer auf eine Empfängerschicht (Nitrocellulose, aktiviertes Papier o.ä.) transferiert werden (Southern blot).

DNA-Nachweis

Literatur

D.Rickwood, B.D.Hames (Hrsg.) (1984) Gel Electrophoresis of Nucleic Acids – A Practical Approach, IRL Press, Oxford

J.Sambrook, E.F.Fritsch, T.Maniatis (1989) Molecular Cloning – A Laboratory Manual, 2. Aufl., Bd. 1, Kap. 6, Cold Spring Harbor Laboratories Press

K.-D. Jany, H. Hahn (1991) in: S. Bertram, G. Gassen (Hrsg.) Gentechnische Methoden. Fischer, Stuttgart, 39-43

2.1.11 Denaturierende Nucleinsäure-Elektrophorese

Ein prinzipieller Unterschied in den Elektrophorese-Systemen für DNA und RNA besteht nicht. Deshalb können die hier beschriebenen Methoden sowohl für RNA als auch für DNA verwendet werden.

Lösungen

A   10 mM Natriumphosphat-Puffer, pH 6,5 bis 6,8
A' 10 mM Natriumphosphat-Puffer, pH 7,4, 1,1 M Formaldehyd
A" 0,4 M Tris·HCl, 20 mM Natriumacetat, 1 mM EDTA, pH 7,4
B   6% Glyoxal (w/v) in A
C   0,8 bis 1,5% Agarose (w/v) in A [9]
C' 0,8 bis 1,5% Agarose (w/v) in A' [9]
C" 0,8 bis 1,5% Agarose (w/v) in 6 M Harnstoff, 15 mM Iodacetat, pH 7,4 [9]
D   50% Glycerol (v/v), 0,3% Bromphenolblau in dest. Wasser
D' 50% Formamid (v/v), 6,5% Formaldehyd (w/v), 0,5 mM EDTA, 10 mM Natriumphosphat-Puffer, pH 7,4
E' 25% Glycerol (v/v), 0,5% SDS (w/v), 0,025% Bromphenolblau (w/v), 25 mM EDTA in dest. Wasser

Variante 1

Glyoxal-Denaturierung

Es wird ein Gel von 2 bis 8 mm Dicke aus der Agarose C in einer Platten- oder Röhrchenapparatur gegossen.

Die RNA wird eine Stunde bei 50 °C in B inkubiert. Nach dem Abkühlen der Lösung wird sie mit 1/10 ihres Volumens an D gemischt und auf das Gel aufgetragen.

Die Elektrophorese wird für ca. 18 Stunden bei Raumtemperatur mit einer konstanten Spannung von 25 bis 30 V durchgeführt. Als Elektrodenpuffer dient Puffer A, der während der Elektrophorese zwischen den Kammern umgepumpt werden sollte.

Nach der Elektrophorese wird das Gel in einer wäßrigen Lösung von Ethidiumbromid (0,5 µg/ml) gefärbt. Die Identifizierung der Banden erfolgt unter UV-Licht.

Variante 2

Formaldehyd-Denaturierung

Die RNA wird für 5 Minuten in D' auf 65 °C erhitzt, dann abgekühlt und mit 1/5 des Probenvolumens an E' gemischt.

Das Trenngel wird aus der aufgeschmolzenen Agarose C' in den in Variante 1 angegebenen Dimensionen gegossen.

Die Elektrophorese wird in einem gut ziehenden Abzug mit 35 bis 60 V (konstante Spannung) und zirkulierendem Elektrodenpuffer A' durchgeführt. Die Färbung und Auswertung erfolgt wie in Variante 1.

Variante 3

Harnstoff-Gel

Die RNA wird in einem beliebigen Puffer, dessen Ionenstärke zwischen 0,01 und 0,2 liegen sollte und der Detergenzien enthalten kann, aufgenommen.

Das Trenngel wird aus der Agarose C" gegossen. Da beim Aufschmelzen die Zersetzung des Harnstoffs beginnt, sollte die Agarose nicht mehrmals und nicht für längere Zeit aufgeschmolzen werden.

Die Elektrophorese wird mit 5 V/cm für 3 bis 6 Stunden bei Raumtemperatur unter Verwendung von A" als Elektrodenpuffer durchgeführt. Die Färbung erfolgt wie bei Variante 1.

Aus dem Harnstoffgel kann die einsträngige Nucleinsäure unmittelbar und mit hoher Effektivität auf ein entsprechendes Material (z. B. Diazobenzyloxymethyl-Papier) transferiert und dort hybridisiert werden.

Die in der Literatur beschriebene denaturierende Elektrophoresevariante, bei der Methylquecksilber als denaturierendes Agens verwendet wird, sollte wegen der großen Toxizität der Substanz vermieden werden, zumal Methylquecksilber ein schweres Umweltgift ist.

Literatur

J.LOCKER (1980) Anal. Biochem. *98*, 358-367

D.RICKWOOD, B.D.HAMES (Hrsg.) (1984) Gel Electrophoresis of Nucleic Acids – A Practical Approach, IRL Press, Oxford

2.1.12 Identifizierung von Phosphoaminosäuren (Papierelektrophorese)

Die Methode der Aminosäure-Elektrophorese auf Zelluloseträgern ist eine hinreichend empfindliche und reproduzierbare Methode, die neben der Hochleistungs-Flüssigchromatographie (HPLC) durchaus bestehen kann, besonders, wenn die Aminosäurebestimmungen relativ selten sind, die Probenzahl gering oder eine etablierte HPLC-Aminosäure-Analytik nicht im Nachbarlabor anzutreffen ist.

A Eisessig/Pyridin/Wasser 50:5:945 (v/v/v), pH 3,4   Lösungen
B Ninhydrinspray: 0,3 g Ninhydrin werden in 100 ml *n*-Butanol gelöst und mit 3 ml Eisessig versetzt.

Zur Elektrophorese werden Fertigplatten mit mikrokristalliner Zellulose oder Chromatographiepapierstreifen (z. B. Whatman Nr. 3MM, Schleicher & Schüll Nr. 2040b, Macherey & Nagel MN 260 oder Papierfabrik Niederschlag FN 7) von ca. 20 cm Länge verwendet.

Die Analysenprobe wird in 6 N Salzsäure bei 110 °C 2 Stunden hydrolysiert.[10] Anschließend werden die Proben lyophilisiert. Dabei ist darauf zu achten, daß die Proben völlig trocken und säurefrei werden. Gegebenenfalls sollten die Proben mit etwas Wasser aufgenommen und nochmals lyophilisiert werden.

Auf der kathodischen Seite der Platte bzw. des Streifens wird die Startzone mit Bleistift markiert. Die Startpunkte für die einzelnen Proben sollten 1,5 bis 2 cm von einander entfernt sein. Dann wird die Startzone abgedeckt und die Zellulose wird mit A eingesprüht, bis sie gleichmäßig feucht, aber nicht naß ist.

Die Proben werden in dest. Wasser aufgenommen. Die Konzentration sollte 0,2 bis 1 mg/ml der jeweiligen Aminosäuren betragen. Je ca. 5 μl der Proben werden am markierten Start möglichst punktförmig aufgetragen. Durch Filterpapierbrücken wird die Verbindung zwischen den Elektrodentanks, die Puffer A enthalten (gleiches Flüssigkeitsniveau!) und der Platte bzw. dem Papier hergestellt. Es ist ratsam, auf die Filterpapierbrücken eine die Trennschicht überspannende, aber nicht berührende Glasplatte zu legen, die einerseits die Papierbrücken gut und gleichmäßig andrückt und andererseits als Verdunstungsschutz wirkt.

Die Kühlplatte, auf der die Zellulose-Trennschicht liegt, wird auf 0 °C gekühlt. Bei Fertigplatten mit einer wasserundurchlässigen Trägerschicht aus Kunststoff kann mit einigen Tropfen Petrolether ein gut wärmeleitender Kontakt zwischen Kühlplatte und Trägerschicht hergestellt werden.

Wichtig: Auf gute, gleichmäßige Kühlung achten!

Die Elektrophorese wird mit 1000 V für 30 bis 45 Minuten durchgeführt. Nach der Elektrophorese wird die Zellulose im warmen Luftstrom getrocknet. Dann wird die Platte mit B eingesprüht und in einen auf 110 bis 120 °C aufgeheizten Trockenschrank gelegt, bis die Aminosäureflecke erscheinen. ^{32}P-markierte Aminosäuren werden durch Autoradiographie nachgewiesen.

Die Laufgeschwindigkeit der phosphorylierten Aminosäuren folgt der Reihe

Serinphosphat > Threoninphosphat > Tyrosinphosphat

Zur quantitativen Bestimmung werden die entsprechenden Flecken sowie zur Leerwertermittlung ein gleichgroßes aminosäurefreies Trägerstück ausgeschnitten. Die Zellulose wird verascht und im Rückstand wird Phosphat bestimmt (nach Abschn. 1.3.2, mit gekoppeltem optischen Test bzw. radiometrisch bei ^{32}P-Markierung).

Literatur

T.HUNTER, B.M.SEFTON (1980) Proc. Natl. Acad. Sci. USA *77*, 1311-1315

2.2 Hilfsmittel für die Kontrolle der Elektrophorese

2.2.1 Markerfarbstoffe für die Kontrolle der Elektrophorese

2.2.1.1 Anodische Systeme

0,02 g Bromphenolblau in 0,25 ml Ethanol und 0,02 g Pyronin   Lösungen
G (Pyronin Y) in 0,25 ml dest. Wasser lösen, zusammengeben
und mit 0,5 ml Glycerol oder 1 ml 50 %ige Saccharose-Lösung
mischen, mit dest. Wasser auf 2 ml auffüllen.

Von dieser Farbstofflösung werden 0,05 µl pro µl Probenlösung
(gilt für alle SDS-PAGE-Systeme mit einem Trenngel-pH-Wert >
5) vor dem Auftragen zugemischt. Die Farbe des Bromphenol-
blaus schlägt von gelbbraun nach blauviolett um (Umschlagsin-
tervall pH 3 – 4). Günstiger als Bromphenolblau, besonders bei
der Trennung kleinerer Peptide, ist Orange G als Markerfarbstoff, das tatsächlich mit der Elektrophoresefront läuft, aber
schlechter als Bromphenolblau zu sehen ist.

2.2.1.2 Kathodische Systeme

0,5 % basisches Fuchsin (w/v), 50 % Saccharose (w/v) in dest.   Lösungen
Wasser

Es werden von dieser Lösung 0,05 µl pro µl Probenlösung zugegeben. Der Probe braucht dann vor dem Auftragen nicht noch
Saccharose oder Glycerol zugemischt werden.

Als weitere Farbstoffe für kathodische (saure) Systeme sind
geeignet: Pyronin G (Pyronin Y), α-Naphthylrot und Methylrot,
letzteres nur für Systeme mit einem pH-Wert unter 3.

2.2.2 Eichproteine für die Polyacrylamid-Gelelektrophorese

Voraussetzungen für die Eignung eines Proteins als Kalibrie-
rungsmarker in der PAGE sind, daß es rein darzustellen ist, daß
seine relative Molmasse bekannt ist und daß es regulär, d. h. im
SDS-Gel proportional seiner Molmasse, wandert. Nicht alle der
in Tabelle 2.14 aufgeführten Proteine erfüllen diese Bedingungen. Die in Tabelle 2.15 verzeichneten Proteine haben sich für die
SDS-PAGE bewährt. Um Rückschlüsse auf die Mengenverhältnis-

se an Markermischungen und ihre unterschiedliche Anfärbbarkeit ziehen zu können, sind in Tabelle 2.15 einige kommerziell erhältliche Proteinstandard-Mischungen aufgeführt. Von ihnen werden, je nach Nachweismethode, 1 bis 5 μl pro Elektrophoresebahn eingesetzt.

Tabelle 2.14. Kalibrierungsproteine für die Polyacrylamid-Gelelektrophorese

Protein	M_r in kD	
	mit SDS	ohne SDS
Glucagon	3,483	
Insulin (Schwein)	5,733	
Insulin, A-Kette	2,533	
Insulin, B-Kette	3,495	
Trypsininhibitor (= Aprotinin) (Rinderlunge)	6,5	
Cytochrom c (Schwein)	12,5	
Lysozym (Hühnerei)	14,3	
α-Lactalbumin (Rind)	14,4	
Hämoglobin (Rind)	16	
Myoglobin (Pferdeherz)	16,95	
Myoglobin, BrCN-Fragment III	2,512	
Myoglobin, BrCN-Fragment II	6,214	
Myoglobin, BrCN-Fragment I	8,159	
β-Lactoglobulin (Rind)	18,4	
Trypsininhibitor (Soja)	20,1	
Trypsinogen (Rind)	24	
Chymotrypsinogen A (Rind)	25,7	
Carbonsäureanhydrase (Rind)	29	
Pepsin (Schwein)	34,7	
Aldolase (Kaninchen)	40	
Ovalbumin (Hühnerei)	42,7	
Glutamatdehydrogenase (Rind)	53	
Pyruvatkinase (Kaninchen)	57,2	
Serumalbumin (Rind)	66,25	
Transferrin (Mensch)	76	
Ovotransferrin (Hühnerei)	76 – 78	
Phosphorylase b (Kaninchen)	94	
β-Galactosidase (*E.coli*)	116,3	
Lactatdehydrogenase	36	140
α$_2$-Macroglobulin (Rind)	170	
Myosin (Kaninchen)	205 – 215	
Katalase	57,5	232
Ferritin (Pferd)	18,5 + 220	440
Thyroglobulin	335	669

Tabelle 2.15. Kalibrierungs-Sätze für die Polyacrylamid-Gelelektrophorese

LMW Kit [a]	M_r in kD	mg/ml	HMW Kit [a]	M_r in kD	mg/ml
Phosphorylase b	96	0,64	Myosin	210	0,25
Serumalbumin	67	0,83	α_2-Macroglubulin	170	1,0
Ovalbumin	43	1,47	β-Galactosidase	116	0,16
Carbonsäure-anhydrase	30	0,83	Transferrin	90	0,17
Trypsininhibitor	20	0,80	Glutamat-		
α-Lactalbumin	14	1,21	dehydrogenase	53	0,18

[a] Hersteller: Pharmacia Biosystems GmbH

MW-SDS-70 [b]	M_r in kD	mg/ml	MW-SDS-200 [b]	M_r in kD	mg/ml
Serumalbumin	67	1,5	Carbonsäure-anhydrase	30	1,0
Ovalbumin	43	1,5	Ovalbumin	43	1,5
Pepsin	35	5,0	Serumalbumin	67	1,5
Trypsinogen	24	2,0	Phosphorylase b	96	1,0
β-Lactoglobulin	17	1,0	β-Galactosidase	116	1,0
Lysozym	14	1,0	Myosin	204	1,7

[b] Hersteller: Sigma Chemie GmbH

SDS-PAGE Standard [c]	low range	high range M_r in kD	broad range	prestained
Myosin		205	205	205
ß-Galactosidase		116,25	116,25	116,5
Phosphorylase b	97,4	97,4	97,4	106
Serumalbumin (Rind)	66,2	66,2	66,2	80
Ovalbumin	45	45	45	49,5
Carbonsäureanhydrase	31		31	32,5
Trypsininhibitor (Soja)	21,5		21,5	27,5
Lysozym	14,4		14,4	18,5
Aprotinin			6,5	6,5

[c] Hersteller: BioRad

2.2.3 Kovalente Farbmarkierung von Eichproteinen

Kovalent farbig markierte Protein-Molmassenstandards sind besonders dann zu empfehlen, wenn ein bestimmtes Laufverhalten in der Elektrophorese überwacht oder eine Molgewichtszuordnung im Western blot, bei dem die Geometrie des Gels, aus dem transferiert wird, von der des gefärbten abweichen kann, erfolgen soll.

Das elektrophoretische Laufverhalten der dabsylierten Proteine in der SDS-PAGE ist gegenüber den unmarkierten Proteinen nicht merklich verändert.

Lösungen

A   0,1 M Boratpuffer, pH 9,0, 5 % SDS (w/v)
B   10 mM Dimethylamino-azobenzen-4´-sulfonylchlorid (Dabsylchlorid, M_r 323,8) in Aceton
C   Elektrophorese-Probenpuffer: 50 mM Tris·HCl, pH 6,8, 4 % SDS (w/v), 5 % 2-Mercaptoethanol (v/v), 10 % Saccharose oder Glycerol

kovalente Farbstoff-Kopplung

Die entsprechenden Markerproteine, einzeln oder im Gemisch, werden bei Raumtemperatur in A mit einer Konzentration von 20 mg/ml gelöst. Dann gibt man 0,5 bis 1 Volumen an B zu und erwärmt für 5 Minuten auf 60 °C. Nach dem Abkühlen werden die Proben lyophilisiert und mit einer Konzentration von etwa 20 mg/ml in C aufgenommen. War der Ansatz wesentlich größer als 0,1 ml, wird er portioniert und die Aliquote werden bei -20 °C gelagert. Eine Entfernung des nicht umgesetzten Dabsylchlorids ist nicht notwendig, denn es reagiert mit Tris zu einem Farbstoff, der die Elektrophoresefront ebenso wie Bromphenolblau markiert.

Von den Markerproteinen sollten pro Bahn je 1 bis 2 µg aufgetragen werden.

Farbmarkierte Eichproteine in unterschiedlichen Molmassenbereichen sind erhältlich z.B. von Amersham Life Science (Rainbow Marker) oder BioRad (Kaleidoscope Prestained Standards).

Literatur

M.-C.Tzeng (1983) Anal. Biochem. *128*, 412-414
J.-K.Lin, J.-Y.Chang (1975) Anal. Chem. *47*, 1634-1638

2.3 Färbemethoden

2.3.1 Proteinfärbung mit organischen Farbstoffen

Die Färbbarkeit einer Proteinspezies in einem Elektropherogramm kann von der anderer Proteine abweichen. Es sollten

daher bei einem unbekannten Proteingemisch mehrere Färbemethoden parallel oder übereinander (z. B. Coomassie-Färbung
nach Silberfärbung) angewandt werden. Eine Zusammenstellung
von Farbstoffen, die in der Elektrophorese zur Sichtbarmachung
von Banden angewandt werden, ist in Tabelle 2.16 gegeben.

Die Proteinmenge einer Bande im Elektropherogramm ist der
Peakfläche, wenn die gesamte Bande erfaßt wurde, proportional.
Die Intensität einer Bande widerspiegelt aber nicht zwangsläufig
die Proteinmenge, da die Färbbarkeit der einzelnen Proteine sehr
unterschiedlich sein kann (vgl. Spalte B der Tab. 1.3, entspricht
der Coomassie-Färbung), d. h. eine stark erscheinende Bande
muß nicht zwangsläufig auf viel Protein hinweisen und besonders eine schwache Bande oder eine leere Zone sollte nicht zu
dem Schluß verführen, daß in diesem Gelbereich nur wenig oder
kein Protein zu finden ist.

Tabelle 2.16. Nachweis-Farbstoffe für Elektropherogramme

Farbstoff	Colour Index (C.I.)	Färbung von Proteinen	Nucleinsäuren
Acridinorange	46005		x (RNA)
Amidoschwarz 10B	20470	x	
8-Anilino-naphthalen-sulfonsäure		x	
Coomassie Blau G250	42655	x	
Coomassie Blau R250	42660	x (empfindlicher als G250)	
Coomassie Violett	42650	x (für IEF)	
Ethidiumbromid			x (Fluoresz.)
Fast Green FCF	42053	x	
Methylenblau	52015		x (RNA)
Methylgrün	42590		x (native DNA)
Ponceaurot S	27195	x (Western blots auf Nitrocellulose)	
Stains all		x	x
Sudanschwarz	26150	x (für Lipoproteine)	
Sulforhodanin B	45100	x (Western blots auf PVDF)	

2.3.1.1 Amidoschwarz 10 B
(Naphtholblauschwarz 6 B)

A   0,5 g Amidoschwarz werden in 30 ml Methanol gelöst. Dann   Lösungen
werden 10 ml Eisessig zugegeben und die Lösung wird mit
dest. Wasser auf 100 ml aufgefüllt.

B   Entfärbelösung: 10 % Essigsäure (v/v), 30 % Methanol oder
    unvergälltes Ethanol (v/v) in dest. Wasser
B' 10 % Essigsäure, 50 % Alkohol in dest. Wasser

Fixierung

Die PAGE-Gele können nach der Elektrophorese in der Entfärbelösung B fixiert werden. Eine vorhergehende Fixierung in Trichloressigsäure oder Sulfosalicylsäure ist für die meisten Fälle nicht erforderlich. Die Entfärbelösung B kann nach Gebrauch durch Filtration
über Aktivkohle oder Anionenaustauscher regeneriert werden.

Färbung

Die Färbedauer für ein 1 mm dickes Gel beträgt etwa 30 bis
45 Minuten. Während der Färbung und Entfärbung sollte das Gel
sanft in der Lösung bewegt werden. Nachdem die Färbelösung
abgegossen wurde (sie kann mehrmals verwendet werden), wird
unter mehrfachem Wechsel in B entfärbt. Eine Temperaturer-
höhung auf 40 bis 50 °C beschleunigt Färbung und Entfärbung
merklich.

Die Auswertung erfolgt densitometrisch bei 620 nm.

2.3.1.2 Coomassie Brilliant Blue R250 bzw. G250
(Acid Blue 83 bzw. 90)

Lösungen

A   0,05 g Farbstoff werden in 30 ml Methanol oder unvergälltem
    Ethanol gelöst, mit 10 ml Eisessig versetzt und mit dest. Was-
    ser auf 100 ml aufgefüllt. Die Farbstofflösung wird durch ein
    Faltenfilter filtriert und kann, solange die ursprüngliche Far-
    be sich nicht verändert hat, mehrfach verwendet werden.
B   Entfärbelösung: 10 % Essigsäure (v/v), 30 % Methanol oder
    unvergälltes Ethanol (v/v) in dest. Wasser
B' 10 % Essigsäure, 50 % Alkohol in dest. Wasser

Diese beiden Farbstoffe, besonders R250, sind am universellsten
einsetzbar. Ihnen sollte in der Regel der Vorzug vor anderen
Farbstoffen gegeben und sie sollten in Ergänzung zur Silberfärbung verwendet werden.

Fixierung, Fär-
bung, Entfär-
bung s. Abschn.
2.3.1.1

Fixierung, Färbung und Entfärbung erfolgt wie unter Abschn.
2.3.1.1 beschrieben. Die Färbung kann durch Erwärmen auf 40
bis 50 °C, die Entfärbung kann durch eine mehrfache Aufeinan-
derfolge der Lösungen B und B' beschleunigt werden.

Bei der Verwendung des R-Farbstoffs (R – rötlich), der für viele Proteine empfindlicher ist als der G-Farbstoff (G – grünlich),
kann nicht mit Trichloressigsäure fixiert werden. Hier ist auf
jeden Fall mit B für mindestens zweimal 20 Minuten zu fixieren.
Die Entfärbung erfolgt alternierend in B bzw. B' für je 15 bis
20 Minuten. Das Gel kann vor und nach der Färbung für mehrere
Tage in B gelagert werden.

Das Absorptionsmaximum für Coomassie-gefärbte Proteine liegt zwischen 580 und 600 nm. Eine quantitative Auswertung ist nur möglich, wenn die gesamte Bande des jeweiligen Proteins in die Auswertung (z. B. durch Scannen) einbezogen wird und die Menge über eine Eichreihe ermittelt wird.   Auswertung

Eine Variante der Färbung mit Coomassie besteht darin, daß der Farbstoff in 10 % (v/v) Essigsäure in dest. Wasser gelöst wird (Lösen des Farbstoffs in der entsprechenden Menge Essigsäure, dann Zugabe von 9 Volumenteilen Wasser) und die Färbung bei ca. 60 °C vorgenommen wird. Die Entfärbung geschieht in 10 % (v/v) Essigsäure.   Variante

Eine weitere Variante, die besonders für dünne Gele eine Beschleunigung der Prozedur bringt, besteht in der Verwendung von 0,05 % Coomassie in 10 % Essigsäure. Entfärbt wird hier mit 10 % Essigsäure in dest. Wasser.

2.3.1.3 Fast Green
(Echtgrün FCF)

A 0,25 g Farbstoff werden in 30 ml Ethanol und 10 ml Eisessig gelöst, anschließend wird mit dest. Wasser auf 100 ml aufgefüllt   Lösungen

B Entfärbelösung: 10 % Essigsäure (v/v), 30 % Methanol oder unvergälltes Ethanol (v/v) in dest. Wasser

Die Färbezeit sollte 1 bis 3 Stunden betragen. Weitere Hinweise s. Abschn. 2.3.1.1.

Die Färbung mit Fast Green eignet sich in Grenzen für eine quantitative Auswertung mittels Densitometrie bei 625 nm.   Auswertung

2.3.1.4 Stains All
(4,4',5,5'-Dibenzo-3,3'-diethyl-9-methylthiacarbocyanin-bromid)

A 0,01 g Farbstoff werden in 10 ml reinem Formamid gelöst. Diese Stammlösung ist dunkel und luftdicht verschlossen aufzubewahren. Vor Gebrauch ist sie 1:20 mit B zu verdünnen. Die Arbeitsverdünnung ist nur einmal verwendbar.   Lösungen

B 50 % Formamid (v/v) in dest. Wasser

Sauer fixierte Gele sind vor der Färbung mindestens dreimal 20 Minuten in B zu baden. Dann wird unter Lichtausschluß mit der Arbeitsverdünnung A 1 Stunde gefärbt und anschließend mit B entfärbt.

Stains All ist lichtempfindlich und bleicht an der Luft langsam aus. Das gefärbte Gel sollte daher möglichst rasch getrocknet und dokumentiert werden.

Wichtig: Stains All ist unter Licht- und Lufteinwirkung instabil und bleicht relativ rasch aus.

Die verschiedenen Proteinklassen, Lipide und Nucleinsäuren geben teilweise unterschiedliche Färbungen.

2.3.2 Silberfärbung von Proteinen (Glutaraldehyd-Fixierung)

Die im folgenden vorgestellten beiden Färbemethoden sind ohne weiteres nacharbeitbar. Von Fall zu Fall aber können bessere (oder andere) Ergebnisse durch Variation der Bedingungen für die Silberbeladung mit Lösung D und/oder Reduktion mit Lösung E erzielt werden, da Proteine sich unterschiedlich mit der Silberfärbemethode anfärben lassen. Hinweise sind der angeführten Literatur zu entnehmen.

2.3.2.1 Citrat/Formaldehyd-Entwicklung

Lösungen

A   10 % Essigsäure (v/v), 30 % Methanol (v/v) in dest. Wasser

B   15 % Methanol (v/v) in dest. Wasser

C   5 % Glutaraldehyd (v/v) in dest. Wasser (Lösung ist mehrfach verwendbar)

D   0,7 ml 25 %iger Ammoniak und 2,0 ml 1 N NaOH werden mit dest. Wasser auf 16,0 ml aufgefüllt, dann werden 2,0 ml 10 % $AgNO_3$ (w/v) tropfenweise so zugegeben, daß sich nach jedem Tropfen der bildende Niederschlag auflösen kann. Anschließend ist mit dest. Wasser auf 100 ml aufzufüllen.
    Die Lösung ist vor Gebrauch frisch herzustellen und nach Verwendung mit konz. Salzsäure zu inaktivieren.

E   0,025 g Citronensäure und 0,185 ml 27 %iger Formaldehyd in 100 ml dest. Wasser (eingefroren längere Zeit haltbar)

F   0,5 % Essigsäure (v/v) in dest. Wasser

Das zu färbende Gel sollte nicht dicker als 1 mm sein, damit die Diffusionsvorgänge rasch genug ablaufen können. Die Volumina der eingesetzten Lösungen sollten das fünf- bis zehnfache des Gelvolumens betragen. Bei allen Färbeschritten ist das Gel in der jeweiligen Lösung vorsichtig zu bewegen. Unmittelbar vor, während und unmittelbar nach der Behandlung mit D darf das Gel nicht mit bloßen Fingern angefaßt werden oder mit chloridhaltigen Lösungen in Berührung kommen.

Nach der Elektrophorese wird das Gel mindestens 30 Minuten   Fixierung und
in Lösung A fixiert. Dann wird es dreimal 20 Minuten in B,   Färbung
30 Minuten in C und schließlich noch dreimal 20 Minuten in B
gebadet. In Lösung D wird es für etwa 30 Minuten eingelegt und
dann dreimal 5 Minuten mit dest. Wasser gewaschen. Die Entwicklung erfolgt in Lösung E unter visueller Kontrolle, d.h. E
wird abgegossen und durch F ersetzt, wenn die Banden gut, aber
noch nicht kräftig zu sehen sind. Überfärbte Gele können nach
gründlicher Wässerung abgeschwächt oder ganz entfärbt werden
(s. Abschn. 2.3.5). Eine anschließende wiederholte Silberfärbung
ist möglich, allerdings erhält man nicht mehr das gleiche Bandenmuster wie bei der Erstfärbung. Die Abschwächung sollte
daher nur im Notfall verwendet werden.

Eine Färbung mit Coomassie Brilliant Blue bringt eventuell mit   Nachfärbung
der Silberfärbung nicht erfaßte Banden hervor, da die Silberfär-   mit Coomassie
bung zwar empfindlicher, aber genau so wenig universell ist wie   Brilliant Blue
jede andere Färbemethode. Für die Nachfärbung wird das Gel
dreimal 15 Minuten in F gebadet und dann wie in Abschn. 2.3.1.2
beschrieben gefärbt.

Ein gealterter Elektrophorese-Laufpuffer kann einen hohen   Störungen und
Untergrund erzeugen. Eine wesentliche, sprunghafte Erhöhung   Artefakte
der Feldstärke (angelegte Trennspannung) sowie Reaktionsprodukte von 2-Mercaptoethanol oder Dithiothreitol (Clelands Reagens) können in der Silberfärbung Proteinbanden vortäuschen,
deshalb sollte auf eine Reduktion mit TCEP (vgl. Fußnote 4 in
Abschn. 2.1.1) ausgewichen werden.

2.3.2.2 Alkalische Entwicklung

Eine weitere Variante einer Silberfärbung von Proteinen in
Polyacrylamid-Gelen wurde von HEUKESHOVEN und DERNICK
angegeben:

A 10 % (v/v) Essigsäure, 30 % (v/v) Ethanol in dest. Wasser   Lösungen
B 6,8 g Natriumacetat und 0,2 g $Na_2S_2O_3 \cdot 5H_2O$ (Fixiersalz) in
   60 ml dest. Wasser lösen, dazu 0,5 ml 25 %iger Glutaraldehyd.
   Anschließend 30 ml Ethanol zugeben und mit dest. Wasser
   auf 100 ml auffüllen.
C 0,2 % (w/v) $AgNO_3$ in dest. Wasser. Unmittelbar vor Gebrauch
   2 µl 37 %igen Formaldehyd je 10 ml zugeben.
D 2,5 % Na_2CO_3 in dest. Wasser, pH 11 – 11,5. Vor Gebrauch 1 µl
   37 %igen Formaldehyd je 10 ml zugeben.
E 1 % (w/v) Glycin in dest. Wasser

Das Gel wird für ca. 30 min in A fixiert, dann wird es mind.   Fixierung und
30 min oder über Nacht in B inkubiert. Anschließend ist für drei-   Färbung

mal 5 min mit dest. Wasser zu waschen und 20 min in C leicht zu schütteln. Entwickelt wird mit D, indem das Gel in der Lösung, die nach ca. 1 min durch frische Lösung D ersetzt wird, leicht geschüttelt wird. Die Reaktion wird durch Abgießen der Entwicklerlösung und Zugabe der Stoplösung E abgebrochen. Zum Schluß wird das Gel in dest. Wasser mindestens dreimal 5 min gewaschen und anschließend getrocknet.

2.3.2.3 Silberfärbung mit Wolframatokieselsäure

Lösungen

A 50 % Methanol (v/v), 10 % Essigsäure (v/v), 5 % Glycerol (v/v), 35 % dest. Wasser (v/v)

B 2,5 ml eines frisch hergestellten 1:1-Gemischs aus 2 % $AgNO_3$ (w/v, Stammlösung in dest. Wasser) und 2 % NH_4NO_3 (w/v, Stammlösung in dest. Wasser)

2,5 ml 10 % Wolframatokieselsäure (w/v, Stammlösung in dest. Wasser)

2,5 ml 2,8 % Formaldehyd

25 ml 5 % wasserfreie Soda (w/v, Stammlösung in dest. Wasser, frisch bereiten)

mit dest. Wasser auf 50 ml

C 5 % Essigsäure

Das Gel wird in ca. 5 Gelvolumina Lösung A 30 min fixiert, dann viermal 5 min in dest. Wasser gewässert. Anschließend wird das Gel in ca. 5 Gelvolumina frisch hergestellter Färbelösung B gegeben und es wird die Bandenentwicklung abgewartet (ca. 10–15 min). Die Färbereaktion wird mit Stop-Lösung C beendet.

Das Gel kann in Lösung A oder C gelagert oder getrocknet werden.

Literatur:

Angaben nach BioRad

2.3.2.4 Kontraststeigerung nach BERSON

Lösungen

A 5 % $FeCl_3$ (w/v) in dest. Wasser

B 3 % Oxalsäure (w/v) in dest. Wasser

C 3,5 % $K_3[Fe(CN)_6]$ in dest. Wasser

D A, B, C und dest. Wasser werden 1:1:1:7 unmittelbar vor Verwendung gemischt

Nach der Silberfärbung wird das Gel gründlich unter mehrfachem Wechsel in dest. Wasser gewässert. Dann wird es für 1/2 bis 3 Minuten in D bewegt und anschließend wieder gewässert. Bei dieser Prozedur entwickeln sich aus der braunen bis schwarzen

Färbung blaue Banden, die vom Auge besser unterschieden werden, allerdings geht die Verschiedenfarbigkeit des Silberbandenmusters verloren.

Literatur

H.M.POEHLING, V.NEUHOFF (1981) Electrophoresis *2*, 141-147
G.BERSON (1983) Anal. Biochem. *134*, 230-234
J.HEUKESHOVEN, R.DERNICK (1985) Electrophoresis *6*, 103-112

2.3.3 Silberfärbung von Proteinen (Formaldehyd-Fixierung)

Die Farbgebung der Banden und ihre Intensitäten können sich bei dieser Methode von der in Abschn. 2.3.2 erhaltenen unterscheiden. Die Formaldehyd-Fixierung liefert mehr schwärzliche, die Glutaraldehyd-Methode mehr bräunliche Banden.

A   10 % Essigsäure (v/v), 40 % unverg. Ethanol (v/v), 0,8 % Formaldehyd [11] (w/v) in dest. Wasser

B   1,4 ml 25 %iger Ammoniak und 4,0 ml 1 N NaOH werden mit dest. Wasser auf 16,0 ml aufgefüllt, dann werden 4,0 ml 20 % AgNO₃ (w/v) tropfenweise so zugegeben, daß nach jedem Tropfen der sich bildende Niederschlag auflösen kann. Anschließend wird mit dest. Wasser auf 100 ml aufgefüllt. Die Lösung ist vor Gebrauch frisch herzustellen und nach Verwendung mit konz. Salzsäure zu inaktivieren.

C   0,05 % Citronensäure (w/v), 0,185 ml 27 %iger Formaldehyd [11] in dest. Wasser

D   0,5 % Essigsäure (v/v) in dest. Wasser

Lösungen

Fixierung und Färbung

Das Gel wird nach der Elektrophorese 1 Stunde in A fixiert. Dann wird es viermal 30 Minuten in dest. Wasser gewässert und anschließend 30 Minuten in B gebadet. Nach viermal 5 Minuten in dest. Wasser, das Gel ist dabei ebenfalls leicht zu bewegen, werden die Proteinbanden in C wie in Abschn. 2.3.2.1 beschrieben entwickelt. Die Reaktion wird in D gestoppt. Das Gel kann bis zur Trocknung in D gelagert werden.

Für die Behandlung des Gels, die Abschwächung, Zweitfärbung und Kontraststeigerung gilt das in Abschn. 2.3.2 Gesagte.

Literatur

D.V.OCHS, E.H.McCONKEY, D.W.SAMMONS (1981) Electrophoresis *2*, 304-307
K.Ü.YÜKSEL, R.W.GRACEY (1985) Electrophoresis *6*, 361-366

2.3.4 Silberfärbung von Glycoproteinen und Polysacchariden

Bei der Färbung von Proteingemischen erscheinen bei dieser Färbemethode eine Vielzahl von Banden, die auf eine eingeschränkte Spezifität der Methode hindeuten. Um die Glycoprotein-Banden einzugrenzen, sollte eine Elektrophoresebahn der gleichen Probe der Protein-Silberfärbung (s. Abschn. 2.3.2) zum Vergleich unterworfen werden.

Lösungen

A 5 % Essigsäure (v/v), 40 % unverg. Ethanol (v/v) in dest. Wasser
B 0,7 % Periodsäure (w/v) in A
C 1,4 ml 25 %iger Ammoniak und 4,0 ml 1 N NaOH werden mit dest. Wasser auf 16,0 ml aufgefüllt, dann werden 4,0 ml 20 % $AgNO_3$ (w/v) tropfenweise so zugegeben, daß sich nach jedem Tropfen der bildende Niederschlag auflösen kann, anschließend ist mit dest. Wasser auf 100 ml aufzufüllen.
   Die Lösung ist vor Gebrauch frisch herzustellen und nach Verwendung mit konz. Salzsäure zu inaktivieren.
D 0,025 g Citronensäure und 0,185 ml 27 %iger Formaldehyd in 100 ml dest. Wasser
E 0,5 % Essigsäure (v/v) in dest. Wasser

Alle Schritte sind in Glasgefäßen durchzuführen, die gründlich erst mit konz. Salpetersäure und dann mit viel dest. Wasser gereinigt wurden.

Fixierung und Färbung

Das Gel wird mindestens 30 Minuten, besser über Nacht, in A fixiert. Dann wird es unter leichtem Schütteln 5 Minuten in B gebadet. Anschließend wird es dreimal 15 Minuten in dest. Wasser gewässert und nach der letzten Waschung in eine frische Schale überführt. Man gibt das zehnfache des Gelvolumens an C zu und gießt die ammoniakalische Silbernitratlösung, die anschließend mit Salzsäure inaktiviert wird, nach 15 Minuten ab. Nach der Wässerung (dreimal 5 Minuten) wird mit D wie in Abschn. 2.3.2 entwickelt und wie dort beschrieben weiterbehandelt.

Literatur

C.-M.Tsai, C.E.Frasch (1982) Anal. Biochem. *119*, 115-119

2.3.5 Abschwächen von silbergefärbten Gelen

Die Abschwächung überfärbter Gele sollte nur ein Rettungsanker für wertvolle Gele sein, da mit ihr immer ein Verlust an Aussagekraft gegenüber der Erstfärbung verbunden ist.

Die Abschwächung überfärbter Gele, die Reduzierung des Hintergrundes oder die Entfärbung der Gele durch Oxidation des kolloidalen Silbers folgt der ORWO-Vorschrift 700a (Farmers Abschwächer).

A 15 % saures Fixiersalz ($Na_2S_2O_3 \cdot 5H_2O$) (w/v) und 1,2 % Thio- Lösungen
harnstoff (w/v) in dest. Wasser
B 5 % $K_3[Fe(CN)_6]$ (w/v) in dest. Wasser

Die Lösungen sind vor Gebrauch frisch in dem in Tabelle 2.17 angegebenen Verhältnis zu mischen. Die Reaktion wird visuell kontrolliert bis zum gewünschten Grad durchgeführt und durch Wässerung des Gels beendet. Nach der Abschwächung bzw. Entfärbung ist gründlich unter häufigem Wasserwechsel in dest. Wasser zu wässern. Wenn das Gel und das Waschwasser nicht mehr gelblich gefärbt sind, kann die Silberfärbung wiederholt oder es kann eine andere Färbemethode angewandt werden.

Literatur

G.HÜBNER, W.KRAUSE (1978) ORWO Rezepte – Vorschriften zur Behandlung fotografischer Materialien, Wolfen

Tabelle 2.17. Farmers Abschwächer

Abschwächungs-geschwindigkeit	Volumenteile		
	A	B	H_2O
rasch und kräftig	1	1	2
mäßig	1	1	4

2.3.6 Färbung von Proteinen auf Blotting-Membranen

2.3.6.1 Färbungen auf Nitrocellulose-Blotting-Membranen mit Farbstoffen

Eine schnelle und einfache Färbung, die allerdings nicht sehr empfindlich und stark von den transferierten Proteinen abhängig ist, erfolgt mit Ponceau-Rot S.
Wichtig: Für PVDF-Membranen nicht anwendbar.

PR 0,2 % (w/v) Ponceau Rot S in 3 % (w/v) Trichloressigsäure Lösungen
FG 0,1 % (w/v) Fast Green FCF in 1 % (v/v) Essigsäure.
Lösungen sind mehrfach verwendbar.

Färbung mit Pon-
ceau-Rot

Unmittelbar nach dem Transfer wird die Nitrocellulose-Mem-
bran in die Färbelösung PR gegeben und für etwa 5 Minuten
leicht geschüttelt. Danach wird mit dest. Wasser oder PBS gewaschen, bis die rötlichen Banden erscheinen und der Untergrund
wieder weiß ist. Die gefärbte Nitrocellulose kann getrocknet (die
Färbung bleicht allerdings mit der Zeit aus) oder zur Weiterver-
arbeitung in die Blockierlösung gegeben werden. Wird mit einer
proteinhaltigen Lösung geblockt, verschwinden die Farbstoff-
banden.

Färbung mit Fast
Green

Analog kann Nitrocellulose mit Fast Green (Lösung FG)
gefärbt und mit 1 % wäßr. Essigsäure entfärbt werden. Wie bei
jeder der beschriebenen Färbemethoden können Bandenmuster
und -intensität von Farbstoff zu Farbstoff abweichen.

2.3.6.2 Proteinfärbung auf Nitrocellulose-Blotting-Membranen mit Tusche

Die Färbung von Proteinen auf Nitrocellulose [12] mit Tusche (Indi-
an Ink) ist die älteste Methode. Sie hängt stark von der Art der
verwendeten Tusche ab (empfohlen wird Pelikan Black India Nr.
3211). Die Anwendung organischer Farbstoffe (Amidoschwarz,
Fast Green oder Coomassie) ist nicht so empfindlich bzw. ergibt
einen sehr hohen Hintergrund. Die von MERRIL und PRATT angegebene Silberfärbung (C.R.MERRIL, H.E.PRATT (1986) Anal. Biochem. *156*, 96-110) ist nur sehr schwer reproduzierbar. [13]

Lösungen

A 0,25 % Tween 20 in PBS
B 0,25 bis 0,5 ml wasserlösliche Tusche (Spezialtusche für Zei-
chengeräte) in 100 ml A

Färbung

Nach dem Elektrotransfer (Western blot) wird die Nitrocellulose
dreimal 20 Minuten in A gebadet. Das Volumen sollte mindestens
1 ml pro cm^2 betragen. Anschließend wird der Nitrocellulose-
streifen gründlich, aber nicht zu scharf, mit dest. Wasser abgespült und in B eingelegt. Nach mindestens 2 Stunden bei Raumtemperatur oder 1 Stunde bei 37 °C wird kurz mit dest. Wasser
abgespült. Bei zu schwacher Färbung kann B bis zu 1 % Essigsäure (v/v) zugesetzt werden.

Literatur

E.HARLOW, D.LANE (1988) Antibodies – A Laboratory Manual, 494, Cold
Spring Harbor Laboratory Press

2.3.6.3 Färbung auf Nitrocellulose mit kolloidalem Gold

A 0,3 % Tween 20 (w/v) in PBS
B 0,1 % Tween 20 (w/v), 0,02 % Carbowax 20M (PEG 20000) in 10 mM Citratpuffer, pH 3.0
C Kolloidales Gold, 1:1 mit B verdünnt (s. Abschn. 4.13.1)

Lösungen

Nach dem Elektrotransfer wird das Nitrocelluloseblatt dreimal 15 Minuten in A leicht geschüttelt. Dann wird es vorsichtig mit dest. Wasser abgespült und für 5 Minuten in B eingelegt. Anschließend wird Lösung B durch Lösung C ersetzt. Die Nitrocellulose wird mehrere Stunden oder über Nacht in C bewegt, mit dest. Wasser abgespült, auf ein Filterpapier gelegt und an der Luft getrocknet. Die Proteinbanden sind rötlich markiert.

Literatur

W.MOEREMANS, G.DANEELS, J.DE MEY (1985) Anal. Biochem. *145*, 315-321

2.3.6.4 Proteinfärbung auf PVDF-Blotting-Membranen mit Farbstoffen

Auf PVDF-Membranen lassen sich Proteine mit Coomassie Brilliant Blau R-250 wie folgt anfärben, allerdings bleibt ein relativ starker Untergrund zurück.

Färbung mit Coomassie Brilliant Blue

A 0,1 % Coomassie Brilliant Blau R-250 in 40 % Methanol (v/v), 1 % Essigsäure (v/v) in dest. Wasser
B 80 % Methanol (v/v) in dest. Wasser

Lösungen

Nach dem Transfer wird die PVDF-Membran für etwa 2 Minuten in Lösung A leicht geschüttelt, dann mit B unter mehrfachem Wechsel weitgehend entfärbt. Nach dem Trocknen lassen sich dunkelblaue Proteinbanden gut vom hellblauen Untergrund unterscheiden. So gefärbte Banden sind z. B. für Sequenzierungsarbeiten, kaum aber für immunchemische Nachweise geeignet.

Ein weiterer Farbstoff für die Proteinfärbung auf PVDF-Membranen ist Sulforhodamin B (Xylylenrot B, Acid Red 52, C.I. 45100):

Färbung mit Sulforhodamin

C 0,005 % Sulforhodamin B in 30 % Methanol (v/v), 0,2 % Essigsäure (v/v) in dest. Wasser

Lösung

Nach dem Blotten Membranen zweimal 10 min mit dest. Wasser waschen, um Salze zu entfernen. Danach Membranen völlig trocknen lassen (über Nacht bei Raumtemperatur oder im Vaku-

um). Trockene Membranen 1 bis 2 min in C baden, danach einige
Sekunden in dest. Wasser waschen und trocken lassen.

Literatur

K.HANCOCK, V.C.W.TSANG (1983) Anal. Biochem. *133*, 157-162

2.3.7 Färbung von Proteolipiden bzw. Lipiden und Lipoproteinen

Lösungen

A   0,5 g Sudanschwarz B (Solvent Black 3), werden in 20 ml Aceton gelöst, dann mit 15 ml Eisessig und anschließend mit 80 ml dest. Wasser versetzt. Die Lösung wird 15 Minuten bei Raumtemperatur mit $3000 \cdot g$ zentrifugiert, der Überstand wird für die Färbung verwendet.

B   15 % Essigsäure (v/v) und 20 % Aceton (v/v) in dest. Wasser

Fixierung und
Färbung

Nach der Elektrophorese wird das Gel in Methanol/Essigsäure/Wasser oder in Lösung B, keinesfalls aber in Trichloressigsäure, fixiert. Über Nacht wird es unter Schütteln im Zehnfachen seines Volumens an A gefärbt und anschließend mit B entfärbt. Ein eventuell an der Geloberfläche haftender Farbstoffniederschlag kann mit angefeuchtetem Zellstoff abgewischt werden.

Literatur

H.R.MAURER (1971) Disc Electrophoresis, 76, W.de Gruyter, Berlin

2.3.8 Färbung von Glycoproteinen und Polysacchariden

2.3.8.1 Färbung mit Schiffschem Reagens (PAS staining)

Das PAS staining (periodic acid – Schiff's reagent) ist geeignet, Verbindungen mit vicinalen Hydroxylgruppen, d. h. in erster Linie Zuckerreste in Glycoproteinen, Lipiden und Nucleinsäuren, nachzuweisen. Die Empfindlichkeit ist wesentlich geringer als die in Abschn. 2.3.4 beschriebene Silberfärbung.

Lösungen

A   30 % Methanol (v/v), 10 % Essigsäure (v/v) in dest. Wasser
B   7,5 % Essigsäure (v/v) in dest. Wasser
C   1 % Natriumperiodat (w/v) in B
D   Schiffsches Reagens: 1 % basisches Fuchsin (w/v), 1,9 % Natriumbisulfit in 0,15 N Salzsäure. Diese Lösung wird über Nacht im Kühlschrank gelagert, dann mit einer Spatelspitze

Aktivkohle versetzt und filtriert. Das Filtrat muß farblos sein.
Gut verschlossen ist es einige Wochen bei 4 °C haltbar.

E   1 % Natriumbisulfit (w/v) in 0,1 N Salzsäure
F   0,01 % 8-Anilino-naphthalensulfonsäure (ANS), Mg-Salz,
    (w/v) in E

Das PAGE-Gel wird dreimal 1 Stunde in A geschüttelt, um das   Färbung und Ent-
SDS zu entfernen. Dann wird im Dunkeln bei 4 °C 1 Stunde mit C   färbung
oxidiert, anschließend wird intensiv unter mehrfachem Wechsel
der Lösung mit B die Periodsäure ausgewaschen. Ebenfalls im
Dunkeln wird nun mit D mindestens 1 Stunde gefärbt. Über-
schüssiges Schiffsches Reagens wird durch mehrfaches Baden in
E entfernt. Wenn dies nicht gründlich genug geschieht, wird sich
das Gel beim Trocknen wieder rot färben.

Um Proteine neben der roten PAS-Färbung sichtbar zu machen,   Protein-Nachfär-
wird das Gel nach dem Auswaschen des Untergrundes 1 bis   bung mit ANS
2 Stunden in Lösung F gelegt. Ungebundenes ANS wird mit E entfernt. Im UV-Licht fluoreszieren die Proteinbanden.

Literatur

H.GLOSSMANN, D.M.NEVILLE,JR. (1971) J. Biol. Chem. *246*, 6339-6346

2.3.8.2 Färbung mit Thymol

Eine weitere Möglichkeit der Anfärbung von Oligosaccharid-
strukturen, die etwas empfindlicher und auch etwas weniger auf-
wendig ist, ist die Färbung in SDS-PAGE-Gelen mit Thymol (2-
Isopropyl-5-metyl-phenol) in schwefelsaurer Lösung.

A   25 % Isopropanol (v/v), 10 % Essigsäure (v/v) in dest. Wasser   Lösungen
B   25 % Isopropanol (v/v), 10 % Essigsäure (v/v), 0,2 % (w/v)
    Thymol in dest. Wasse
C   80 % (v/v) konz. Schwefelsäure, 20 % (v/v) Ethanol
D   30 % Methanol (v/v), 10 % Essigsäure (v/v) in dest. Wasser

Das SDS-PAGE-Gel wird in der Fixierlösung G 1 bis 2 Stunden bei   Fixierung und
Raumtemperatur sanft geschüttelt. Dabei schrumpft das Gel. Die   Färbung
Lösung wird verworfen und das Gel wird noch zweimal, u.U.
über Nacht, in A geschüttelt, um SDS, Tris und Glycin möglichst
vollständig zu entfernen. Dann wird das Gel in Lösung B für ca.
90 Minuten gebadet. Dabei wird das Gel trübe. Nach dem
Abgießen der Lösung H wird so viel Reagens C zugegeben, daß es
vollständig bedeckt ist (für ein Gel 10x12x0,1 cm etwa 100 ml).
Das Gel wird wieder vollständig transparent, die Glycoprotein-
banden erscheinen rotviolett. Diese Färbung ist nur wenige Stunden haltbar.

Nachfärbung
mit Coomassie
Brilliant Blue

Zur Anfärbung der übrigen Proteine kann das Gel in Lösung D transferiert und dann wie üblich mit Coomassie Brilliant Blau gefärbt werden.

Literatur

C.GERARD (1990) Meth. Enzymol. *182*, 529-539
J.E.GANDER (1984) Meth. Enzymol. *104*, 447-451

2.4 Elektroelution aus Gelen

2.4.1 Quantitative Elektroelution von Proteinen aus Polyacrylamid-Gelen

Lösungen

A   25 mM Tris-Base, 0,2 M Glycin, pH 8,3, 0,1 % SDS (w/v) (die Lösung kann bis zu 30 % Glycerol oder Saccharose enthalten)
B   20 mM Ammoniumbicarbonat-Puffer, pH 7,5
C   5 % dest. Triethylamin (v/v), 5 % Essigsäure (v/v) in wasserfreiem Aceton

Diese Vorschrift bezieht sich auf Proteine, die in einem SDS-PAGE-System getrennt wurden. Sollen Proteine aus einem anderen PAGE-System eluiert werden, ist der jeweilige Elektrodenpuffer anstelle von A zu verwenden und gegebenenfalls muß die Polung der Elektroden gegenüber den hier gemachten Angaben geändert werden.

Ist eine Entfernung von SDS nach der Elektroelution vorgesehen, ist im Puffer A das Glycerol wegzulassen, um unnötiges Dialysieren zu vermeiden.

Die Gelstücke, in denen sich das interessierende Protein befindet, werden in ein Schälchen gegeben, das mit A gefüllt wurde. Luftblasenfrei werden die Gelstücke nun in ein Elektrophoreseröhrchen von etwa 5 mm Innendurchmesser und 8 cm Länge aufgesammelt. In einer Höhe von etwa 5 mm wird am unteren Ende des Röhrchens ein Sockel von aufgeschmolzener Agarose (1 % Agarose (w/v) in A) eingegossen. Auch hierbei ist darauf zu achten, daß sich keine Luftblasen im Röhrchen bilden.

Über der Röhrchenseite, in der sich die Agarose befindet, wird ein mit A gefülltes Säckchen aus Dialyseschlauch gezogen und mit einem Gummiring befestigt. Das Röhrchen wird in eine Elektrophoreseapparatur eingesetzt, deren Elektrodenkammern mit A gefüllt wurden. Die Polung ist so zu wählen, daß das Säckchen in den Anodenraum (+) reicht. Die Elektroelution wird mit 10 mA pro cm^2 Röhrcheninnenfläche unter Kühlung 3 bis 4 Stunden durchgeführt. Nach dieser Zeit befindet sich das zu eluierende Protein nahezu quantitativ im Puffer des Innenraums des Dialyseschlauchs.

Soll das eluierte Protein einer Aminosäure- oder Endgruppen-
bestimmung zugeführt werden, ist die im Dialyseschlauch befind-
liche Probe mindestens dreimal 1 Stunde gegen ein 100faches
Volumen an B zu dialysieren und anschließend zu lyophilisieren.
SDS, das unter diesen Bedingungen nicht dialysierbar ist, stört die
Aminosäureanalytik nicht.

Literatur

J.A.Braats, K.R.McIntire (1978) In: N.Catsimpoolas (Hrsg.) Electrophoresis '78, Elsevier North Holland, New York

2.4.2 Entfernung von SDS

SDS kann nach Henderson u. Mitarb. entfernt werden. Dazu
wird die Probe nach der Elektroelution lyophilisiert. Zum trockenen Rückstand werden 150 bis 250 µl dest. Wasser gegeben, um
das SDS anzulösen. Ist das geschehen, wird mit C auf 5,0 ml aufgefüllt. Nach intensivem Mischen läßt man es 1 Stunde im Eisbad
stehen und zentrifugiert dann in einer Kühlzentrifuge 10 Minuten mit $3000 \cdot g$.
Der Niederschlag wird mit 2 ml wasserfreiem Aceton gewaschen und noch ein- bis zweimal zur quantitativen Entfernung
des SDS wie beschrieben extrahiert. Das nach der letzten Aceton-
Waschung zurückbleibende Trockenpulver ist SDS-frei.
Durch Elektroelution kann SDS ebenfalls entfernt werden.
Dazu wird ggf. zur Proteinlösung ein geeignetes nicht-ionisches
Tensid (z.B. Triton X-100) gegeben und in einen SDS-freien Puffer eluiert (SDS wandert zur Anode, experimentelle Details s.
vorstehenden Abschn. 2.4.1).

Literatur

L.E.Henderson, S.Oroszlan, W.Konigsberg (1979) Anal.Biochem.
93, 153-157
L.M.Hjelmeland (1990) In: M.P.Deutscher (Hrsg.) Guide to Protein
Purification. 277-282, Academic Press, San Diego

2.4.3 Elektrotransfer von Proteinen
(Western blot)

Der Elektrotransfer von Proteinen, im Unterschied zu Southern
blot (für DNA) und Northern blot (für RNA) auch als Western
blot bezeichnet, dient der Übertragung elektrophoretisch ge-
trennter Proteinspezies auf proteinbindende Oberflächen, auf
denen diese Proteine für Reaktionen mit Makromolekülen leich-

ter zugänglich sind als im dichten Netzwerk des Elektrophorese-
gels. Als proteinbindende Materialien eignen sich Nitrocellulose-
(NC-), Polyvinylidendifluorid- (PVDF-) oder Nylonmembranen,
aktivierte Papiere oder spezielle Transferpapiere. Für den Transfer aus SDS-PAGE-Gelen hat sich das „semi-dry"-System nach
KHYSE-ANDERSON bewährt, das ebenso gute Transferleistungen
wie das Tank-Blotting nach TOWBIN bringt, aber leichter zu
handhaben ist.
*Wichtig: PVDF-Membranen trocknen schnell aus, was zu ver-
meiden ist.*

Lösungen

A 0,3 M Tris-Base (pH nicht einstellen)
B 25 mM Tris-Base
C 0,04 % (w/v) SDS, 0,3 % Tris-Base (w/v), 0,5 % ε-Aminoca-
pronsäure (EAC) [14]

Allen Puffern kann bis zu 20 % Methanol zugegeben werden. Das
ist besonders nötig, wenn Proteine mit einer Molmasse bis etwa
100 kD transferiert werden sollen.

**Versuchsanord-
nung**

Die Apparatur besteht aus zwei Graphitplatten, Glaskohlenstoff
oder 1 bis 2 cm dicken Platten aus graphitierter Elektrodenkohle.

Aus möglichst dickem Filterpapier werden Packen zu drei bis
sechs Lagen von der Größe des zu transferierenden Gels geschnitten. Aus diesen Filterpapierpacken (FP), dem Gel (G) und der
Empfängerschicht (NC) wird folgender Sandwich aufgebaut:

– FP, mit A durchfeuchtet
– FP, mit B durchfeuchtet
– NC, in B eingeweicht (PVDF ist vorher in Methanol zu geben
  und dann kurz in B zu äquilibrieren)
– G
– FP, mit C durchfeuchtet

Proteintransfer

Aus diesem Stapel, der mit der Schicht „FP(A)" auf der Anodenplatte ⊕ liegt, werden mittels Fotogummiroller oder Glasstab die
Luftblasen unter mäßigem Druck herausgequetscht. Dann wird
die Kathodenplatte aufgelegt und die Stromversorgung wird
angeschlossen. Bei Raumtemperatur wird mit einer konstanten
Stromstärke von 0,8 mA/cm^2 Gelfläche 1 bis 2 Stunden transferiert. Dabei steigt die Spannung normalerweise nicht über 15 V.

**multipler Trans-
fer**

Es können mehrere Gele gleichzeitig nebeneinander oder übereinander transferiert werden. Im letzteren Fall wird die Schicht
„FP(A)" nur einmal, auf der Anodenplatte, verwendet und bis zu
fünf Folgen „FP(B)" – „FP(C)" werden übereinander gelegt,
jeweils zwischen „FP(C)" und nächstem „FP(B)" durch eine in B
eingeweichte Dialysemembran getrennt.

Kann wegen der Eigenschaften des Empfängermaterials nicht   Variante ohne
im primäre Aminogruppen enthaltenden Tris-System gearbeitet   primäre Amine
werden, können folgende Lösungen verwendet werden:

A' 0,3 M Triethanolamin (M$_r$ 149,2), pH 9,0   Lösungen
B' 25 mM Triethanolamin, pH 9,0
C' 25 mM Triethanolamin, 40 mM Buttersäure, pH 9,0 bis 9,2
    Wichtig: Hochreines Triethanolamin verwenden, das frei von
    primären oder sekundären Aminen ist (Ninhydrin-Test)

Aus einem Tris-Gel ist das Tris durch Baden in C', zweimal
15 Minuten, zu entfernen.

Da der Elektrotransfer eine Elektrophorese darstellt, kann   Vereinfachtes
selbstverständlich der Transferpuffer den Elektrodenpuffern ähn-   Transfersystem
lich sein.[15] In Vorversuchen ist dann zu prüfen, ob das Protein
unter diesen Bedingungen an das Empfängermaterial bindet.

Proteine können auch aus bereits fixierten und Farbstoff-   Western blot aus
gefärbten Gelen transferiert werden. Dazu ist das Gel vor dem   Coomassie-
Transfer zweimal 30 Minuten in Puffer C bzw. C' zu legen. Man   gefärbten Gelen
erhält auf der Nitrocellulose ein vollständiges Bandenmuster der
Coomassie-Färbung, die Proteinausbeute ist allerdings schlechter als beim Transfer aus unfixierten und ungefärbten Gelen.

Das blaue Bandenmuster kontrastiert bei anschließendem
immunchemischen Antigennachweis gut mit dem Reaktionspro-
dukt der Peroxidase-katalysierten Oxidation von Diaminobenzi-
din.

Literatur

J.Khyse-Andersen (1984) J. Biochem. Biophys. Meth. *10*, 203-209
U.Beisiegel (1986) Electrophoresis *7*, 1-17
H.Towbin, J.Gordon (1984) J. Immunol. Meth. *72*, 313-340

2.4.4 Immunchemischer Antigennachweis nach Elektrotransfer

Der immunchemische Nachweis eines transferierten Antigens
kann in einem Schritt oder in zwei Stufen durchgeführt werden, je
nachdem, ob der jeweilige, mit dem Indikatorenzym, -isotop oder
-metallkolloid gekoppelte Antikörper direkt oder über einen
ersten, antigen-spezifischen Antikörper mit dem Antigen reagiert.

Als Indikatorenzym werden Meerrettich-Peroxidase (POD,
engl. HRP) oder alkalische Phosphatase (AP), bei der Isotopenmarkierung ^{125}I-markiertes Immunoglobulin, markiertes Protein A oder iodiertes Streptavidin, als Metallkolloide werden pro-
teinbeladenes kolloidales Gold, Silber oder Eisen verwendet.

Lösungen A 0,05 % Tween 20 (w/v), 0,1 % Serumalbumin [16] (w/v) in PBS
B 0,05 % Tween 20 (w/v) in PBS

Immunchemi-
scher Nachweis

Nach dem Elektrotransfer wird das Empfängermaterial zum Blocken der freien Bindungsstellen dreimal 5 Minuten bei Raumtemperatur in A leicht geschüttelt. Das Volumen sollte etwa 1 ml/cm² betragen. Darauf folgt die Inkubation in der dem Titer der Antikörperlösung entsprechenden Verdünnung in A (ca. 0,2 ml/cm²). Je nach Avidität beträgt die Inkubationszeit 30 Minuten bis 2 Stunden bei Raumtemperatur oder, besser, im Kühlschrank über Nacht. Anschließend wird mindestens dreimal für 5 Minuten mit B gewaschen. Wird ein zweiter, markierter (speziesspezifischer) Antikörper in A verwendet, wird jetzt wieder bei Raumtemperatur für 1 bis 2 Stunden inkubiert, darauf folgen mindestens drei Waschungen mit B.

2.4.4.1 Detektion von Meerrettich-Peroxidase (POD)

Färbereaktion

Die Farbreaktion wird in B durchgeführt. Überschüssige Reaktionslösung B wird nach der Entwicklung der Banden mit dest. Wasser abgespült. Das Empfängermaterial wird auf Filterpapier gelegt und an der Luft getrocknet. Sind radioaktiv markierte Verbindungen ebenfalls transferiert worden, kann eine Autoradiographie bei -70 °C folgen.

Lösungen A 50 mg/ml 3,3',4,4'-Tetraamino-diphenylether, 3,3'-Diamino-benzidin (DAB) oder 4-Chlor-1-naphthol in DMF
Wichtig: DAB ist wegen seiner potentiellen Cancerogeninät möglichst nicht zu verwenden
B 0,4 ml A, 20 µl 30 %iges H_2O_2, 0,1 ml 10 %iges $CuSO_4$ (w/v), 0,05 ml 10 %iges $NiSO_4$ oder $NiCl_2$ (w/v) in 100 ml PBS (unmittelbar vor Gebrauch mischen)

Ak-Verdünnun-
gen

Als Richtwerte für Antikörper- bzw. Konjugat-Verdünnungen (Titer) seien genannt:

Serum	1:50 – 1:500
affinitätsgereinigte Antikörper	1:500 – 1:2.000
speziesspezifische Antikörper und deren Enzymkonjugate	1:1.000 – 1:5.000

2.4.4.2 Detektion von alkalischer Phosphatase (AP)

Lösungen A 100 mM Tris, 5 mM $MgCl_2$, 100 mM NaCl, pH 9,5
B 37,5 µl 5-Brom-4-chlor-3-indolylphosphat (X-Phosphat, BCIP, 5 % (w/v) in DMF) und 50 µl Nitroblau-tetrazoliumchlorid,

Toulidiniumsalz (NBT, 7,7 % (w/v) in 70 % (v/v) DMF) frisch
zu 10 ml A geben

Wird alkalische Phosphatase als Detektionsenzym verwendet,   Färbereaktion
wird die Blottingmembran nach der Antikörper-Inkubation
zweimal mit PBS und einmal mit A je 5 Minuten gewaschen. Die
Detektion erfolgt durch Zugabe von B, wobei die Membran
gleichmäßig benetzt, aber nicht geschüttelt werden soll. Der
gebildete Farbstoff ist licht- und luftempfindlich. Die Membran
sollte also möglichst rasch getrocknet und dann ins Laborjour-
nal, in Haushaltfolie eingeschlagen, gelegt werden.

2.4.5 Chemoluminiszenz-Detektion auf Blotting-Membranen

Eine weitere Detektionsmöglichkeit ist die mittels Chemoluminiszenz. Dabei spaltet das Markerenzym ein Substrat zu einer
metastabilen Verbindung, die unter Lichtemission weiter zerfällt.
Für die alkalische Phosphatase sind solche Substrate AMPPD
((3,2'-Spiroadamantan)-4-methoxy-4-(3"-phosphoryloxy)-
phenyl-1,2-dioxetan) oder CSPD (Dinatrium-3-(4-methoxy-
spiro{1,2-dioxethan-3,2'-(5''-chlor)tricyclo[3.3.1.1.^{3,7}]decan}-
4-yl))-phenylphosphat, für Meerrettich-Peroxidase wird die
Reaktion von nascierendem Sauerstoff (aus der Spaltung von
H_2O_2) mit Luminol ausgenutzt.
Wichtig: Die verschiedenen Luminiszenz-Substrate besitzen
sehr unterschiedliche Kinetiken in der Chemoluminiszenz.
Die folgenden Arbeitsvorschriften beruhen auf entsprechenden Firmen-Protokollen. Die von den Firmen angegebenen Emp-
findlichkeitssteigerungen der Nachweisreaktion gegenüber Farb-
reaktionen ist sehr von dem jeweiligen System abhängig und
sollte nicht verallgemeinert werden. Nachteilig gegenüber Farb-
reaktionen ist der höhere Zeit-, Arbeits- und Materialaufwand.

A   0,1 % Tween 20 in PBS   Lösungen
B   0,1 M Tris, pH 9,5, 0,1 M NaCl, 50 mM $MgCl_2$ (TNM-Puffer)

Chemoluminiszenz mit POD (Amersham ECL Kit-Protokoll):   Arbeitsvorschrift
   Nach der Inkubation mit dem Enzym bzw. Enzym-Konjugat   POD
dreimal 5 min mit dem Waschpuffer A waschen, dann 1 min im
Nachweisreagens ECL (1 Vol. Reagens 1 + 1 Vol. Reagens 2, ca.
0,5 ml/cm^2) bei Raumtemperatur inkubieren, kurz abtropfen, in
Folie einwickeln und 30 s bis 30 min auf Röntgenfilm exponieren.

Arbeitsvorschrift
AP

Chemoluminiszenz mit AP (Boehringer Mannheim-Protokoll):
Blot mit TBS-Tween waschen, dann 2 bis 3 Minuten äquilibrieren in 2 ml/cm^2 B. Die AMPPD-Stammlösung wird 1:100 mit Puffer B verdünnt. Der Blot wird 5 Minuten in AMPPD-Verdünnung (0,2 ml/cm^2) inkubiert, dann kurz von der Rückseite her abgetrocknet und in eine wasserdichte Folie eingewickelt. Eine Präinkubation erfolgt für 5 bis 15 Minuten bei 37°, dann wird 15 min bis 24 h auf Röntgenfilm bei Raumtemperatur exponiert (eine Mehrfachexposition innerhalb dieser Zeit ist möglich). Nach der Chemoluminiszenz kann noch eine Färbung NBT/X-Phosphat wie in Abschn. 2.4.4.2 beschrieben durchgeführt werden.

2.4.6 Kohlenhydrat-spezifische Glycoprotein-Detektion nach Elektrotransfer

Der Nachweis beruht auf der selektiven Bindung von Lectinen an die endständigen Saccharidgruppen der Glycoproteine. Eine Auswahl von Lectinen und ihre jeweilige Zuckerspezifität ist in Tabelle 2.18 gegeben. Allerdings ist zu beachten, daß die meisten Lectine für Oligosaccharide spezifisch sind, d.h. sie erkennen größere Strukturen als nur einen Monosaccharid-Baustein. Zur Kontrolle der spezifischen Wechselwirkung zwischen Glycoprotein und Lectin ist jedoch eine Inkubation des jeweiligen Lectins in Gegenwart von 1 mM des entsprechenden Monosaccharids (z.B. α-Methylmannosid für ConA, GlcNAc für WGA, vgl. Tab. 2.18) geeignet.

Im Falle von Concanavalin A kann direkt mit POD inkubiert werden (s.u.), bei anderen Lectinen ist ein enzymmarkiertes Anti-Lectin-Antiserum zu verwenden. Günstig ist auch die Verwendung speziell markierter Lectine. So haben sich die Systeme <DIG>-Lectin /anti<DIG>-AP (Boehringer Mannheim) oder Biotin-Lectin/Streptavidin-AP bewährt. Die detaillierten Inkubationsbedingungen, die der Sequenz Blotting – Inkubation mit markiertem Lectin – Inkubation mit Antikörper- bzw. Streptavidin-Konjugat – Detektionsreaktion folgen, sind den Beschreibungen der jeweiligen Kits zu entnehmen.

Lösungen

A 40 mg/ml Protein (z.B. Serumalbumin) in 0,1 M Natriumacetat-Puffer, pH 4,5, werden mit Periodsäure (Endkonzentration 10 mM) versetzt und 6 Stunden bei Raumtemperatur inkubiert. Dann wird Glycerol zugegeben (Endkonzentration 10 mM) und zweimal 2 Stunden gegen PBS dialysiert.

B 1 mM CaCl$_2$, 1 mM MnCl$_2$ in PBS

Zum Blocken der Nitrocellulose nach dem Elektrotransfer wird die mit PBS 1:20 verdünnte Lösung A oder 0,5 % Polyvinylpyrrolidon (PVP) (w/v) in PBS oder 1 % Tween 20 (w/v) in PBS [17] verwendet. Dann wird mit PBS gewaschen und mit dem Lectin-spezifischen zweiten Antikörper inkubiert. Es wird wieder gewaschen und anschließend die Farbreaktion entsprechend dem Markerenzym durchgeführt. Einzelheiten sind dem Abschn. 2.4.4 zu entnehmen.

immunchemische Reaktion

Wenn Concanavalin A verwendet wurde, wird ebenfalls mit A geblockt und anschließend mit PBS gespült. Dann wird eine Stunde mit einer Lösung von 25 bis 50 µg/ml Concanavalin A in Lösung B bei Raumtemperatur inkubiert, dreimal mit B gewaschen und mit Meerrettich-Peroxidase (Reinheitszahl RZ 3 $\approx$ 50 µg/ml) 30 Minuten bei Raumtemperatur inkubiert. Überschüssige Peroxidase wird mit B abgewaschen. Es schließt sich, wie in Abschn. 2.4.4 beschrieben, die Farbreaktion an.

Literatur

W.F.GLASS II, R.C.BRIGGS, L.S.HNILICA (1981) Anal. Biochem. *115*, 219-224

2.4.7 Allgemeiner Kohlenhydrat-Nachweis auf Western blots

Kohlenhydrate lassen sich durch Periodat-Oxidation zu Aldehyd-haltigen Strukturen modifizieren, die dann ihrerseits mit primären Amino-Verbindungen bzw. Hydrazinen leicht reagieren.

A PBS
B 0,1 M Natriumacetat, pH 5,5
C 10 mM $NaIO_4$ in B
D TBS

Lösungen

Nach erfolgtem Elektrotransfer wird die Nitrocellulose- oder PVDF-Membran dreimal 10 Minuten in A (2 – 3 ml/cm^2) leicht geschüttelt. Dann wird die Membran einmal ca. 1 Minute mit B äquilibriert und mit C (ca. 0,5 ml/cm^2) für 10 Minuten inkubiert. Anschließend wird wieder dreimal mit A gewaschen.

Waschen der Blotting-Membran

Eine entsprechende Menge Hydrazin-Derivat (z. B. 0,2 µl <DIG>-hydrazid-Lösung (Digoxigenin-succinyl-aminocapronsäure-hydrazid)) [18] pro ml B (0,5 ml/cm^2) oder 25 µg/ml Biotin-LC-Hydrazide [19] in B (0,5 ml/cm^2) wird zur Blotting-Membran gegeben. Es wird 30 Minuten bei Raumtemperatur inkubiert, dann wird mit D für 10 Minuten und anschließend mit einer geeigneten Blockierlösung (z. B. entfettetes Magermilchpulver in PBS

Reaktion

oder Lsg. A [Protokoll 2.4.6]) 30 Minuten blockiert. Dann wird dreimal 5 Minuten mit D gewaschen, anschließend mit dem entsprechenden Enzym-Konjugat inkubiert: für <DIG>-Hydrazid anti-<DIG>-AP 1:1000 in PBS, für Biotin-LC-Hydrazide mit Streptavidin-AP (Verdünnung nach Herstellerangaben) in PBS.

Nachweis-
reaktion
Die Farbreaktion mit den Alkalische-Phosphatase-Reagenzien NBT und X-Phosphat erfolgt wie in Abschn. 2.4.4.2 (Detektion von AP) oder in Abschn. 2.4.5 beschrieben.

Literatur

D.J.O'SHANNESSY, P.J.VOORSTAD, R.H.QUARLES (1987) Anal. Biochem. *163*, 204-209

Tabelle 2.18. Lectine [a]

Lectin	Kurzbe-zeichnung	spezifischer Zucker
Concanavalin A	Con A	α-D-Man, α-D-Glc [b]
Erdnuß-Lectin [c]	PNA	β-D-Gal$_{1-3}$-D-GalNAc
Linsen-Lectin	LcL	α-D-Man, α-D-Glc
Mistel-Lectin	VaL	β-D-Gal
Phythämagglutinin	PHA	(unspezifisch)
Ricinus-Lectin I	RCA$_{120}$	ß-D-Gal
Ricinus-Lectin II	RCA$_{60}$	D-GalNAc
Stechginster-Lectin	UEA	α-Fuc
Weizenkeimagglutinin	WGA	[D-GlcNAc]$_n$, Neu
Aleuria-aurantia-Lectin	AAA	Fuc(α1-6)GlcNac
Datura-stramonium-Lectin	DSA	Gal(β1-4)GlcNAc
Galanthus-nivalis-Lectin	GNA	Man(α1-3)Man
Weinbergschnecken-Lectin	HPA	α-GlcNAc
Maackia-amurensis-Lectin	MAA	NeuAc(α2-3)Gal
Phytolacca-americana-Lectin	PWM	GlcNAc(β1-4)GlcNAc$_{1-5}$
Soja-Lectin	SBA	α-GalNAc
Sambucus-nigra-Lectin	SNA	NeuAc(α2-6)Gal

[a] Nach: J.A.HEDO (1984) In: J.C.VENTER, L.C.HARRISON (Hrsg.) Receptor Purification Procedures, 45-60, A.R.Liss, New York.
siehe auch: E.VAN DRIESSCHE (1988) Structure and Function of Leguminosae Lectins. In: H.FRANZ (Hrsg.) Advances in Lectin Research, Vol. 1, 94-99, VEB Verl. Volk u. Gesundheit, Berlin

[b] Fuc – Fucose, Gal – Galactose, GalNAc – N-Acetylgalactosamin, Glc – Glucose, GlcNAc – N-Acetylglucosamin, Man – Mannose, NeuNAc – N-Acetylneuraminsäure (Sialinsäure, NANA)

[c] Die Begriffe "Lectin" und "Agglutinin" werden hier synonym gebraucht.

2.4.8 Transfer von Nucleinsäuren (Southern- bzw. Northern-Blot)

Die Transferprotokolle von DNA und RNA sind gleich. Im Gegensatz zu der im Abschn. 2.4.2 gegebenen Methode erfolgt hier der Transfer durch Diffusion (auch Proteine können durch Diffusion transferiert werden, allerdings ist dies wesentlich zeitaufwendiger und besonders bei hochmolekularen Proteinen nicht so effektiv wie der Elektrotransfer).

Der Transfer (blotting) von DNA wurde von SOUTHERN eingeführt (als Wortspiel entstanden dann die Begriffe „Northern" für den DNA-Antipoden RNA und „Western" für Proteine).

Lösungen

A 0,25 N Salzsäure
B 0,6 M NaCl in 0,2 N NaOH
C 1,5 M NaCl in 0,5 M Tris·HCl, pH 7,0
D 3 M NaCl in 0,3 M Natriumcitrat-Puffer, pH 8, („20xSSC")

Das nicht denaturierte DNA-Gel (vgl. Abschn. 2.1.10) wird im Zehnfachen seines Volumens in A 30 Minuten bei Raumtemperatur vorsichtig bewegt. Dieser Schritt kann unterbleiben, wenn DNA transferiert werden soll, die wesentlich kleiner als 5000 bp ist. Anschließend wird die Salzsäure sorgfältig abgegossen, es wird das Zehnfache des Gelvolumens an B zugegeben und wieder für 30 Minuten geschüttelt. Dieser Schritt wird mit Lösung C anstelle von B wiederholt.

Versuchsanordnung

Über einen Trog, in dem sich Lösung D befindet, wird eine Glasplatte gelegt, die etwas größer als das Gel ist. Dickes, saugfähiges Filterpapier wird mit D getränkt und so auf die Glasplatte gelegt, daß zwei gegenüberliegende Enden in die im Trog befindliche Lösung hängen. Auf dieses Filterpapier wird luftblasenfrei das Gel gelegt und mit einem Rahmen aus wasserundurchlässiger Plastfolie, dessen Ausschnitt in Länge und Breite je 5 mm kleiner als das Gel ist, abgedeckt. Diese Maske soll das Gel um 1 bis 2 cm überragen. Auf das Gel wird das in dest. Wasser gut eingeweichte Empfängermaterial, z. B. Nitrocellulose (Empfängermaterial nicht mit den bloßen Fingern anfassen!), und darauf ein Packen Fließpapier oder Handtuchkrepp gelegt. Mit einer Gummiwalze werden die Luftblasen herausgedrückt. Auf diesen Stapel kommt eine Glasplatte, die mit einem Gewicht beschwert wird.

Transfer

Der Transfer erfolgt über Nacht bei Raumtemperatur. Nach erfolgtem Transfer wird das Gel auf der Nitrocellulose mit Filzstift oder Kugelschreiber markiert, dann wird die Nitrocellulose für 30 Minuten auf Filterpapier zur Lufttrocknung gelegt. Anschließend wird sie beidseitig mit zwei frischen Blättern Filter-

Trocknung und
Backen

papier bedeckt und mit der Papierhülle durch Büroklammern zusammengehalten. Im Trockenschrank wird für 2 bis 3 Stunden bei 80 °C getrocknet. Dieses „Backen" der Nucleinsäure dient der Fixierung der Polynucleotide auf der Nitrocellulose, da sonst bei den weiteren Schritten ein Abwaschen möglich ist.

Werden andere Empfängermaterialien als Nitrocellulose verwendet, sind die Herstellervorschriften entsprechend einzuhalten.

Literatur

E.M.Southern (1975) J. Mol. Biol. **98**, 503-517

P.J.Mason, J.G.Williams (1985) In: B.D.Hames, S.J.Higgins (Hrsg.) Nucleic Acid Hybridization – A Practical Approach, 133-135, IRL Press, Oxford

J.Sambrook, E.F.Fritsch, T.Maniatis (1989) Molecular Cloning. A Laboratory Manual. 2. Aufl., Bd. 2, Cold Spring Harbor Laboratory Press

S.Bertram, H.G.Gassen (Hrsg.) (1991) Gentechnische Methoden. G. Fischer, Stuttgart

2.5 Trocknung von Elektrophoresegelen

Polyacrylamidgele werden am besten im Vakuum getrocknet. Eine Vielzahl von Apparaturen sind kommerziell erhältlich, die meist den Vorteil haben, heizbar zu sein. Eine Geltrocknungsapparatur ist aber auch im Eigenbau leicht herstellbar.[20]

Das zu trocknende Gel wird auf ein etwas größeres Blatt Filterpapier, das mit 5 %iger Glycerol-Lösung befeuchtet wurde, gelegt und mit einem ebenfalls angefeuchteten Blatt Zellglas (Zellophan) o.ä. abgedeckt.

Wichtig: Zum Abdecken eine wasserdurchlässige Folie, keine Frischhaltefolie verwenden.

Vakuumtrock-
nung

Das so vorbereitete Gel wird zwischen das Sinter-PVC gelegt, das Gummituch wird darübergebreitet und die Apparatur wird an die Vakuumpumpe angeschlossen (bei Verwendung einer Ölpumpe Kühlfalle nicht vergessen). Wenn in der (kommerziellen) Apparatur keine Heizung eingebaut ist, sollte mit einem Rotlicht-Wärmestrahler geheizt werden.

Die Trocknung ist beendet, wenn nach dem Abschalten der Wärmequelle die Stelle, an der das Gel liegt, nicht kühler als die Umgebung ist. Ein vorzeitiges Öffnen führt zur völligen Zerstörung des Gels. Die Trocknung dauert, je nach der Güte des Vakuums und der Dicke des Gels, 2 bis 4 Stunden.

Lufttrocknung

Agarosegele und Polyacrylamidgele mit T < 8 % können an der Luft oder im warmen Luftstrom getrocknet werden. Dazu wird

ein feuchtes Blatt Filterpapier auf eine Glasplatte gelegt, darauf
kommt das Gel, das mit einem ebenfalls feuchten Blatt Zellglas
abgedeckt wird. Das Zellglas wird um den Rand der Glasplatte
geschlagen. Dann überläßt man das Gel der Trocknung. Agarosegele trocknen auch ohne Abdeckung ein, wenn ihr Agarosegehalt
< 1 % beträgt.

Eine simple, wenn auch wegen der Gefahr des Reißens oder   vereinfachte
Verwerfens nicht unproblematische Trockenmethode auch für   Lufttrocknung
höherprozentige Gele besteht darin, daß das Gel nach dem Ent-
färben in einer wäßrigen Mischung aus 20 % Methanol und 4 %
Glycerol ca. 30 Minuten gebadet, dann zwischen zwei Zellophan-
Blättern fest in einen Rahmen gespannt und an der Luft getrocknet wird.

2.6 Autoradiographie von radioaktiv markierten Verbindungen in Elektrophoresegelen

Die Autoradiographie von Verbindungen, die mit relativ energie-   Autoradiogra-
reichen Strahlern wie ^{14}C, ^{32}P und ^{125}I markiert wurden, bereitet   phie von ^{14}C-,
keine Schwierigkeiten. Das getrocknete Gel, die Dünnschicht- ^{32}P- oder ^{125}I-
chromatographieplatte oder das Transferogramm wird wie   markierten Ver-
unten beschrieben auf Röntgenfilm exponiert. Ungetrocknete   bindungen
Gele sind durch eine dünne, für wäßrige Lösungen undurchlässi-
ge Folie vom Film zu trennen, um eine chemische Entwicklung
des Films zu verhindern.

Die Expositionszeiten können durch eine diffuse, unterschwel-   Vorbelichtung
lige Vorbelichtung des Röntgenfilms mittels eines durch optische   des Röntgenfilms
Filter stark abgeschwächten Elektronenblitzes (pre-flash) erheb-
lich reduziert werden. Die Bedingungen für diese Vorbelichtung,
die so gewählt werden muß, daß der Grauschleier des Films noch
nicht merklich erhöht ist, ist für jedes Blitzlichtgerät und jede
Filmsorte auszutesten.

Für Tritium- (^{3}H-) und ^{35}S-markierte Substanzen muß das Gel   Autoradiogra-
mit einem Szintillator getränkt werden. Wenn kein käuflicher   phie von ^{3}H- und
Gel-Autoradiographie-Verstärker vorhanden ist, kann wie folgt ^{35}S-markierten
gearbeitet werden: Verbindungen

Das Gel wird nach der Elektrophorese bzw. nach dem Färben   Fixierung und
für 20 Minuten in A eingelegt. Dann wird es zweimal 20 Minuten   Trocknung
in dest. Wasser (20faches Gelvolumen) gewässert, 30 Minuten in
B äquilibriert, anschließend getrocknet und bei -70 °C autoradio-
graphiert. Analog kann nach Dünnschichtchromatographie oder
Elektrotransfer (blotting) verfahren werden.[21] Im ersten Fall
taucht man die Dünnschichtplatte nach dem Lauf kurz in die
Salicylatlösung B, im letzteren Fall wird die Nitrocellulose-Mem-

bran nach dem Transfer getrocknet, in Lösung B (ca. 3 ml/cm²) 10 bis 20 Minuten leicht geschüttelt. Nach Trocknung erfolgt die Autoradiographie wie für Elektrophoresegele beschrieben.

Lösungen

A Methanol:Essigsäure:dest. Wasser 5:5:5 (v/v/v)
B 16 % Natriumsalicylat (w/v) in dest. Wasser
C Radioaktive Tinte: einige kBq einer beliebigen ¹⁴C-markier-ten Verbindung werden in Nachfülltinte für Faserschreiber gemischt. Damit wird der zum Markieren verwendete Filz-stift getränkt.[22]

Variante

Eine andere Möglichkeit besteht in der Verwendung von 2,5-Diphenyl-oxazol (PPO) in DMSO:

Lösung

D 22 % PPO (w/v) in DMSO (Lösung ist mehrfach verwendbar)

Beim Arbeiten mit DMSO-Lösungen sollten gute Gummihand-schuhe getragen werden, da DMSO die Haut leicht durchdringt und so in DMSO gelöste Substanzen in den Körper aufgenom-men werden können.

Fixierung und Trocknung

Das in Essigsäure/Alkohol fixierte Gel wird im 20fachen Gelvo-lumen an DMSO für 30 Minuten gebadet, dann wird die Lösung durch frisches DMSO ausgewechselt und das Gel wird für weitere 30 Minuten leicht geschüttelt. Die beiden DMSO-Bäder können mehrfach verwendet werden, wenn sie getrennt aufgehoben und immer in der gleichen Reihenfolge verwendet werden.

Das Gel wird in 4 Vol. an Lösung D überführt und nach zwei bis drei Stunden für eine Stunde in Wasser gelegt. Dann wird das Gel im Vakuumtrockner getrocknet.

Exposition auf Röntgenfilm

Das getrocknete Gel erhält Markierungen mit der radioaktiven Tinte (Lösung C) und wird in eine Röntgenkassette, in der sich der auf einer Röntgenverstärkerfolie liegende Röntgenfilm (z. B. Amersham HyperFilm) befindet, gelegt. Die Exposition des Rönt-genfilms, deren Zeitdauer sich nach der im Gel pro Bande befind-lichen Radioaktivitätsmenge und dem Radionuclid richtet (für Phosphor-32 z. B. 2 Stunden bis 1 Woche, für ³H-markierte Ver-bindungen bis zu vier Wochen), erfolgt bei -70 °C. Der Film wird mit Röntgenentwickler entsprechend der Herstellervorschrift entwickelt.

Die Schwärzung des Films ist nur sehr eingeschränkt propor-tional der Aktivitätsmenge. Für quantitative Messungen sind die entsprechenden Banden auszuschneiden und im Flüssig-szintillationszähler zu messen. Bei der ³²P-Messung nach CERENKOV quillt das getrocknete Gel in dem in der Szintillati-onsküvette befindlichen Wasser ausreichend, bei der Verwen-dung organischer Szintillatoren ist das Gel mit Gewebelösern oder mit Wasserstoffperoxid in der Küvette (partiell) zu hydrolysieren.

Literatur

J.P.CHAMBERLAIN (1979) Anal.Biochem. **98**, 132-135

R.A.LASKEY (1984) Radioisotope Detection by Fluorography and Intensifying Sreens, Amersham Review 23, Amersham International plc

L.G.DAVIS, M.D.DIBNER, J.F.BATTEY (1986) Basic Methods in Molecular Biology. Elsevier, New York

R.J.SLATER (Hrsg.) (1990) Radioisotopes in Biology – A Practical Approach. Oxford Univ. Press, New York

1 Als Richtwert für eine optimale Beladung von Proteinen mit SDS wird in der Literatur das Verhältnis von 1,5 mg SDS pro Milligramm Protein genannt (T.B.NIELSEN, J.A.REYNOLDS (1978) Meth. Enzymol. **48**, 6). Höhere Werte wurden z. B. von RAO u. TAKAGI ((1988) Anal. Biochem. **174**, 251-256) mit 1,75 bis 1,94 mg/mg angegeben, Glycoproteine enthalten oft ein wesentlich geringeres SDS-Protein-Verhältnis (J.G.BEELEY (1985) Glycoprotein and proteoglycan techniques, 75, Elsevier, Amsterdam).

2 Eine Diskussion der PAGE-Systeme und ihrer Fehlermöglichkeiten wurde von JOHNSON gegeben. (G.JOHNSON (1983) Gel Sieving Electrophoresis: A Description of Procedures and Analysis of Errors. In: D.GLICK (Hrsg.) Methods in Biochemical Analysis, Bd. 29, 25-58, J.Wiley & Sons, New York)

3 DTE und DTT sind Stereoisomere, die sowohl als optisch reine Verbindungen als auch als Racemat (CLELANDs Reagens) gleichwertige Reduktionsmittel sind.

4 Es ist empfehlenswert, anstelle von 2-Mercaptoethanol als Reduktionsmittel Dithiothreitol (DTT) od. Dithioerythritol (DTE) in der gleichen Konzentration einzusetzen. Eine oxidative Neubildung von Disulfidbrücken kann durch Zugabe von N-Methylmaleinimid (NEM) oder Iodacetamid (Endkonzentration jeweils 10 mM) verhindert werden.
Besonders bei Verwendung von Silber-Färbemethoden können Banden auftreten, die nicht von Proteinen, sondern von Oxidationsprodukten der Mercapto-Verbindungen herrühren. Als selektives Reduktionsmittel kann daher Tris(2-carboxyethyl)phosphoniumchlorid (TCEP·HCl) verwendet werden (100 mM Stammlösung in Wasser, frisch bereiten, Endkonzentration 20 mM; bei pH 7 sind nach 20 h nur noch ca. 30 % der TCEP-Menge enthalten), das die Nachteile der SH-Reagenzien vermeidet.

5 Pyronin G (Synonym: Pyronin Y, C.I. 45005) läuft etwas schneller als Bromphenolblau und markiert somit die Elektrophoresefront besser. Besonders günstig ist, daß es beim Blotten auf Nitrocellulose

Anmerkungen

durch die nachfolgenden Wasch-, Blockierungs- und Inkubations-schritte nicht ausbleicht und somit permanent die Front auch auf dem Blot kennzeichnet.

6 Eine Glasplatte wird sorgfältig entfettet, gewaschen und getrocknet. Dann wird sie bei Raumtemperatur in eine Trimethylchlorsilan-Lösung (ca. 10 % in trockenem Aceton, Benzen oder Toluen, bei Lagerung in einer gut verschlossenen Flasche mehrfach verwendbar) oder in 2 % RepelSilane im Abzug für ca. 30 Minuten eingelegt und anschließend an der Luft getrocknet. Gummihandschuhe verwenden!

7 Die Harnstofflösung sollte beim Lösen nicht über 40 °C erwärmt, nach dem Lösen durch Zugabe von ca. 5 g neutral gewaschenem Anionen-austauscher (Cl – Form) zu je 50 ml entionisiert und portionsweise eingefroren werden.

8 Wenn das Ethidiumbromid im Gel und im Elektrodenpuffer wegge-lassen wird, sollte die DNA-Probe mit 5 µl D pro ml versetzt und 10 Minuten bei Raumtemperatur inkubiert werden.

9 Die zu verwendende Agarosekonzentration richtet sich nach der Größe der aufzutrennenden Nucleinsäurefragmente.

10 Eine ausführliche Diskussion der Hydrolysebedingungen hinsicht-lich der Stabilität und damit Sicherheit quantitativer Bestimmungen von Phosphoaminosäuren wurde von BYLUND und HUANG gegeben (D.B.BYLUND, T.S.HUANG (1976) Anal.Biochem. *73*, 477-485).

11 Anstelle von Formalin kann Paraformaldehyd eingewogen und im Wasser gelöst werden, anschließend wird die Säure zugegeben.

12 Eine Vorschrift zur Färbung mit Tusche, die sowohl für Nitrocellulo-se- als auch für Nylon- und hydrophobe Membranen geeignet sein soll und in der auch verschiedene Tuschesorten verglichen wurden, wurde von HUGHES veröffentlicht (J.H.HUGHES et al. (1988) Anal. Biochem. *173*, 18-25).

13 Von der Fa. BioRad wird als universeller Proteinnachweis empfoh-len, die auf die Nitrocellulose übertragenen Proteine vor dem Blocken mit Biotinyl-N-hydroxysuccinimid umzusetzen und dann mit einem Streptavidin-Peroxidase-Konjugat reagieren zu lassen.

14 EAC kann weggelassen werden.

15 Eine Vereinfachung wurde von KONDO et al. angegeben: Es wird als einziger Transfer-Puffer 25 mM Tris, 192 mM Glycin, 20 % v/v Me-thanol verwendet, in dem Filterpapiere und Membran eingeweicht werden. Der Transfer erfolgt für 30 bis 60 Minuten mit 15 V/cm. (M.KONDO, H.HARADA, S.SUNADA, T.YAMAGUCHI (1991) Electro-phoresis *12*, 685-686). Bei größerflächigen Gelen (50 cm^2 und mehr) sollte aber der Strom nicht mehr als 1 mA/cm^2 betragen, d. h. die Spannung ist entsprechend zu verringern, um starke Wärmeent-wicklung zu vermeiden.

16 Geeignet als Blockierungsreagenz sind auch Gelatine, Caseinhydro-lysat, Magermilchpulver oder Tween 20 allein.

17 Bei dieser Tween-Konzentration können bereits Proteine von der Nitrocellulose wieder abgelöst werden.

18 BOEHRINGER Glycan Detection Kit

19 PIERCE Chemical Co.

20 Die Apparatur besteht aus einer Leichtmetallplatte, in der sich eine Vertiefung von 5x200x200 mm befindet und in die ein Anschluß an eine Vakuumleitung mündet. Ein Gummituch wird an eine Seite der Platte mit Silikonkautschuk angeklebt. Aus Sinter-PVC oder einem ähnlichen porösen Material, dessen eine Seite glatt ist, werden zwei Platten von der Größe der Vertiefung und je 1,5 bis 2 mm Dicke geschnitten und in die Vertiefung gelegt.

21 L.A.LUCHER, T.LEGO (1989) Anal.Biochem. *178*, 327-330

22 Anstelle von radioaktiver Tinte werden kommerziell Markerstifte mit phosphoreszierenden Farbstoffen angeboten.

3 Chromatographische Methoden

3.1 Dünnschichtchromatographie

3.1.1 Bestimmung der N-terminalen Aminosäure im Polypeptid (Dünnschichtchromatographie von modifizierten Aminosäuren)

Die Grundvoraussetzung dieser Methode ist das Vorhandensein einer primären Aminosäure am N-terminalen Ende des zu untersuchenden Polypeptides, d.h. die Methode versagt, wenn die N-terminale Aminosäure z.B. durch Methylierung oder Acetylierung in einem posttranslationalen Prozeß modifiziert worden ist. Wenn aber diese Grundvoraussetzung gegeben und die Aminosäurekette nicht verzweigt ist, steht der Anwendung der Methode nichts im Wege, sie ist dann das Mittel der Wahl, wenn der Nachweis erbracht werden soll, daß ein Polypeptid wirklich rein, d.h. nicht mit anderen Proteinen vergesellschaftet ist.

Wenn nach der Dünnschichtchromatographie (DC, engl. thin layer chromatography, TLC) Aminosäuren gefunden wurden, die mehrfach markiert werden können (z.B. Lysin, Cystein, Histidin, Tyrosin), ist zu überprüfen, ob die bis-markierte Aminosäure in etwa dem gleichen Verhältnis auftritt wie die mono-substituierte, denn nur dann war diese Aminosäure in der Aminosäurekette endständig.

Es versteht sich von selbst, daß die verwendeten Chemikalien analysenrein und frei von primären Aminen sein müssen. Während in den meisten der angegebenen Vorschriften anstelle von destilliertem Wasser entmineralisiertes verwendet werden kann, muß hier für das Ansetzen der Lösungen doppelt-destilliertes Wasser verwendet werden. Die Essigsäure (Eisessig) und das Aceton sind zu destillieren bzw. es sind Reagenzien für die Aminosäure-Sequenzanalyse (sequence grade) zu verwenden.

Chemikalien

A Kupplungsreagenz: 1,4 mg DABITC (4-(Dimethylamino)azo-benzen-4´-isothiocyanat, M_r 282,4) in 1,0 ml Aceton lösen. Lösung in 40-µl-Aliquote aufteilen, Aceton der Aliquote mit

Lösungen

Stickstoff verblasen. Die Aliquote können bei Raumtemperatur im Exsikkator monatelang gelagert werden.
Für die Reaktion wird 1 Aliquot (entspr. 56 µg) in 20 µl Pyridin frisch gelöst.

B   n-Heptan/Essigsäureethylester 2:1 (v/v)

C   40 % TFA (Trifluoressigsäure) in dest. Wasser (v/v) 50 % Pyridin in dest. Wasser (v/v)

E   Diethylharnstoff-Marker: 6 µl Diethylamin werden mit 100 µl D und 56 µg DABITC (1 Aliquot A) 1 h auf 55 °C erhitzt. Dann wird im Wasserstrahlvakuum getrocknet. Der Rückstand wird in 1 ml Ethanol gelöst, in 100-µl-Portionen aufgeteilt, getrocknet und bei -20 °C gelagert.

Laufmittel

1 Essigsäure/Wasser 1:2 (v/v)
2 Toluen/n-Hexan/Essigsäure 2:1:1 (v/v/v)

Kupplungsreaktion

In einem Eppendorf-Reaktionsgefäß werden zur getrockneten Probe (Protein oder Polypeptid, 0,5 bis 5 nmole) 10 µl dest. Wasser und 20 µl A in Pyridin gegeben. Das Röhrchen wird gut verschlossen und 30 Minuten bei 55 °C erwärmt. Dann werden 2 µl Phenylisothiocyanat (PITC) zugesetzt, anschließend wird für weitere 20 Minuten auf 55 °C erwärmt.

Unumgesetzte Reagenzien werden anschließend viermal mit je 200 µl B extrahiert. Nach jeder Phasentrennung durch Zentrifugation wird die obere Phase verworfen. Nach der letzten Extraktion wird der wäßrige Rückstand in der Vakuumzentrifuge getrocknet.

Wichtig: Organische Phase ist Sonderabfall. Getrennt sammeln.

Spaltungsreaktion

Zum Probenrückstand werden unter einem leichten Stickstoffstrom 20 µl wasserfreie TFA gegeben. Die Lösung verfärbt sich rot. Es wird für 10 Minuten bei 55 °C inkubiert, dann wird in einem Abzug die TFA mit Stickstoff verblasen. Zum Rückstand werden 30 µl dest. Wasser gegeben, die Lösung wird zweimal mit Butylchlorid oder Essigsäurebutylester extrahiert. Nach Phasentrennung durch Zentrifugation werden die organischen (oberen) Phasen in einem neuen Probengefäß gesammelt.

Wichtig: Wäßrige Phase enthält Restpeptid und kann für weiteren Abbauschritt verwendet werden.

Konvertierung

Der organische Extrakt der Spaltung wird durch Verblasen mit Stickstoff getrocknet, dann werden 10 µl C zugegeben. Es wird für 30 Minuten bei 55 °C inkubiert, anschließend wird die TFA mit Stickstoff verblasen und der Rest wird in der Vakuumzentrifuge getrocknet.

Der trockene Rückstand der Konvertierung wird in 5 µl Ethanol gelöst. 0,5 – 1 µl dieser Lösung werden zusammen mit der gleichen Menge Marker-Lösung E an einen Startfleck, der etwa 3 mm von einer Ecke entfernt ist, auf eine 2,5x2,5 cm große Polyamid-Dünnschichtplatte aufgetragen.

Ein dicht verschließbares Chromatographiegefäß, das mindestens 30 mm Durchmesser besitzt und ebenso hoch ist, wird zur Hälfte mit Filterpapier ausgekleidet. Dann gibt man Laufmittel 1 hinein, tränkt das Filterpapier gut und läßt anschließend so viel im Chromatographiegefäß, daß der Boden etwa 1 bis 2 mm hoch bedeckt ist. Dann wird die Dünnschichtplatte vorsichtig hineingestellt. Man chromatographiert aufsteigend, bis die Laufmittelfront ca. 1 mm unter der Plattenkante angekommen ist.

Nach der Entwicklung (Chromatographie) mit Laufmittel 1 (1. Laufrichtung) wird mit einem Fön getrocknet, dann wird die Platte um 90° gedreht und mit Laufmittel 2 in einer zweiten Kammer erneut entwickelt.

Anschließend wird wieder mit einem Fön getrocknet, dann werden die Dimethylaminoazobenzen-thiohydantoinyl-Aminosäuren (DABTH-AS) durch HCl-Dampf sichtbar gemacht. Eine Zuordnung der Aminosäuren erfolgt durch Vergleich mit Abb. 3.1, wobei sich an der Lage des blauen Diethylharnstoff-Markers (Spot „d") bzw. Ethanolamin-Markers „e" zu orientieren ist.

Dünnschichtchromatographie

Literatur

J.B.C.FINDLAY, M.J.GEISOW (HRSG.) (1989) Protein Sequencing – A Practical Approach, 123 - 138, IRL Press, Oxford

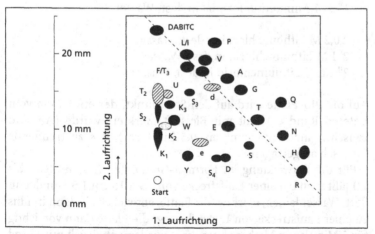

Abb. 3.1. 2D-Dünnschichtchromatogramm von Dimethylamino-azobenzen-thiohydantoin-Aminosäuren (DABTH-AS)

A - Alanin, G - Glycin, D - Asparaginsäure, E - Glutaminsäure, F - Phenylalanin, H - Histidin, I - Isoleucin, K_1 - α-DABTH-ε-DABTC-Lysin (rot), K_2 - α-PTH–ε-DABTC-Lysin (blau), K_3 - α-DABTH–PTC-Lysin (blau), L - Leucin, M - Methionin, N - Asparagin, P - Prolin, Q - Glutamin, R - Arginin, S - Serin, S_2 - polymeres Serin, S_3 - Dehydroserin, T - Threonin, T_2 - polymeres Threonin (blau), T_3 - Dehydrothreonin, U - Thioharnstoffderivat, V - Valin, W - Tryptophan, Y - Tyrosin, e - Referenzmarker aus DABITC und Ethanolamin, d - Referenzmarker aus DABITC und Diethylharnstoff (blau)

DABITC - Dimethylamino-azobenzen-isothiocyanat, DABTH - Dimethylamino-azobenzen-thiohydantoinyl, DABTC - Dimethylamino-azobenzen-thiocarbamoyl, PTH - Phenylthiohydantoinyl, PTC - Phenylthiocarbamoly

3.1.2. Trennung von Nucleosidphosphaten

Für die Untersuchung von ATP-Präparaten sind folgende Laufmittel geeignet:

DC-Laufmittel

0,2 M Ammoniumbicarbonat in dest. Wasser
oder 0,4 M Ameisensäure in dest. Wasser
oder 0,2 M Natriumhydrogenphosphat in dest. Wasser

Das Chromatogramm wird aufsteigend auf einer Polyethylen-imin-Zellulose-Platte (PEI-Cellulose) entwickelt. ^{32}P-markierte Nucleotide werden durch Autoradiographie oder Scanning identifiziert, unmarkierte Verbindungen können durch Phosphoreszenz oder Fluoreszenzlösung (s. u.) nachgewiesen werden. Wenn nicht mit einem Phosphat-Reagens (z.B. Hanes' Reagens, s. u.) der Nachweis erfolgt, ist als Laufmittel die angegebene Natriumhydrogenphosphatlösung zu empfehlen.

3.1.2.1 Gradienten-Dünnschichtchromatographie

DC-Laufmittel

1 0,7 M Ammoniumformiat in dest. Wasser
1' 2 M Ammoniumformiat in dest. Wasser
1" 3 M Ammoniumformiat in dest. Wasser

2 0,2 M Lithiumchlorid in dest. Wasser
2' 1 M Lithiumchlorid in dest. Wasser
2" 1,6 M Lithiumchlorid in dest. Wasser

Auf die PEI-Platte wird auf den Startpunkt, der etwa 1 cm vom unteren Rand entfernt mit Bleistift markiert wurde (Abstand zwischen mehreren Punkten: 0,5 bis 1 cm), das zu trennende Gemisch aufgetragen.

Formiat-Gradientenentwicklung

Für die Entwicklung im Formiat-Gradienten (Laufmittel 1 bis 1") läßt man bei einer Laufstrecke von etwa 16 cm 1,5 Stunden in dest. Wasser laufen, trocknet die Platte, entwickelt sie dann in 1 bis zu einer Laufstrecke von 13 cm, bewegt die Platte dann vorsichtig für 5 Minuten in Methanol, trocknet wieder, entwickelt mit 1' und nach einer weiteren Methanolbehandlung schließlich mit 1".

Lithiumchlorid-Gradientenentwicklung

Bei Verwendung des Lithiumchlorid-Gradienten wird ohne Zwischentrocknung 2 Minuten in 2, dann 6 Minuten in 2' und anschließend bis zu einer Laufstrecke von 16 cm in 2" entwickelt. Welches der beiden Laufmittel die besseren Ergebnisse liefert, hängt von der Fragestellung ab und muß ausprobiert werden.

3.1.2.2 Nachweis von Phosphaten

A 0,01 % Fluorescein (w/v) in Ethanol
B HANES' Reagens: 0,5 g Ammoniummolybdat werden in 5 ml dest. Wasser gelöst, mit 2,5 ml 25%iger Salzsäure und anschließend mit 2,5 ml 70%iger Perchlorsäure versetzt. Nach dem Abkühlen wird mit Aceton auf 50 ml aufgefüllt. Am nächsten Tag ist das Reagenz verwendbar. Es hält sich lichtgeschützt zwei bis drei Wochen.

Lösungen

Zum Nachweis durch Phosphoreszenz wird die getrocknete Platte in eine Schale mit flüssigem Stickstoff eingetaucht und unter einer UV-Lampe betrachtet. Purinderivate phosphorszieren hellblau, Pyrimidine markieren sich nicht.

Nachweis durch Phosphoreszenz

Zum Nachweis der Substanzflecken auf der Dünnschichtplatte durch Fluoreszenzlöschung wird die Platte mit Lösung A eingesprüht und nach der Trocknung unter einer UV-Lampe betrachtet. An den Stellen, wo sich Substanz befindet, sind dunkle Flecken auf der grünlich fluorezierenden Platte zu sehen. Diese Flecke werden mit Bleistift markiert.

Nachweis durch Fluoreszenzlöschung

Der Nachweis mit HANES' Reagens erfolgt, indem die Platte mit B eingesprüht, an der Luft getrocknet und anschließend im Trockenschrank auf 110 °C erhitzt wird, bis die blauen Flecke der phosphathaltigen Verbindung (auch Phospolipide) erscheinen.

Nachweis als Molybdato-Komplex

Literatur

G.-J.KRAUSS, G.KRAUSS (1979) Experimente zur Chromatographie, 122–130, VEB Dt. Verlag der Wissenschaften, Berlin
(1970) Anfärbereagenzien für Dünnschicht- und Papierchromatographie, E.Merck, Darmstadt
E.STAHL (HRSG.) (1967) Dünnschicht-Chromatographie. Ein Laboratoriumshandbuch. Springer, Berlin
J.C.TOUCHSTONE (1992) Practice of Thin Layer Chromatography. 3. Aufl. J. Wiley & Sons, New York

3.1.3 Lipidextraktion und Dünnschichtchromatographie von Lipiden

A Chloroform/Methanol 1:1 (v/v)
B Chloroform/Methanol 3:1 (v/v)
C Chloroform/Methanol/1,2 N HCl 10:10:1 (v/v/v)
D3 % Kupferacetat (w/v), 8 % Phosphorsäure (w/v) in dest. Wasser

Lösungen

1 Chloroform/Methanol/4,3 M Ammoniak 90:65:20 (v/v/v)

Laufmittel

2 n-Propanol/4,3 M Ammoniak 65:35 (v/v)
3 n-Butanol/Chloroform/Eisessig/Wasser 60:10:20:10
(v/v/v/v)
4 Isopropylether/Eisessig 96:4 (v/v)
5 Petrolether/Diethylether/Eisessig 90:10:1(v/v/v)
6 Chloroform/Methanol/Wasser 65:25:4 (v/v/v)
7 n-Butanol/Eisessig/Wasser 60:20:20 (v/v/v)
8 Chloroform/Methanol/Aceton/Eisessig/Wasser
75:15:30:15:7,5 (v/v/v/v/v)

Extraktion

Das zu extrahierende Gewebe wird in flüssigem Stickstoff eingefroren und in einem mit flüssigem Stickstoff gekühlten Porzel-
lanmörser pulverisiert. Das Gewebepulver wird in einen Glas-
Teflon-Homogenisator bei Raumtemperatur mit A extrahiert.
Pro Gramm Gewebe werden etwa 1 ml A verwendet.

Das Gemisch wird bei Raumtemperatur zentrifugiert, der Niederschlag wird mit 10 Volumina B und nach Zentrifugation mit
2,5 Volumina C homogenisiert. Die vereinigten Überstände werden unter Stickstoff eingeengt oder getrocknet.

**Dünnschichtchro-
matographie**

Die Dünnschichtchromatographie wird auf Kieselgelplatten,
die 3 Stunden bei 120 °C aktiviert und im Exsikkator über Blau-
gel o.ä. gelagert werden, durchgeführt. Die lipidhaltige Lösung
wird mit einer Mikroliterspritze oder einer automatischen Pipette aufgetragen. Der Startfleck sollte, in Laufrichtung gesehen, so
schmal wie möglich gehalten werden. Größere Volumina können
durch mehrfaches Auftragen übereinander oder strichförmig auf
die Platte appliziert werden. Bei mehrfachem Auftragen übereinander muß der Fleck, um ihn nicht größer werden zu lassen, vor
dem nächsten Tropfen im Stickstoff- oder warmen Luftstrom
getrocknet werden. **Wichtig:** Stickstoff ist vorzuziehen, da im
Luftstrom Lipide mit ungesättigten Fettsäuren oxidiert werden
können.

**Entwicklung des
Chromato-
gramms**

Das Chromatogramm wird ein- oder zweidimensional mit den
oben aufgeführten Laufmitteln entwickelt. Welches Laufmittel
verwendet wird, hängt von den zu untersuchenden Lipiden ab
und sollte experimentell ermittelt werden.

Für die Auftrennung der Phosphatidylinositole wird eine gips-
freie Kieselgelplatte mit einer 1 %igen Kaliumoxalatlösung in
dest. Wasser getränkt und anschließend wie oben aktiviert. Als
Laufmittel hat sich Gemisch 2 bewährt. Ein zweiter Lauf im gleichen System nach Zwischentrocknung erhöht die Trennleistung.

**Test der Trenn-
bedingungen**

Ein universelles Chromatographiesystem für Lipide läßt sich
nicht angeben. Und obwohl für einzelne Lipidklassen ausgefeilte
Trennsysteme in der Literatur beschrieben sind, sollte man nicht
davor zurückschrecken, im konkreten Fall das eine oder andere
Trennsystem (Dünnschichtplatte, Laufmittel, 1- oder 2-dimen-

sionale Entwicklung, Mehrfachentwicklung im selben oder in verschiedenen Laufmitteln) zu testen.

Auf Vergleichsbahnen der selben Platte werden Lösungen bekannter Lipide oder Lipidgemische aufgetragen und gemeinsam mit dem unbekannten Extrakt chromatographiert. Die Identifizierung der einzelnen Lipide erfolgt durch Vergleich ihrer Laufstrecke mit der der Lipidstandards. | Lipidnachweis und -identifizierung

Ein universeller Nachweis für Lipide erfolgt mit Ioddampf. Dazu wird die trockene Platte in eine Kammer gestellt, in der sich ein bis zwei offene Schälchen mit Iodkristallen befinden. Nach kurzer Zeit in der Iodatmosphäre färben sich die Lipidflecke gelb bis bräunlich. An der Luft verblaßt diese Färbung relativ rasch. | Ioddampf

Eine weitere, allgemeine und drastische Nachweismethode erfolgt mit Schwefelsäure. Die trockene Platte wird im Abzug mit konzentrierter Schwefelsäure eingesprüht und anschließend auf 130 °C im Trockenschrank erhitzt. Organische Verbindungen ergeben braunschwarze Flecke. | Oxidation mit konz. Schwefelsäure

Nicht ganz so aggressiv können Lipide durch Einsprühen mit Lösung D und anschließender Wärmebehandlung für 15 Minuten bei 180 °C nachgewiesen werden. | Nachweis mit Phophat-Reagensien

Phospholipide werden Phosphat-spezifisch mit HANES´ Reagens sichtbar gemacht.

Soll eine quantitative Bestimmung erfolgen, sind die Flecke mit Ioddampf oder Lösung D zu färben. Die Flecke werden markiert und ebenso wie ein gleichgroßes Stück lipidfreie Platte abgekratzt bzw. ausgeschnitten. Das Material wird in ein Reagenzglas überführt. Nach Veraschung erfolgt im Überstand die Phosphatbestimmung, wie in Abschn. 1.3.2 bzw. 1.3.3 beschrieben. | quantitative Phosphatbestimmung

Literatur

J.M.LOWENSTEIN (HRSG.) (1969) Lipids. Meth. Enzymol. 14

V.NEUHOFF U.MITARB. (HRSG.) (1973) Micromethods in Molecular Biology, Springer, Berlin

J.C.TOUCHSTONE, M.F.DOBBINS (1983) Practice of Thin Layer Chromatography, 2. Aufl., J.Wiley & Sons, New York

3.2 Säulenchromatographie

3.2.1 Praktische Hinweise zur Säulenchromatographie von Proteinen

Die folgenden Hinweise beziehen sich nur auf die herkömmliche (Normaldruck-) Säulenchromatographie. Ein allgemeines Erfolgsrezept für die Aufreinigung von Proteinen gibt es nicht, die in dieser Methodensammlung vorgestellten Trennungen haben daher nur orientierenden Charakter.

HPLC

Die hochauflösenden Flüssigchromatographie (HPLC) benötigt neben den relativ aufwendigen apparativen Voraussetzungen auch eine längere Einarbeitungszeit, während der das Studium der einschlägigen Spezialliteratur unumgänglich ist, um mit den Geräten und Trennmedien im Interesse einer optimalen Ausnutzung der Leistungsfähigkeit vertraut zu werden.

Aufgrund der aufwendigeren Technik bestehen kaum Möglichkeiten, auf der Seite der Trennmedien durch den Laborpraktiker wirksam zu werden, zumal Hochleistungs-Trennmedien in loser Form kommerziell oft nicht in höchster Qualität erhältlich sind. Der Einsatz fertig gepackter Säulen ist in jedem Fall zu empfehlen.

Zu beachten bei der HPLC von Biomolekülen ist, daß die in den meisten Geräten verwandten, mit dem Elutionsmittel in Berührung kommenden Teile (Pumpenköpfe, Kapillaren, Fittings) aus Edelstahl sind und daß dieses Material besonders im sauren pH-Bereich der wäßrigen Laufmittel und in Gegenwart der oft notwendigen Salze korrodiert werden. Bei der Auswahl

Biokompatibilität

der Geräte sollte daher auf die Bezeichnung "Biokompatibilität" geachtet bzw. Titan- oder Kunststoff-Material verwendet werden.

Kohlenhydrat-
HPLC

Als ein Beispiel für neuere Entwicklungen in der Bioanalytik wird im Rahmen dieser Methodensammlung das Prinzip der Trennung mittels HPLC am Beispiel der Kohlenhydrat-Trennung (Hochleistungs-Ionenaustauschchromatographie, HPIEC) dargestellt.[1]

Test der Trenn-
bedingungen

Der Erfolg einer chromatographischen Trennung hängt gleichermaßen von der exakten Durchführung des Experiments wie von der geschickten Auswahl der Trennbedingungen und von der Kombination der verschiedenen Trennprinzipien ab.

Auswahl der
Trennmedien

Bei der Auswahl der Trennmedien (Säulenfüllmaterial (= Träger), Elutionsmittel) ist zu berücksichtigen, daß Makromoleküle biologischen Ursprungs Moleküle sind, die in sich sehr verschiedene Eigenschaften bergen, daß unter Umständen Areale mit Anhäufungen von hydrophilen, hydrophoben, aromatischen, sauren oder basischen Aminosäuren, Polysaccharidgruppen oder Fettsäurereste gemeinsam in einem Molekül vorkommen. Makroskopische Beschreibungen, die solche Moleküle nach ihren globalen Daten wie isoelektrischer Punkt oder Molmasse behandeln, oder selbst die Aminosäuresequenz können nur Näherungen zum Verhalten dieser Moleküle in einem chromatographischen System liefern. Diese Überlegungen und die Tatsache, daß sich die molekularen Eigenschaften je nach den Milieubedingungen wie Salzgehalt, Ionenart, pH-Wert, Temperatur u.a.m. ändern, erklären, weshalb nur Regeln für chromatographische Reinigungen aufgestellt werden können und daß jeder,

der sich mit der Chromatographie befaßt, von Abweichungen
berichten kann.

Eine allgemeingültige Regel ist, daß nicht zwei gleichartige
Chromatographieverfahren unmittelbar nacheinander verwendet werden sollten. Günstig ist, z.B. nach einer Gelfiltration einen
Ionenaustausch durchzuführen, weil dabei die Volumenvergrößerung, die bei der Gelfiltration auftritt, wieder reduziert
und gleichzeitig die für die Elution an Ionenaustauschern meist
nötige höhere Ionenstärke der Puffer wieder verringert wird.
Weiter bietet es sich an, nach einem Ionenaustausch eine hydrophobe oder Affinitätschromatographie vorzunehmen, weil man
sich so das Entfernen relativ hoher Elektrolytkonzentrationen,
z.B. durch Dialyse als einem zusätzlichen Schritt, ersparen kann.

Abfolge der Trennverfahren

Bei der Auswahl der Verfahren sollte man berücksichtigen, ob
das gewünschte Protein denaturieren darf bzw. ob es renaturiert
werden kann und ob spezifische Eigenschaften wie Enzymaktivität oder Ligandenbindung für den Nachweis des gesuchten
Proteins erhalten bleiben müssen oder nicht. Für analytische
Zwecke, bei denen als Nachweisreagenzien besondere Marker
wie radioaktive Isotope oder kovalent gebundenes Biotin oder
Antikörper verwendet werden, ist eine Denaturierung in der
Regel folgenlos. Ist der Nachweis auf Enzymaktivitäten aufgebaut, darf eine solche selbstverständlich nicht erfolgen. Nachstehend ist eine Liste aufgeführt, deren Fragen man bei der Planung
einer Proteinreinigung beantworten sollte:

Denaturierung/ Renaturierung der Probe

– Aus welchem biologischen Material soll das Protein isoliert
  werden?
– Welche Gewebsaufschlußmethode ist optimal?
– Können nicht-chromatographische Vorstufen angewandt werden (z.B. Membranpräparationen, Zellfraktionierungen)?
– Liegt das interessierende Protein in einer intakten oder partiell
  denaturierten Form vor (z.B. als inclusion bodies in überexpri-
  mierenden Bakterien)?
– Stören Pufferkomponenten die proteinspezifischen Eigenschaf-
  ten (z.B. als Reaktionsprodukte eines Enzyms wie Phosphat
  oder als Komplexbildner wie z.B. Histidin oder Imidazol) oder
  die Proteinbestimmung (z.B. UV-Absorption von Triton X-100,
  Störung der Proteinbestimmung nach Lowry et al. durch Tris)?
– Ist das ausgewählte Tensid zu „energisch" (z.B. anstelle von
  Triton X-100 oder SDS Tween 20, Desoxycholat, Octylglucosid
  oder Digitonin verwenden)?
– Stört ein Bakteriostat wie Natriumazid?
– Aktivieren oder inaktivieren Chelatoren wie EDTA oder EGTA?
– Sind Disulfidbrücken für die Funktion essentiell bzw. enthält
  das Protein über Disulfidbrücken gebundene Untereinheiten?

Checkliste für Auswahl der Chromatogra- phie-Bedingun- gen

(Vermeidung reduzierender Agenzien wie 2-Mercaptoethanol oder DTE)
- Wird das Protein durch Zusatz von Glycerol, Saccharose oder Ethylenglycol besonders in verdünnter Lösung stabilisiert oder destabilisiert?

In der Regel wird man sich bei der Ausarbeitung der Reinigungsoperation an analogen Protokollen orientieren, bei denen aus ähnlichen Quellen ein Produkt isoliert wurde oder in denen ein Protein mit ähnlichen Eigenschaften beschrieben wurde. Allerdings wird man feststellen, daß scheinbar eindeutig beschriebene Prozeduren oft nur mit mäßigem Erfolg nachzuarbeiten sind, sei es, weil man ein anderes Protein „putzen" will, sei es, weil die Kollegen vergessen haben, essentielle Randbedingungen zu beschreiben.
Sollte man völlig ratlos vor dem Trennproblem stehen, kann man versuchen, mit nachfolgenden Anhaltspunkten einen Faden durch das Labyrinth der Proteinreinigung zu finden. Dabei kann es gleichermaßen günstig sein, Verunreinigungen zu präzipieren bzw. an Säulen zu binden und das gewünschte Produkt im Überstand bzw. Durchlauf zu haben wie umgekehrt.

Auswahl der Chromatographie-Arten durch Zielbestimmung

Analytik

- Molmassenbestimmung mit SDS-PAGE
- Bestimmung des isoelektrischen Punkts
- Nachweis von Proteinglycosylierungen
- Bestimmung von Enzymparametern (pH-Optimum, Aktivatoren, Inhibitoren, Substratspezifität)

Bestimmung der Pufferverträglichkeit

- Enzymhemmung durch Pufferkomponenten
- Stabilisierung durch Glycerol, Ethylenglycol
- Stabilität gegenüber Harnstoff oder Guanidiniumhydrochlorid
- Stabilität in Gegenwart von Tensiden (Detergenzien)

Chromatographie

- Bindung an Lectin-Träger (WGA oder ConA, s. Tab. 2.18)
- Bindung an Kationen- oder Anionenaustauscher (Test im batch-Verfahren)
- Affinitätschromatographie an wenig spezifische Liganden (Heparin oder Farbstoffe)
- Immunaffinitätschromatographie
- Gelfiltration

sonstige Präparationsmethoden

- Dichtegradientenzentrifugation
- präparative Elektrophorese (free flow oder PAGE)

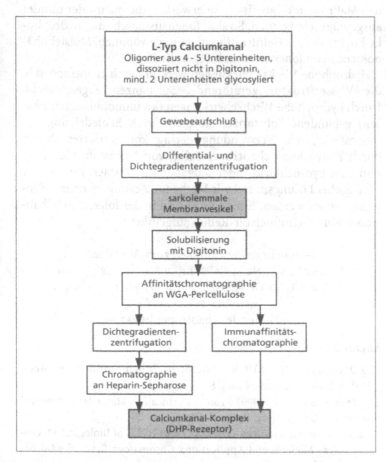

Abb. 3.2. Fließschema für eine Proteinreinigung
Präparation des L-Typ-Calcium-Kanals aus Schweineherz
(modifiziert nach H.Haase, J.Striessnig, M.Holtzhauer, R.Vetter,
H.Glossmann (1991) Eur. J. Pharmacol. **207**, 51-59)

Ein Fließschema für die Reinigung eines Proteinkomplexes (kardialer Calcium-Kanal) ist in der vorstehenden Abb. 3.2 als Anregung für einen möglichen Trennungsgang angegeben.

Die Einteilung der Chromatographie in Gelfiltration (engl. gel permeation chromatography, GPC, size-exclusion chromatography, SEC), Ionenaustauschchromatographie (engl. ion exchange chromatography, IEC und (biospezifische) Affinitätschromatographie (engl. affinity chromatography, AC) beruht auf Modellvorstellungen. Bei jedem dieser Chromatographie-Typen sind neben den dominierenden, die Einteilung rechtfertigenden Wechselwirkungen noch weitere Interaktionen zwischen dem stationären Grundgerüst, der Matrix (= Trägermaterial), dem mobilen Trennmedium und den Komponenten des zu trennen-

Chromatographietypen

den Makromolekülgemischs zu erwarten, die mehr oder minder ausgeprägt sein können. So sind Ionenaustausch- und hydrophobe Effekte bei der Gelfiltration nicht ungewöhnlich, Molsiebphänomene beim Ionenaustausch sogar die Regel.

Hydrophobe Wechselwirkungen werden durch chaotrope, d.h. die Wasserstruktur zerstörende, Substanzen abgeschwächt. Durch hydrophobe Wechselwirkungen (an immobilisierten Phasen) gebundene Substanzen können durch Erniedrigung der Ionenstärke, d.h. Verwendung gering konzentrierter Puffer, durch Zumischung chaotroper Salze, von Harnstoff oder Guanidinium-hydrochlorid oder Zugabe mit Wasser mischbarer organischer Lösungsmittel wie Methanol, Acetonitril oder *n*-Propanol, eluiert werden. Einige Salze sind in der folgenden "Chaotropen Reihe" (Hofmeister-Reihe) aufgeführt[2]:

Hofmeister-Reihe

$$\leftarrow \text{zunehmende Fähigkeit zum Aussalzen}$$
$$NH_4^+, Rb^+, K^+, Na^+, Cs^+ > Li^+ > Mg^{++} > Ca^{++} > Ba^{++}$$
$$PO_4^{---} > SO_4^{--} > CH_3COO^- > Cl^- > Br^- > NO_3^- > ClO_4^- >$$
$$F_3CCOO^- > I^- > SCN^-$$
$$\text{zunehmender chaotroper Effekt} \rightarrow$$

Literatur

M.P.DEUTSCHER (HRSG.) (1990) Guide to Protein Purification. Meth. Enzymol. 182, Academic Press, San Diego

E.L.HARRIS, S.ANGAL (1990) Protein Purification Methods: A Practical Approach. Oxford Univ. Press, Oxford

K.M.GOODING, F.E.REGNIER (HRSG.) (1990) HPLC of Biological Macromolecules - Methods and Applications. Chromatogr. Sci. Series Bd. 51, Marcel Dekker, New York

O.MIKES (1988) High-performance Liquid Chromatography of Biopolymers and Biooligomers. Part A: Principles, Materials and Techniques; Part B: Separation of Individual Compound Classes. J. Chromat. Library, Bd. 41A u. 41B, Elsevier, Amsterdam

R.W.A.OLIVER (HRSG.) (1989) HPLC of Macromolecules – A Practical Approach. IRL Press, Oxford

M. HOLTZHAUER (HRSG.) (1996) Methoden in der Proteinanalytik. Springer, Berlin, 7-45

3.2.2 Konzentrierung von Proteinlösungen

3.2.2.1 Säurefällung

Proteine können mit Säuren wie Trichloressigsäure oder Sulfosalicylsäure aus wäßriger Lösung ausgefällt werden. Die Endkonzentration an Säure sollte 7,5 bis 10 % (w/v) betragen. Die Fällung erfolgt umfassender und der Niederschlag läßt sich besser zentrifugieren, wenn die Lösung nach Zugabe der eiskalten Säure 10 bis 20 Minuten im Eisbad steht. Nach der Zentrifugation mit 3000 bis 5000·g für 5 bis 15 Minuten wird das Protein in einem kleinen Volumen in alkalischem Milieu aufgenommen. Enzymatische und sonstige biologische Aktivität geht bei der Säurefällung meist durch Denaturierung verloren, Antigendeterminanten bleiben oft erhalten. Die Protein-Trichloracetate bzw. -Sulfosalicylate können in der SDS-PAGE andere Laufeigenschaften haben als die ungefällten Proben. Mit der Säurefällung lassen sich Proteinmengen von mindestens 50 bis 80 µg/ml fällen. Geringere Proteinmengen können nahezu quantitativ präzipitiert werden, wenn der Lösung vor Säurezugabe Natriumdesoxycholat (Endkonzentration 1 bis 2 mg/ml) beigemischt wurde.

Proteinfällung für PAGE

Aus Gewebehomogenaten lassen sich Proteine auch mit Wolframatosäure fällen. Dazu werden die Homogenate, die etwa 1% Protein enthalten sollten, mit 1/10 des Volumens an 10%iger Natriumwolframat-Lösung ($Na_2WO_4 \cdot H_2O$) (w/v) versetzt und anschließend mit dem gleichen Volumen wie die Wolframatlösung an 0,67 N Schwefelsäure angesäuert.

3.2.2.2 Aussalzen

Proteine lassen sich durch Ammoniumsulfat oder Natriumsulfat aussalzen (vgl. Hofmeister-Reihe Abschn. 3.2.1). Ihre Struktur wird dabei besser erhalten als durch Säurefällung. Proteingemische können durch stufenweise Zugabe von festem Ammoniumsulfat oder einer gesättigten Lösung von Ammoniumsulfat fraktioniert werden. Die Fraktionierungsbedingungen werden durch die Angabe „% Ammoniumsulfat-Sättigung" charakterisiert. Die Tabellen 9.10b und 9.10c geben die Menge festes Ammoniumsulfat an, die, von einem gegebenen Sättigungsgrad ausgehend, zugegeben werden muß, um bei 0 °C bzw. 25 °C eine bestimmte Ammoniumsulfatsättiung zu erreichen.

Ammonium-sulfat-Fällung

3.2.2.3 Ausfällen mit organischen Verbindungen

Durch Zugabe bis zu 80 Vol.-% an Methanol[3], Ethanol oder Aceton können Proteingemische fraktioniert werden. Schnelles Arbeiten bei 0 °C oder darunter verringert die Gefahr der Denaturierung. Salze sollten vor der Fällung mit organischen Lösungsmitteln durch Dialyse entfernt werden, da sie oft ebenfalls durch die Lösungsmittel zum Auskristallisieren gebracht werden.

organische Lösungsmittel

Polyethylenglycol (PEG) eignet sich für das schonende Konzentrieren von Proteinen. Am günstigsten hat sich ein PEG mit durchschnittlicher relativer Molmasse von 6000 (PEG 6000) erwiesen. Der Fraktionierungsbereich liegt zwischen 0 und 15 %

Fällung mit PEG

PEG (w/v). So lassen sich z. B. Membranproteinkomplexe mit 7,5 % PEG 6000 (w/v) in 50 mM Tris-HCl, pH 7,4, 10 mM $MgCl_2$, 0 °C, so ausfällen, daß sie von Filtermaterialien wie Glasfaserfilter Whatman GF/C zurückgehalten werden.

Nach der Fällung werden die Niederschläge in wenig Puffer gelöst und zur Entfernung des anhaftenden Fällungsmittels dialysiert. Dabei kann wieder eine Volumenvergrößerung auftreten. Sollte durch Fällung ein Gemisch fraktioniert werden, ist die Fällung unter den gleichen Bedingungen zu wiederholen und der Niederschlag ist mit dem Fällungsmittel, das im Ausgangspuffer mit der für die Fraktionierung nötigen Konzentration gelöst wurde, zu waschen.

3.2.2.4 Lyophilisation

Sehr schonend können Lösungen durch Lyophilisation (Gefriertrocknung) konzentriert werden. Dazu wird die Probe möglichst rasch in einem Trockeneis-Alkohol-Bad oder mit flüssigem Stickstoff eingefroren. Das Lösungsmittel, in der Regel Wasser, wird im Ölpumpenvakuum (Kühlfalle nicht vergessen!) abgezogen. Das Vakuum sollte so gut sein, daß die Probe durch die Verdunstungskälte gefroren bleibt. Empfindliche Strukturen können durch Zugabe von Saccharose, die überdies das Wiederauflösen erleichtert, geschützt werden. Die Lyophilisation zum Zwecke der Konzentrierung kann jederzeit vor Erreichung der Trockne beendet werden. Da Salze und Saccharose im Vakuum nicht flüchtig sind, erhöhen sich die in der in einem kleineren Volumen wieder aufgelösten bzw. aufgetauten Probe ihre Konzentrationen. Das kann ver-

flüchtige Puffer mieden werden, indem vor der Lyophilisation gegen einen Puffer dialysiert wurde, dessen Bestandteile im Vakuum flüchtig sind wie z.B. Pyridin-Essigsäure (pH 3,5 – 6,0), Ammoniumacetat (pH 6.0 – 10.0), Triethylammoniumcarbonat (pH 7,0 – 12,0) oder Ammoniumbicarbonat (pH 8,0 – 9,5) (s. a. Tab. 7.6).

Lyophilisation kleinvolumiger flüssiger Proben Das Verschmieren kleiner Probenmengen an der Wand des Probengefäßes kann umgangen werden, wenn ein Zentrifugen-Vakuumkonzentrator (SpeedVac, ein im Vakuum laufender Zentrifugenrotor, dessen Probenröhrchen nicht verschlossen sind), verwendet wird. Die lyophilisierte Probe befindet sich am Ende der relativ rasch verlaufenden Trocknung als Pellet am Boden des Röhrchens. Neben der Geschwindigkeit besteht der Vorteil auch darin, daß die Probe nicht eingefroren werden muß und durch Gegenheizung ständig flüssig bleibt.

3.2.2.5 Ultrafiltration

Auf Membranen aus synthetischen Polymeren mit definierter Porengröße (Ultrafiltrationsmembranen) lassen sich Makromoleküllösungen schonend und schnell konzentrieren. Moleküle mit einer Größe unterhalb der Ausschlußgrenze dieser Membranen werden unter Druck durch die Poren gepreßt, größere Moleküle bleiben zurück, so daß eine Fraktionierung nach Molekülgröße möglich ist. Bei der Verwendung von Ultrafiltrationsmembranen, die es aus verschiedenen Materialien gibt, ist auf ihre chemische Stabilität (Puffer- und Detergensverträglichkeit) und auf ihre Adsorptionseigenschaft für Biomakromoleküle zu achten. Für die Ultrafiltration kleiner Volumina (0,2-15 ml) werden von verschiedenen Firmen Zentrifugensysteme mit unterschiedlichen Ausschlußgrenzen angeboten (z.B. Ultra-, Mikro-, Makro-Spin Zentrifugenfilter der Fa. C.Roth, oder Microcon, Centricon, Centriprep der Fa. Amicon).

Die Adsorption von Proteinen an Ultrafiltrationsmembranen kann verringert werden, indem die Membranen vor Gebrauch ca. 1 Stunde in 5 % Tween 20 (w/v) in dest. Wasser eingeweicht bzw. leicht geschüttelt und dann gründlich mit dest. Wasser gespült werden.

Verringerung der Proteinadsorption an Ultrafiltrationsmembranen

Durch Ultrafiltration kann auch ein Pufferaustausch durchgeführt werden, indem in der Ultrafiltrationszelle die Lösung mit dem ersten Puffer auf ca. 10 % ihres Ausgangsvolumens eingeengt, mit dem zweiten Puffer aufgefüllt, nochmals eingeengt und wieder aufgefüllt wird.

"Umpufferung" durch Ultrafiltration

Ultrafiltration kann auch in einem Dialyseschlauch durchgeführt werden. Dazu wird eine Saugflasche mit einem Stopfen verschlossen, durch den zwei Glasröhrchen führen, die an der in die Flasche reichenden Seite durch einen Dialyseschlauch verbunden sind. In den Schlauch wird die zu konzentrierende Lösung eingefüllt und die Saugflasche wird evakuiert. Durch die Dialysemembran treten nur die Moleküle aus, die kleiner als die Ausschlußgrenze der Membran sind.

Ultrafiltration im Dialyseschlauch

Eine schnelle Konzentration von Lösungen, deren Pufferzusammensetzung sich nicht verändern soll, kann erfolgen, indem die Lösung in einen Dialyseschlauch eingebunden wird. Dieser Schlauch wird in einem Schälchen mit trockenem Polydextrangel (z.B. Sephadex G-200) oder PEG 20000 bedeckt und so lange darin belassen, bis der gewünschte Konzentrierungsgrad erreicht ist. Das feucht gewordene Polydextrangel bzw. PEG ist, um den Prozeß zu beschleunigen, von Zeit zu Zeit vom Schlauch abzuziehen und durch trockenes zu ersetzen. Man kann den Schlauch auch in eine hochkonzentrierte Lösung von PEG 20000 einhängen. Dieses Verfahren ist besonders für kleine Volumina günstig.

Bei der Verwendung von Polyethylenglycol (PEG) ist zu berücksichtigen, daß auch hochmolekulares PEG niedermolekulare Anteile enthält, die durch die Dialysemembran treten und Proteine ausfällen können.

3.2.3 Gelfiltration

Am weitesten verbreitet sind Trägermaterialien auf Dextran-, Agarose- und Polyacrylamid-Basis (z.B. unter den Herstellernamen „Sephadex", „Sepharose", „Sephacryl", „Biogel"). Sie liegen als annähernd kugelförmige Partikel mit relativ geringer mechanischer Festigkeit im trockenen oder vorgequollenen Zustand vor. Die chemische Resistenz der Polysaccharid-Chromatographiematerialien ist gegenüber verdünnten Laugen höher als gegenüber Säuren, was für drastische Reinigungsverfahren ausgenutzt werden kann. Von wenigen Ausnahmen abgesehen (CL-Reihe der Pharmacia-Produkte) sind diese Trägermaterialien nur in einem Laufmittel geeignet, das überwiegend aus Wasser besteht.

mechanische Stabilität von Chromatographieträgern

Die mechanische Instabilität, die besonders bei Gelen mit höhermolekularer Ausschlußgrenze bedeutsam wird, hat zur Folge, daß die gequollenen Gele bei der Verwendung von Magnetrührern und schnellaufenden Flügelrührern zerstört werden. Die Anwendung von Druck auf die gequollenen, weichen Gele führt zur irreversiblen Kompression der Matrix. Die Folgen davon sind ein Absinken der Durchflußgeschwindigkeit, verschlechterte Trennleistung oder Verstopfung der Säule. Das Einquellen der trockenen Gele kann sich über Stunden hinziehen (vgl. Tab. 3.2), ein vollständiges Ausquellen vor dem Füllen der Säule ist aber unabdingbar. Der Quellprozeß kann durch Erwärmen im siedenden Wasserbad erheblich beschleunigt werden. Beim Einquellen ist darauf zu achten, daß dem rehydratisierenden Gel bis zum Erreichen seines Endvolumens ausreichend Flüssigkeit zur Verfügung steht.

Druckstabilität

Die von den Herstellern angegebenen maximalen Drücke sind beim Füllen der Säule und beim anschließenden Betrieb unbedingt einzuhalten. Der für jeden Geltyp maximal anwendbare hydrostatische Druck ist Tabelle 3.2 zu entnehmen. Die Bestimmung des hydrostatischen Drucks Δh ist in Abb. 3.3 dargestellt.

Bei der Verwendung von Schlauchpumpen kann es infolge von Fließgeschwindigkeitsänderungen während der Chromatographie an Sephadex, Sepharose und Biogel zu einem unkontrollierten Druckanstieg kommen, der eine Gelkompression nach sich ziehen kann. Deshalb wird von der Verwendung von Pumpen sowohl bei der Gelfiltration wie auch beim Ionenaustausch abgeraten, wenn Träger auf Dextran- oder Agarosebasis verwendet

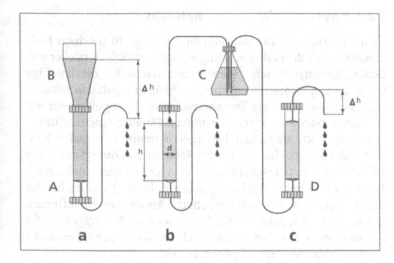

Abb. 3.3. Säulenchromatographie
Darstellung der Säulenfüllung und der Elutionsvarianten (Erläuterungen
im Text)

werden, die eine Ausschlußgrenze über 50.000 haben (z. B. G-50
und größer).

Modifizierte Polysaccharid-Träger wie z.B. Superose (Pharmacia) oder Perlcellulosen sind sehr druckstabil. Für sie gelten die
genannten Einschränkungen nicht, sie können daher ohne weiteres bis zu Drücken von 1 MPa eingesetzt werden.

Der günstigste Säulentyp für die Gelfiltration (und Affinitätschromatographie) sind Säulen mit Adapter (Abb. 3.3c). Sie
garantieren ebene Geloberflächen und ein gleichmäßiges Auftragen von Probe und Elutionsmittel während des gesamten chromatographischen Prozesses.

Die Güte der Trennung hängt von der Korngröße und der Säu-   Einfluß der
lenlänge ab. Je feiner und homogener das Trägermaterial ist und   Trägerpartikel-
je länger die Säule, desto besser ist die Trennung. Von den Dex-   Größe
trangelen mit niedrigen Nummern gibt es die Körnungen „coar-
se" (grobkörnig), „medium" und „fine", von denen mit höherer
Nummer neben der Normalversion die sehr feine Körnung
„superfine". Allerdings nimmt mit abnehmendem Korndurch-
messer der Matrix und der Verringerung des Säulendurchmes-
sers die Durchflußgeschwindigkeit ab, wodurch es zu Bandenver-
breiterungen durch Diffusion kommt. Es ist also für die jeweilige
Trennung ein Kompromiß zu schließen.

Im Interesse einer optimalen Trennung sollten das gequollene
Gel, der Puffer und die Säule vor der Füllung auf die Temperatur
gebracht und dann gehalten werden, bei der die Trennung erfolgen soll.

3.2.3.1 Auswahl des Trägermaterials

Hauptkriterium bei der Auswahl ist die Frage, in welchem Molmassenbereich die Fraktionierung erfolgen soll. Die Hersteller von Gelfiltrationsmaterialien geben Trennbereiche für die jeweilige Chromatographiematrix an, die als Orientierungshilfen gedacht sind. Meist werden diese Trennbereiche mit Homopolymeren wie Dextranen oder Polystyrenen ermittelt. Da aber eine Gelfiltrationsmatrix nach sterischen Parametern trennt (ein gestrecktes, ellipsoides Molekül hat infolge der Rotation im Lösungsmittel ein größeres Volumen, erscheint also bei einer höheren „Molmasse", als ein statistisches Knäuel mit gleicher Molmasse) können bei der Gelfiltration nativer Proteine erhebliche Abweichungen auftreten, s. Abschn. 3.2.3.5. Auch sind Adsorptionen an den Träger häufig zu beobachten, die aber meist durch Erhöhung der Ionenstärke des Elutionspuffers zu kompensieren sind.

Kalibrierung der GPC-Säule

Sind kurze Trennzeiten erforderlich, ist auf industriell gefertigte Mitteldruck-(„FPLC"-) oder HPLC-Säulen zurückzugreifen.

Sollen Moleküle mit sehr großen Molmassenunterschieden getrennt werden, wie es z.B. beim Entsalzen oder Umpuffern von Proteinlösungen der Fall ist, sind z.B. Sephadex G-10 oder G-25 die Materialien der Wahl, weil bei ihnen die meisten Proteine im Ausschlußvolumen erscheinen und Adsorptionen gering sind.

3.2.3.2 Füllen einer Gelfiltrationssäule

Die Gelfiltrationssäule sollte so dimensioniert werden, daß das Verhältnis zwischen Säulendurchmesser d und Trennbetthöhe h 1:50 bis 1:200 für Trennungen im Labormaßstab beträgt.

Das Packen einer Säule für die Gelfiltration geschieht wie folgt: Das ausgequollene, abgesetzte Gel wird mit etwa der Hälfte seines Volumens an Puffer aufgeschlämmt und in einer Saugflasche im Wasserstrahlvakuum entgast. Dann wird das Gel, wenn erforderlich, gekühlt. An den unteren Ausfluß der Säule A (Abb. 3.3a) wird ein Schlauch angesetzt, der etwa in Höhe der Säulenoberkante in ein Ausflußgefäß mündet. Dann wird die Säulenverlängerung B aufgesetzt und die Säule wird zu 1/4 bis 1/3 ihrer Höhe mit Puffer gefüllt. Die Gelaufschlämmung wird nun entlang eines Glasstabs und der Säulenwand blasenfrei und in einem Guß eingefüllt. Durch Verlegung des Schlauchausflusses wird die Druckdifferenz Δh entprechend den Werten der Tab. 3.2 eingestellt.

Wenn das Gel sich gesetzt hat, kann der obere Adapter (Säule D, Abb. 3.3) vorsichtig, luftblasenfrei und ohne unnötigen Druck (beide angeschlossene Schläuche sind offen) aufgesetzt und an die Geloberfläche herangeführt werden.

Bei Säulen ohne Adapter sollte die Geloberfläche entweder durch einen Auftragekorb oder ein Filterpapierblatt o. ä. geschützt bzw. stabilisiert werden, um ein Aufwirbeln des Gels beim Auftragen und durch den Elutionsmittelstrom zu vermeiden.

Gelfiltrationssäulen, die Risse oder Blasen im Trägerbett erkennen lassen, sind unbedingt zu entleeren und neu zu packen. Unebenheiten an der Bettoberkante (Auftragsstelle) können behoben werden, indem man 1 bis 2 cm Puffer darüber stehen läßt, den Ausfluß schließt, die oberste Trägerschicht vorsichtig mit einem Spatel o. ä. aufwirbelt und dann den Träger sich wieder absetzten läßt.

Die Säule wird nun so lange mit Puffer gespült, bis die Durch- **Äquilibrieren** flußgeschwindigkeit konstant ist. Da durch unspezifische Wech- **und Regenerie-** selwirkungen Moleküle bei Volumina eluiert werden können, die **ren der Säule** größer als das Gesamtvolumen V_t der Säule sind, ist eine Gelfiltrationssäule auch beim Regenerieren mit mindestens dem Fünffachen ihres Volumens zu waschen.

3.2.3.3 Probenauftrag und Elution

Das Volumen der Probe sollte, wenn nicht ganz krasse Unterschiede in der Molmasse der Komponenten vorliegen wie z. B. beim Entsalzen von Proteinlösungen, wo das Protein im Ausschlußvolumen V_0, das Salz aber erst mit dem Gesamtvolumen V_t erscheint, 1/20 bis 1/10 des Matrixvolumens nicht überschreiten. Je schmaler die Probenschicht ist, um so schärfer ist die Trennung. Hier muß ein Kompromiß zwischen zu trennender Menge, Löslichkeit der Komponenten und Viskosität einerseits und Probenvolumen anderseits gefunden werden.

Der Probenauftrag kann auf verschiedene Weise vorgenommen werden:

- Bei Adaptersäulen wird die Probe über ein T-Stück nach Abschaltung des Elutionsmittelzustroms aufgegeben.
- Man läßt über der Geloberfläche einige Millimeter Puffer stehen und unterschichtet vorsichtig mit der Probenlösung, deren Dichte durch Zugabe von Glycerol, Saccharose, Salz o. ä. erhöht wurde und die mit Dextranblau (der blaue Farbstoff kann u. U. als biospezifischer Ligand wirken) oder einem anderen inerten Farbstoff zu besseren Sichtbarkeit angefärbt wurde.
- Man läßt den Puffer so weit in das Gel einziehen, daß er gerade nicht mehr an der Oberfläche zu sehen ist. Es darf nicht zum Reißen der Säule kommen; gerissene Säulen müssen vollständig entleert und neu gefüllt werden. Mit einer Pipette oder einem Schlauchheber wird nun die Probe so aufgetragen, daß die glatte Geloberfläche erhalten bleibt. Durch Öffnen des Auslaufs läßt man die Probe einziehen, spült noch zweimal mit Puffer auf die gleiche Weise nach und schließt dann das Elutionsmittel an.

Der Probenauftrag ist sehr sorgsam durchzuführen, da er wie das Füllen der Säule auf die Trennung einen entscheidenden Einfluß hat. Die Probenzone sollte die Form eines Zylinders mit planer Deck- und Grundfläche haben.

Ist die Probe aufgetragen, wird der Elutionspuffer angeschlossen. Bei Säulen ohne Adapter sollten über der Geloberfläche einige Milliliter Puffer stehen und die Zuleitung bis an die Flüssigkeitsoberfläche reichen. Eine konstante Druckdifferenz Δh während des gesamten Laufs erreicht man, indem als Puffer-Vorratsgefäß eine Mariottesche Flasche (C, Abb. 3.3) verwendet wird. Die Fließgeschwindigkeit kann über die Druckdifferenz und/oder ein Ventil (Quetschhahn) am Auslauf reguliert werden.

Um eine Vermischung der getrennten Komponenten zu vermeiden, sollte der Weg zwischen Säulenauslauf und Detektionssystem bzw. Fraktionssammler möglichst kurz und nicht zu eng sein. Als Schlauchmaterial ist in der Regel Polytetrafluorethylen-(Teflon-, PTFE-) oder Polyethylenschlauch mit einem Innendurchmesser von 1 mm geeignet.

Fließrichtung des Elutionsmittels Ob der Elutionspuffer die Säule von oben nach unten (Abb. 3.3b) oder umgekehrt (Abb. 3.3c) durchströmt, ist aufgrund des Säulentyps zu entscheiden, wobei in jedem Fall auf ein geringes Totvolumen am Ort des Pufferaustritts aus dem Trenngel und auf eine gleichmäßige Verteilung des Puffers über die gesamte Oberfläche des Gels am Puffereintritt zu achten ist. Für weiche Trägermaterialien mit großer Ausschlußgrenze ist es günstig, wenn der Puffer das Gel entgegen der Schwerkraft von unten nach oben durchströmt (Abb. 3.3c). Müssen mehrere Säulen zur Verlängerung der Trennstrecke hintereinander geschaltet werden, sind unbedingt Adaptersäulen zu verwenden.

3.2.3.4 Reinigung

Gelfiltrationsträger auf Dextranbasis (z.B. Sephadex) werden durch Spülen mit 2 M NaCl, 0,1 M NaOH oder Detergenslösungen von anhaftenden Proteinen befreit und dann wieder mit Elutionspuffer äquilibriert. Matrizes auf Agarosebasis (Sepharose, Biogel A) dürfen nicht alkalisch behandelt werden. Sie können mit konzentrierten Natriumchlorid-, Detergens- oder Harnstofflösungen gereinigt werden.

3.2.3.5 Bestimmung von Ausschlußvolumen V_0 und Gesamtvolumen V_t

Eine wie oben beschrieben gefüllte Gelfiltrationssäule (z.B. Superdex 200, 0,9 cm Durchmesser, 50 cm Betthöhe, 32 ml Gelvolumen) wird mit ca. 10 Bettvolumen des jeweiligen Laufpuffers

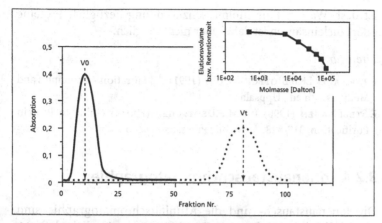

Abb. 3.4. Bestimmung von V_0 und V_t in der Gelfiltration
– Dextranblau (im Ausschlußvolumen V_0) ···· DNP-Alanin (im Gesamtvolumen V_t)
Einfügung: Kalibrierungskurve für eine Molmassenbestimmung

(z.B. PBS) äquilibriert. Die Fließgeschwindigkeit sollte etwa 0,3 ml/min (lineare Flußrate 30 ml/cm²·h bzw. cm/h) betragen.

0,5 ml einer Lösung von Dextranblau (durchschnittliche Molmasse > 2000 kD) im Laufpuffer (2 – 5 mg/ml) werden auf die Säule aufgegeben. Das erfolgt, indem entweder der Laufmittelfluß unterbrochen wird und die über der Geloberfläche befindliche Lösung mit der Detranblaulösung vorsichtig unterschichtet wird, oder die Farbstofflösung wird mittels einer Probenschleife in den Flüssigkeitsstrom gegeben.

Nun wird bei der angegebenen Fließgeschwindigkeit eluiert und dabei kontinuierlich oder durch Auffangen von 1-ml-Fraktionen das Auftreten der blauen Farbe registriert. Meßwellenlängen können 580 nm oder 280 nm sein.

Zur Auswertung wird das Elutionsvolumen gegen die Extinktion aufgetragen. V_0 ist das Volumen, bei dem der Extinktionswert sein Maximum erreicht (vgl. Abb. 3.4). Zur Bestimmung des Gesamtvolumens V_t der Säule (bei diesem Volumen werden niedermolekulare Substanzen wie Salze eluiert) wird eine Lösung von Natriumchromat oder Dinitrophenylalanin (1 mg/ml) verwendet.

Analog wird die Säule für eine Molmassenbestimmung kalibriert. Dabei chromatographiert man nacheinander oder, wenn es die Trennleistung der Säule erlaubt, d.h. die Molmassendifferenzen groß genug sind, auch im Gemisch Eichproteine mit definierter Molmasse und trägt die jeweiligen Elutionsvolumina gegen die Molmasse auf [4] (s. Einfügung in Abb. 3.4).

Zur Charakterisierung des Säulen-Trägermaterials können auch wasserlösliche Polystyrensulfate oder kolloidales Gold [5] mit unterschiedlichem Teilchendurchmesser verwendet werden, Laufmittel

Auswertung des Chromatogramms

ist dest. Wasser. Eine Molmassenzuordnung bezüglich Proteine
oder Nucleinsäuren ist dabei aber nicht möglich.

Literatur

PHARMACIA LKB BIOTECHNOLOGY (1991) Gel Filtration – Principles and
Methods. 5th ed., Uppsala

E.STELLWAGEN (1990) IN: M.P.DEUTSCHER (HRSG.) Guide to Protein
Purification, 317-328. Academic Press, San Diego

3.2.4 Ionenaustauschchromatographie

allgemeine Hin-
weise
Die Ionenaustausch- und die Affinitätschromatographie sind
hinsichtlich ihrer praktischen Durchführung so ähnlich, daß hier
beide Chromatographiearten gemeinsam behandelt werden können. Detailierte Betrachtungen zur Affinitätschromatogaphie
und Beispiele affinitätschromatographischer Trennungen sind in
den Abschn. 3.3 und 4.10 gegeben. So steht die Reinigung der
Meerrettich-Peroxidase für die Gruppe der biospezifischen
Desorption, die Chromatographie von Immunoglobulin für eine
Elution durch partielle Denaturierung.

Auf Nebeneffekte, die unter Umständen zu einer Abweichung
vom erwarteten Trennverhalten führen können, ist eingangs
(Abschn. 3.2.1) hingewiesen worden. So können z. B. Spacermo-
leküle oder gebundene Proteine als ionenaustauschende Gruppen in der Affinitätschromatographie wirken.

Die Vorbereitung von Ionenaustauschermaterialien und ihre
Regenerierung ist im folgenden Abschn. 3.2.4.1 beschrieben.
Besonders Anionenaustauscher (funktionelle Gruppe: tertiäre
oder quartäre Ammoniumsalze) werden beim Regenerieren im
geringen Umfang zerstört, was nach einigen Zyklen zur deutli-
chen Kapazitätsabnahme führt.

hydrophobe
Chromatographie
Die hydrophobe (engl. hydrophobic interaction chromatography, HIC) oder Umkehrphasen-Chromatographie (engl. reverse
phase chromatography, RPC) ist hinsichtlich der experimentellen
Durchführung und der Selektivität mit der Ionenaustauschchromatographie vergleichbar, obwohl sie in der Literatur in der Regel
als Sonderform der Affinitätschromatographie betrachtet wird.

3.2.4.1 Vorbehandlung von Ionenaustauscher-
    Materialien

Ionenaustauscher sollten, unabhängig von der chemischen Natur
ihrer Matrix, vor dem Einsatz vorbehandelt werden, um optimale Trenneigenschaften zu erhalten. Diese Vorbehandlung setzt
sich aus einem „precycling", bei Notwendigkeit aus einer Korn-

größe-Klassierung und aus der Äquilibrierung zusammen. Diese
Schritte sollten auch dann durchgeführt werden, wenn das Material nach längerer Lagerung wiederverwendet werden soll.

Der Ionenaustauscher wird in der ersten Behandlungslösung   Precycling
(Tab. 3.1) eingequollen. Für trockene Ionenaustauscher wird ein
Verhältnis von 15 ml pro Gramm, für vorgequollene eines von
5 ml pro Gramm Feuchtgewicht empfohlen. Zum Mischen verwendet man einen Glasstab oder einen langsam laufenden Flügelrührer, keinesfalls einen Magnetrührer. Nach 30 bis 90 Minuten wird auf einem Filtertrichter abgesaugt und mit dest. Wasser
gewaschen, bis das Eluat den Zwischen-pH-Wert (Tab. 3.1)
erreicht hat. Dann wird der Ionenaustauscher in der zweiten
Behandlungslösung aufgeschlämmt (5 ml pro Gramm Feuchtgewicht) und nach 30 Minuten mit dest. Wasser bis zur Neutralität
gewaschen. Er liegt dann in der OH^-- bzw. H^+-Form vor.

In einem Meßzylinder wird eine Suspension des zyklisierten   Klassierung
Ionenaustauschers hergestellt (5 ml Puffer pro Gramm Feuchtgewicht). Nach t Minuten wird der Überstand über dem abgesetz-
ten Austauscher mitsamt den feinen Schwebeteilen bis auf einen
Rest von 1/5 des Volumens an sedimentiertem Austauscher abgesaugt. Die Zeit t errechnet sich nach der Formel

$$t = n \cdot h$$

mit n - Faktor zwischen 1,3 und 2,4 (willkürlich zu wählen, 1,3
ergibt ein grobes, schnell laufendes Material, 2,4 ein sehr feines;
für Zelluloseaustauscher wird n = 1,9 empfohlen) und h -
Gesamthöhe der Suspension im Zylinder.

Kunstharz-Ionenaustauscher sind meist so grobkörnig, daß sie
nach kürzeren als den errechneten Zeiten abgesaugt werden
können.

Tabelle 3.1. Zyklisierung von Ionenaustauschern

Ionen austauscher	1.Lösung	Zwischen-pH-Wert	2.Lösung
a) Ionenaustauscher auf Cellulose- oder Kunstharzbasis			
Kationenaustauscher (z.B. CM, SP, SE)			
	0,5 N NaOH	≈ 9	0,5 N HCl
Anionenaustauscher (z.B. DEAE, PEI, QAE)			
	0,5 N HCl	≈ 5	0,5 N NaOH
b) Ionenaustauscher auf Dextran- oder Agarosebasis			
Kationen- und Anionenaustauscher			
	0,1 N NaOH	≈ 9	1 M Essigsäure

Äquilibrierung

Das Waschen mit einem Mehrfachen des Säulenvolumens an Startpuffer ist meist für eine Äquilibrierung nicht ausreichend. Man sollte sich daher für eine der beiden nachfolgenden Methoden entscheiden.

Variante 1

Der Ionenaustauscher wird in einem Puffer eingeschlämmt, der den gleichen pH-Wert und die gleiche Temperatur wie der Startpuffer hat, aber zehnfach konzentrierter ist, bezogen auf die puffernde Substanz. Das Puffervolumen sollte 5 ml pro Gramm Feuchtgewicht betragen. Nach 15 Minuten wird abgesaugt und anschließend nochmals in Äquilibrierungspuffer aufgeschlämmt. Nach weiteren 15 Minuten wird in der Säule oder auf dem Filtertrichter mit 10 ml/g Startpuffer gewaschen.

Variante 2

Der Ionenaustauscher wird im Startpuffer eingeschlämmt. Dann wird unter pH-Kontrolle mit Lauge oder Säure der pH-Wert so lange nachgestellt, bis der gewünschte Ausgangs-pH-Wert erreicht ist. Die Einstellung des pH-Werts erfolgt relativ langsam und sollte deshalb nicht zu zeitig abgebrochen werden. Wenn der pH-Wert stabil ist, wird der Ionenaustauscher mit Startpuffer gründlich gewaschen.

Ist ein Ionenaustauscher richtig äquilibriert, haben die Pufferlösungen im Vorratsgefäß und im Säulenauslauf den gleichen pH-Wert und die gleiche Ionenstärke (elektrische Leitfähigkeit).

3.2.4.2 Test der Bindungsbedingungen

Die Kapazität eines Trägermaterials sollte in einem funktionellen Test unter den Bedingungen durchgeführt werden, unter denen auch die Trennung vorgenommen werden wird. Kapazitätsangaben der Hersteller von Chromatographiematerialien sind nur als Richtwerte zu verstehen.

Auswahl des Trägermaterials

Für die Entscheidung, ob für ein Trennproblem ein Kationen- oder ein Anionenaustauscher verwendet werden soll, ist die Kenntnis des isoelektrischen Punkts der zu bindenen Substanz von Vorteil. Soll eine Bindung erfolgen, wählt man für eine Verbindung mit einem pI > 7 einen Kationenaustauscher. Sind nur wenige basische Gruppen zu erwarten oder liegen sie in einer Mulde des Proteins, verwendet man einen möglichst starken Austauscher (SP-Zellulose oder -Sephadex), im anderen Fall einen schwach sauren (CM-Derivat). Der pH-Wert des Bindungspuffers sollte mindestens eine Einheit unter dem pI liegen, die Ionenstärke ist gering zu halten.

Ist die pH-Abhängigkeit der biologischen Stabilität (biologischen Aktivität) bekannt oder/und wird sie unter den Trennbedingungen ermittelt, so sollte ein Kationenaustauscher verwendet werden, wenn diese Stabilität unterhalb des isoelektrischen Punkts liegt.

Zur Bindung von Substanzen mit überwiegend sauren Gruppen verfährt man analog. Der schwächer basische Austauschertyp enthält DEAE-Gruppen, der stärker basische QAE-Gruppen. Der pH-Wert des Bindungspuffers sollte mindestens eine Einheit über dem pI eingestellt werden. **Wichtig:** Für den Bindungstest: Äquilibrierungs- und Probenpuffer mit geringer Ionenstärke verwenden!

Die Bindungsbedingungen werden wie folgt getestet: 0,1 bis 0,5 ml des Ionenaustauschers werden in ein Zentrifugenröhrchen gegeben und so äquilibriert, daß er in 50 mM Puffern, die sich um jeweils 0.5 pH-Einheiten unterscheiden, vor dem Test vorliegt. Zu dem vorbereiteten Austauscher werden nun 0,5 bis 1 ml der Proteinprobe, die gegen den jeweiligen Bindungspuffer dialysiert wurde, gegeben. Man läßt die Mischung bei der Temperatur, bei der die Trennung durchgeführt werden soll, 15 bis 30 Minuten unter gelegentlichem Schütteln stehen und zentrifugiert oder filtriert dann den Austauscher ab. Im Überstand bzw. Filtrat wird das zu bindende Protein bestimmt. Als der Bindungspuffer wird derjenige ausgewählt, bei dem gerade kein Protein mehr im Überstand zu finden war.

Durchführung des Bindungs- tests

Bei diesem pH-Wert wird nun durch Verwendung einer Protein-Verdünnungsreihe die Kapazität des Austauschers getestet. Analog wird die Ionenstärke, die für die Bindung oder Elution optimal ist, ermittelt.

Die Kapazität kann von Protein zu Protein unterschiedlich sein und hängt vom Trägermaterial, dem pH-Wert, der Ionenstärke und der Temperatur ab. Für die Trennung wählt man so viel Träger, daß durch die zu adsorbierenden Proteine seine Kapazität höchstens zu 2/3 ausgelastet ist.

Trägerkapazität für die Trennung

3.2.4.3 Probenauftrag

Die Bindung der Proteine an die Matrix, die ein Dextran (z.B. Sephadex C oder A, Matrixeigenschaften ähnlich den Gelfiltrationsträgern), eine Zellulose (z.B. Servacel, Whatman DE oder CM) oder ein Kunstharz (z.B. Wofatit, Dowex, Amberlite) mit recht hoher mechanischer Stabilität sein kann, gehorcht dem Massenwirkungsgesetz. Daraus kann man ableiten, daß auch bei noch so hoher Bindungskonstante für die Wechselwirkung zwischen Makromolekül und Matrix (Ligand) nie eine absolut vollständige Bindung des Makromoleküls vorliegt, sondern stets ein Gleichgewicht zwischen gebundener und freier Form.

Man kann den Träger auf zwei grundsätzlich unterschiedlichen Wegen mit Proben beladen:

Man gibt das gequollene, äquilibrierte Trägermaterial zur Probenlösung und wartet, bis sich die interessierende Proteinspezies

Variante 1: batch-Verfahren

oder die abzutrennenden Begleitstoffe entsprechend der Gleichgewichtslage gebunden haben. Da sich das Gleichgewicht hierbei nur einmal einstellt, führt diese Methode nur dann zum Erfolg, wenn entweder die aktiven Gruppen des Trägermaterials in sehr großem Überschuß vorliegen oder wenn die Bindungskonstante sehr groß ist. Das batch-Verfahren hat den Vorteil, daß das gebundene Material sehr leicht durch Filtration oder Zentrifugation abgetrennt werden kann und daß die Waschvorgänge auf einem Büchnertrichter oder einer Glasfritte rasch erfolgen können. Die Elution erfolgt dann auch auf dem Trichter oder nach Einfüllen in eine Säule.

Variante 2: Säulenverfahren

Im Gegensatz zur Gelfiltration ist eine kurze, breite Säule einer mit großem Durchmesser:Längen-Verhältnis vorzuziehen. (Betthöhen über 25 cm sind für die Ionenaustauschchromatographie nicht mehr sinnvoll.) Dadurch wird, eine wirklich ebene und gleichmäßige Auftragung und ein über die gesamte Bettbreite konstanter Elutionsmittelfluß vorausgesetzt, eine schmale wandernde Zone erzeugt, die die Möglichkeit zur häufigen Gleichgewichtseinstellung hat. Außerdem wirkt sich bei der Ionenaustauschchromatographie in diesem Fall das Quellen oder Schrumpfen der Matrix bei Änderung der Pufferzusammensetzung nicht so stark aus.

Konzentrierung großer Probenvolumina

Ein weiterer Unterschied zur Gelfiltration ist, daß im Rahmen der Bindungskapazität das Probenvolumen groß sein kann. Je idealer die Ionenaustausch- oder Affinitätschromatographie verläuft, um so schärfer ist die Elution der interessierenden Substanz und um so größer ist der Konzentrierungs- und Trenneffekt dieser Verfahren. So ist es günstig, wenn in einem Präparationsgang die Ionenaustausch- oder Affinitätschromatographie nach einer Gelfiltration, bei der in der Regel eine Verdünnung der Probe auftritt, durchgeführt wird, weil zusätzliche Konzentrierungsschritte vermieden werden können.

3.2.4.4 Elution

Gradientenelution

Die Elution erfolgt durch Pufferwechsel. Meist wird anstelle eines einfachen Wechsels wie z.B. bei der Affinitätschromatographie, wo oft der ungebundene Ligand oder ein Analogon in relativ hoher Konzentration dem Bindungspuffer zugesetzt wird, eine stufenförmige Erhöhung einer Komponente (Stufengradient) oder eine kontinuierliche Veränderung einer oder mehrerer Komponenten des Elutionspuffers (kontinuierlicher Gradient) vorgenommen. In der Mehrzahl der Fälle wird unter Beibehaltung des Grundpuffersystems der pH-Wert und/oder der Salzgehalt (Ionenstärke) verändert. Während bei der Ionenaustauschchromatographie mit einer Erhöhung der Ionenstärke gearbeitet wird, erfolgt bei der hydrophoben Chromatographie (s. Abschn.

3.2.5) gegenläufig zur Verringerung des Salzgehalts eine diskontinuierliche oder kontinuierliche Zumischung chaotroper Substanzen wie Harnstoff, Guanidiniumchlorid, Ethylenglycol, Methanol oder Acetonitril. Eine Mischkammer für einen linearen Gradienten, wie er auch für die Säulenchromatographie verwendet werden kann, ist in Abb. 2.2 dargestellt.

Der Verlauf der Elution kann anhand des UV-Absorptionsprofils, des pH-Werts oder der Leitfähigkeit verfolgt werden. Bei der Verwendung von Natrium- oder Kaliumchlorid als Elutionsmittel kann der sich ändernde Chloridgehalt der eluierten Fraktionen leicht argentometrisch nach MOHR bestimmt werden. Die Verlaufskontrolle der Elutionsmitteländerung im aus der Säule austretenden Puffer ist empfehlenswert, da die Annahme, daß ein kontinuierlich aufgegebener Gradient sich ebenso in den Fraktionen widerspiegelt, nur in seltenen Fällen berechtigt ist.

Zur Elution sollte im Interesse einer optimalen Trennung ein möglichst flacher Gradient verwendet werden. Das Gesamtvolumen des Elutionsmittels sollte 5 Säulenvolumina aber nicht überschreiten. Erstreckt sich die Elution über einen großen Ionenstärkebereich, kann sie durch die Kombination von kontinuierlichem und Stufengradienten oder durch einen nicht-linearen Gradienten erfolgen.

Wenn nicht besondere Effekte bewußt eingesetzt werden sollen, ist der Flüssigkeitsstrom während Probenauftrag und Elution nicht für längere Zeit zu unterbrechen.

Das unterschiedliche Quellverhalten vieler Ionenaustauscher während der Elution läßt die Verwendung von Adaptersäulen für die Ionenaustauschchromatographie im Gegensatz zu Gelfiltration und Affinitätschromatographie meist nicht zu. Der Flüssigkeitsstrom ist bei der Ionenaustauschchromatographie von oben nach unten (vgl. Abb. 3.3b) zu führen.

Ionenstärke-abhängige Quellung der Träger

3.2.4.5 Reinigung und Regenerierung

Nach der Chromatographie wird das Gel durch Waschen mit dem Zweifachen seines Volumens mit 1 M Natriumchlorid-Lösung gereinigt. Sollte das nicht ausreichen, was bei Proteintrennungen durchaus der Fall sein kann, wird das Gel wie im Absch. 3.2.4.1 (Tab. 3.1) beschrieben zyklisiert, anschließend äquilibriert und dann unter Zusatz von 0,02 % Natriumazid oder Merthiolat (Natrium-2-(ethylmercurimercapto)-benzoat, Thimerosal) (w/v) oder 20 bis 25 % Ethanol (v/v) bei 4 °C gelagert.

Literatur

E.F.ROSSOMANDO (1990) in: M.P.DEUTSCHER (Hrsg.) Guide to Protein Purification, 309-317. Academic Press, San Diego

Tabelle 3.2. Trägermaterialien für die Säulenchromatographie (Auswahl)

Geltyp	max. Druck in kPa	Fraktionier-bereich für Proteine in kD	Bemerkungen
Gelfiltrations-Trägermaterialien			
Sephadex [a]			
G-10	155	- 0,7	
G-15	155	- 1,5	
G-25	155	1 - 5	
G-50	155	1,5 - 30	
G-75	15,7	3 - 80	
G-75 superfine	15,7	3 - 70	
G-100	9,4	4 - 150	
G-100 superfine	9,4	4 - 100	
G-150	3,5	5 - 300	
G-150 superfine	3,5	5 - 150	
G-200	1,5	5 - 600	
G-200 superfine	1,5	5 - 250	
LH-20	Chromatographie in org. Lösungsmitteln		
Superdex [a]			
30	>350	- 10	vorgequollen
75	>350	3 - 70	vorgequollen
200	>350	10 - 600	vorgequollen
Sepharose [a]			
6B/CL 6B	19,6	10 - 4000	vorgequollen
4B/CL 4B	7,8	60 - 2000	vorgequollen
2B/CL 2B	3,9	70 - 4000	vorgequollen
Superose [a]			
12	>3500	1 - 300	vorgequollen
6	2000	5 - 5000	vorgequollen
Sephacryl [a]			
S-100HR	49	1 - 100	vorgequollen
S-200HR	49	5 - 250	vorgequollen
S-300HR	49	10 - 1500	vorgequollen
S-400HR	49	20 - 8000	vorgequollen
S-500HR	49		vorgequollen
Bio-Gel [b]			
P-2 fine	5 - 10 [c]	- 1,8	
P-4 medium	15 - 20 [c]	0,8 - 4	
P-6 medium	15 - 20 [c]	1 - 6	
P-10 medium	15 - 20 [c]	1,5 - 20	
P-30 medium	7 - 30 [c]	2,5 - 40	
P-60 medium	4 - 6 [c]	3 - 60	
P-100 medium	4 - 6 [c]	5 - 100	
A-0,5 m medium	15 - 20 [c]	10 - 500	vorgequollen
A-1,5 m medium	15 - 20 [c]	10 - 1500	vorgequollen
A-5 m medium	15 - 20 [c]	10 - 5000	vorgequollen

Tabelle 3.2. Fortsetzung

Geltyp	max. Druck in kPa	Fraktionier-bereich für Proteine in kD	Bemerkungen
A-15 m medium	15 – 20 [c]	40 – 15000	vorgequollen
A-50 m medium	5 – 15 [c]	100 – 50000	vorgequollen
A-150 m medium	2 – 5 [c]	1000 – 150000	vorgequollen

Ionenaustauscher
Sephadex [a]

DEAE A-25		Kapazität [d]	30 mg HSA/ml
DEAE A-50			110 mg HSA/ml
QAE A-25			10 mg HSA/ml
QAE A-50			80 mg HSA/ml
CM C-25			1,6 mg IgG/ml
CM C-50			7,0 mg IgG/ml
SP C-25			1,1 mg IgG/ml
SP C-50			8,0 mg IgG/ml

Sephacel [a]
DEAE			160 mg HSA/ml

Sepharose [a]
CL-6B DEAE			170 mg HSA/ml
CL-6B CM			9,5 mg IgG/ml

Mono Q [a] 65 mg HSA/ml
Mono S [a] 75 mg IgG/ml

Poros [e]

HQ	<17 MPa	60 mg/ml
QE	<17 MPa	40 mg/ml
PI	<17 MPa	45 mg/ml
HS	<17 MPa	>60 mg/ml
SP	<17 MPa	45 mg/ml
S	<17 MPa	10 mg/ml
CM	<17 MPa	65 mg/ml

Whatman Cellulose

DE-51	30 mg BSA/ml
DE-52 (feinkörnig)	130 mg BSA/ml
DE-53 (feinkörnig)	150 mg BSA/ml
DE-92 (faserförmig)	170 mg BSA/ml
QA-52 (feinkörnig)	150 mg BSA/ml
QA-92 (faserförmig)	180 mg Lysozym/ml
CM-52 (feinkörnig)	1180 mg Lysozym/ml
SE-52 (feinkörnig)	1300 mg Lysozym/ml
CM-92 (faserförmig)	960 mg Lysozym/ml
SE-92 (faserförmig)	840 mg Lysozym/ml

[a] Hersteller: PHARMACIA Biotech
[b] Hersteller: BIORAD
[c] Angabe als lineare Flußrate cm/h bei $\Delta h = 2 \cdot$ Betthöhe h
[d] Orientierungswert. Die tatsächliche Kapazität hängt vom Protein und den Pufferbedingungen ab.
[e] Hersteller: Boehringer Mannheim

3.2.5 Hydrophobe Chromatographie

Bei der hydrophoben Chromatographie (engl. hydrophobic interaction chromatography, HIC, Sonderfall: Umkehrphasen- oder
reversed-phase-Chromatographie) wird die Wechselwirkung zwischen am Träger immobilisierten Alkylresten und hydrophoben
Aminosäureresten der Proteine ausgenutzt. Gelegentlich wird die
HIC zur Affinitätschromatographie gerechnet, sie ist aber in ihrer
Trennleistung und Spezifität eher mit der Ionenaustauschchromatographie zu vergleichen. Die experimentelle Durchführung
entspricht der Ionenaustauschchromatographie.

Besonders geeignet ist die HIC zur Entfernung von Salzen aus
Proteinlösungen, speziell bei der Probenvorbereitung für die
Peptidanalyse.

3.2.5.1 Test der Bindungsbedingungen

0,5 ml der Proteinlösung in einem Puffer mit relativ hoher Ionenstärke (als Salze eignen sich besonders Ammoniumsulfat, Natriumsulfat oder Kaliumchlorid in Phosphatpuffer) werden mit 0,5
ml Träger mit unterschiedlich langen Alkylresten (z.B. Ethyl
(C2), Butyl (C4), Hexyl (C6), Octyl (C8)) gemischt und 30 Minuten bei 0 °C leicht geschüttelt. Dann wird zentrifugiert und im
Überstand das interessierende Protein bestimmt. Entsprechende
Testkits mit vorgepackten Säulen werden von verschiedenen Fir-

HIC-Testkit   men, z.B. Sigma Affinity Chromatography Media, Pharmacia
HiTrap HIC Test Kit, angeboten.

Je nach Stabilität und weiteren Bearbeitungsschritten kann
entschieden werden, ob das interessierende Protein gebunden
wird und Fremdproteine in Lösung bleiben, was zur Folge hat,
daß das interessierende Protein dann die mitunter harschen Elutionsbedingungen überstehen muß, oder die Fremdproteine
werden adsorbiert und das gesuchte Protein bleibt in Lösung.

Das Trägermaterial mit den günstigsten Adsorptionseigen-
schaften wird dann für eine Säulen- oder batch-Chromatogra-
phie ausgewählt.

3.2.5.2 Elution

Die Elution erfolgt stufenweise oder durch Wahl eines Lösungs-
mittelgradienten. Die mildeste Form der Elution ist die Reduktion der Ionenstärke, z.B. durch Elution in 20 mM Tris-HCl. Daran

chaotrope   kann sich eine Elution mit einem chaotropen Elutionsmittel (z.B.
Elution   2 M KSCN, bis 2,5 M Guanidiniumhydrochlorid oder bis 7 M
Harnstoff) oder mit einem aufsteigenden Methanol- oder Aceto-
nitril-Konzentrationsgradienten anschließen. Besonders bei der

Verwendung von Rhodanid und Harnstoff kann es zu einer chemischen Seitenkettenmodifizierung kommen, die in der Aminosäure-Sequenzanalyse stören kann.

3.2.5.3 Regenerierung

Zur Regeneration des Gels kann man, wie folgt, vorgehen:

1. Waschen des Gels mit 1 Bettvolumen dest. Wasser
2. je 1 Bettvolumen 33 %, 67 %, 95 % Ethanol in dest. Wasser (v/v)
3. 5 Bettvolumen n-Butanol
4. je 1 Bettvolumen 95 %, 67 %, 33 % Ethanol in dest. Wasser (v/v)
5. 5 Bettvolumen dest. Wasser

Daran sollte sich eine Reäquilibrierung des Gels mit dem jeweiligen Laufpuffer anschließen.

Literatur

R.M.KENNEDY (1990) In: M.P.DEUTSCHER (Hrsg.) Guide to Protein
   Purification. Academic Press San Diego, 339-343
T.C.COOPER (1981) Biochemische Arbeitsmethoden. W.de Gruyter, Berlin
L.A.OSTERMAN (1986) Methods of Protein and Nucleic Acid Research.
   Teil 3: Chromatography. Springer, Berlin
PHAMACIA LKB Biotechnology (1991) Ion Exchange Chromatography -
   Principles and Methods. 3. Aufl., Uppsala

3.3 Affinitätschromatographie

Bei affinitätschromatographischen Reinigungsverfahren macht
man sich die mehr oder minder hohe Spezifität der Wechselwirkungen zwischen Biomakromolekülen untereinander oder zu
niedermolekularen Substraten nutzbar. Die Bindung eines
Moleküls an einen trägerfixierten (immobilisierten) Partner soll
einerseits selektiv, anderseits aber nicht zu fest sein, denn das
gebundene Molekül soll in einem zweiten Schritt möglichst
unbeschädigt wieder eluiert werden. Eine zu hochspezifische
und zu feste Bindung aufgrund einer sehr kleinen Dissoziationskonstanten K_D ist also für ein affinitätschromatographisches
Trennverfahren nicht anzustreben.

allgemeine
Bemerkungen

  Da immer dreidimensionale Gebilde, deren Bindungsorte oft
nicht an den aus der Oberfläche eines hydratisierten Moleküls her-
ausragenden Stellen liegen, mit einander in Wechselwirkung treten, können durch chemische Modifizierungen des immobilisierten Partners diese Wechselwirkungen verstärkt oder abgeschwächt
werden. So kann die Schaffung eines räumlichen Abstands zwi-

Spacer-Molekül

schen Affinitätsträgermatrix und Ligand durch eine Molekül-"Verlängerung" (Spacer) die Stärke der Wechselwirkung so erhöhen, daß eine spätere Ablösung fast unmöglich wird, aber sie kann auch neue, z.B. hydrophobe oder Ionenaustausch-Interaktionen hervorrufen, die der Grund für relativ unspezifische Bindungen anderer Bestandteile des zu trennenden Gemischs werden (s. Abschn. 3.2.4 allgemeine Hinweise).

Obwohl von zahlreichen Firmen fertige Affinitätschromatographie-Materialien oder aktivierte Träger angeboten werden, ist der „Eigenbau" von Matrizes durchaus ratsam, da er relativ einfach erfolgt und man die Möglichkeit erhält, spezielle Erfordernisse einzubeziehen. Tabelle 3.3 listet einige Möglichkeiten zur Aktivierung von Trägern und Bindung an aktivierte Träger auf.

Die heute noch am weitesten verbreitete Methode ist die Bromcyan-Aktivierung, die in den Abschn. 3.3.1 und 3.3.2 vorgestellt wird. Sie ist einfach durchzuführen, wenngleich ihre chemische Stabilität nicht immer allen Anforderungen gerecht wird.

In Tabelle 3.4 sind einige Kopplungsreagenzien für endständig an Spacer-Molekülen befindliche Gruppen angegeben. Diese Spacer-Moleküle können niedermolekulare α,ω-Diamine wie z.B. 1,6-Diaminohexan oder Spermidin, ω-Aminocarbonsäuren wie z.B. 6-Aminohexansäure (ε-Aminocapronsäure) oder Proteine sein.

Probenauftrag

Allgemein gilt für den Probenauftrag das in den Absch. 3.2.1 und 3.2.4.3 für die Ionenaustauschchromatographie Gesagte. Die aufzutragenden Volumina sowohl für das Batch- als auch für das Säulenverfahren unterliegen im Rahmen der Trägerkapazität

Tabelle 3.3. Reagenzien zur direkten Immobilisierung von Liganden

Kopplungsreagenz geeignet für:	Protein	Nuclein-säure	-NH$_2$	-SH	Poly-saccha-rid	bei pH
Bisoxiran	x		x	x	x	8,5-12
Bromcyan	x	x	x			9-11
Chlorameisensäureester	x		x	x	(x)	6-10
N-Chlorcarbonyloxy-2,3-dicar-						
boximido-5-norbornen	x			x	(x)	4-10
Divinylsulfon	x	x	x	x	x	8-10
Epichlorhydrin			x	x	x	8,5-12
Glutaraldehyd	x		x			6,5-9
Periodat	x	x	x			7,5-9
Trichlor-s-triazin						
(Cyanursäurechlorid)	x	x	x		x	7,5-9

Tabelle 3.4. Kopplungsreagenzien für die Immobilisierung von Liganden an Spacer-Gruppen

Reagenz	Spacerende	Ligand
Carbodiimid	-NH$_2$	-COOH
Orthoameisensäure-ester	-NH$_2$	-COOH
Chlorameisensäure-ester	-COOH	-NH$_2$, -OH
N-Bromsuccinimid	-COOH	-NH$_2$
N-Hydroxysuccinimid	-COOH	-NH$_2$

keinen Beschränkungen. Die Proteinkonzentration sollte 10 mg/ml nicht wesentlich überschreiten. Bei zu großer Affinität zwischen fixiertem Ligand und Makromolekül hat sich eine Verdünnung der Probe bis 1:20 ebenso wie ein Mischen des Affinitätsträgers mit unsubstitutiertem Trägermaterial als günstig erwiesen. Da der Wechselwirkung zwischen Ligand und Makromolekül eine Gleichgewichtseinstellung zugrunde liegt, kann diese durch Temperatur- und Pufferveränderungen beeinflußt werden.

Die wichtigste Elutionsmöglichkeit für ein gebundenes Molekül ist die biospezifische (kompetitive) Elution, bei der dem Elutionspuffer der unfixierte Ligand in großem Überschuß zugefügt wird (vgl. Beispiel Meerrettich-Peroxidase-Reinigung an einer Concanavalin-A-Agarose im Abschn. 4.10). Dabei tritt das Problem auf, daß der vormals freie, nunmehr aber gebundene Ligand die Bindungsstellen besetzt hat und daß er in einem weiteren Schritt entfernt werden muß. *(kompetitive Elution)*

Eine weitere Elutionsmöglichkeit ist die pH-Wert-Veränderung. Ein Beispiel für die Elution durch pH-Senkung ist die Elution von Antigenen von trägerfixierten Antikörpern (vgl. Ak-Reinigung von Ziegen-anti-(Kaninchen-Immunoglobulin)-Antiserum im Abschn. 4.10). Auch durch pH-Erhöhung, wie z.B. durch Elution mit 0,1 M Ethanolamin, kann das gebundene Makromolekül freigesetzt werden. Bei dieser und den folgenden Elutionsverfahren ist aber immer mit einer irreversiblen (partiellen) Denaturierung des Proteins zu rechnen. *(Elution durch pH-Veränderung)*

Durch Senkung der Ionenstärke (Elution mit dest. Wasser), durch Erhöhung der Ionenstärke (ansteigender kontinuierlicher oder diskontinuierlicher Salzgradient) oder Veränderung der Wasserstruktur durch chaotrope Substanzen (Harnstoff, Natriumthiocyanat, Guanidiniumchlorid, Alkohol oder Ethylenglycol u.a.m.) kann eine Freisetzung der gebundenen Stoffe von der Affinitätsmatrix bewirkt werden. Eine Zusammenstellung von Elutionsmöglichkeiten in der Immunaffinitätschromatographie ist in der folgenden Tabelle 3.5 gegeben. *(Elution durch Veränderung der Ionenstärke)*

Tabelle 3.5. Puffersysteme für die Elution in der Immunaffinitätschromatographie

Puffer	pH-Wert
pH-Veränderung	
0,1 M Glycin-HCl	1,5 – 2,8
0,1 M Glycin-HCl, 0,5 M NaCl	2,5
0,1 M Na-Acetat, 0,15 M NaCl, HCl	1
0,1 M Na-Citrat/Phosphat	3,0 – 3,5
0,1 M Essigsäure/Ameisensäure	2,2
0,5 M Essigsäure	
1 M Propionsäure	
0,15 M NaCl/NH$_4$OH	11,0
0,1 M Triethylamin	11,5
chaotrope Elution	
2,5 M KSCN	ungepuffert
0,5 – 3 M NaSCN	– " –
3 M Guanidinium–hydrochlorid	– " –
6 M Harnstoff	– " –
10% 1,4–Dioxan (v/v)	– " –
80% Ethylenglycol	– " –
hohe Ionenstärke	
6,8 M NaCl	– " –
4 M KI, 20 mM Tris–HCl	8,0
4 M MgCl$_2$, 10 mM Na-Phosphat	7,0
5 M LiCl, 10 mM Na-Phosphat	7,0

stop-flow-Elution Da sich das Dissoziationsgleichgewicht, besonders bei niedrigen Dissoziationskonstanten, nur langsam einstellt, kann man eine konzentrierte Elution durch die „Stop-flow"-Elution erreichen: Die Säule wird mit dem Elutionsmitel gefüllt, dann wird der Flüssigkeitsstrom für etwa 30 Minuten unterbrochen, eventuell wird in dieser Zeit die Temperatur erhöht, und anschließend wird das Auswaschen des inzwischen freigesetzten Moleküls aus der Säule durch Wiederanschalten des Flüssigkeitsstroms vorgenommen.

Literatur

P.D.G.DEAN, W.S.JOHNSON, F.A.MIDDLE (Hrsg.) (1985) Affinity Chromatography – A Practical Approach, IRL Press, Oxford
M.WILCHEK, T.MIRON, J.KOHN (1984) Meth. Enzymol. *104*, 3-55
P.MOHR, K.POMMERENING (1985) Affinity Chromatography – Practical and Theoretical Aspects, Marcel Dekker, New York
RÉACTIFS IBF (1983) Ultrogel", Magnogel" and Trisacryl" – Practical guide for use in affinity chromatography and related techniques, Villeneuve-La-Garenne

P.Mohr, M.Holtzhauer, G.Kaiser (1992) Immunosorption Techniques - Fundamentals and Applications. Akademie Verlag, Berlin

3.3.1 Bromcyan-Aktivierung von Polysaccharid-Chromatographieträgern

Achtung! Bromcyan ist extrem giftig. Es besitzt einen niedrigen Dampfdruck. Die Arbeiten dürfen nur in einem gut ziehenden Abzug durchgeführt werden, von dessen Leistungsfähigkeit man sich vor Beginn der Arbeiten überzeugt hat. Geräte und Waschlösungen sind mit alkalischer Kaliumpermanganat-Lösung zu dekontaminieren, bevor sie ausgespült bzw. weggegossen werden.

A 5 M K_3PO_4 in dest. Wasser
B 5 M K_2HPO_4 in dest. Wasser
C 2 Vol. A, 1 Vol. B, 7,5 Vol. dest. Wasser, pH 12,1
D 2 Vol. A, 1 Vol. B, pH 12.1
E 100 mg/ml Bromcyan in Dioxan
F 0,25 M $NaHCO_2$, pH 9, in dest. Wasser

Lösungen

Diese Vorschrift beschreibt die Aktivierung eines Agarosegels, sie ist analog auch für die Aktivierung von anderen Polysaccharid-Chromatographieträgern verwendbar.

Das feuchte Agarosegel wird in 5 ml C pro Gramm Gel suspendiert und nach etwa 15 Minuten auf einem Filtertrichter abgesaugt. 10 g dieses Gels werden in 10 ml (bei 4 %iger Agarose, z.B. Sepharose 4B) bzw. 15 ml (bei 6 %iger Agarose) Puffer D aufgenommen und mit dest. Wasser auf 20 ml bzw. 25 ml aufgefüllt.

Durchführung

Die Suspension wird auf 5 bis 10 °C gekühlt und dabei gut gerührt (keinen Magnetrührer verwenden). Innerhalb von 2 Minuten werden tropfenweise 4 bzw. 6 ml E unter Rühren zugegeben. Die Temperatur darf nicht über 10 °C steigen. Nach 10 Minuten wird das Gel auf einem Büchnertrichter abgesaugt und mit viel eiskaltem dest. Wasser gewaschen.

Zur Kopplung von aminogruppenhaltigen Verbindungen wie Proteinen, Diaminen oder Aminocarbonsäuren wird das so aktivierte Gel im gleichen Volumen eiskalten Puffer F aufgenommen. Die Kopplung selbst ist im nachfolgenden Abschn. 3.3.2 beschrieben.

Literatur

J.Porath (1974) Meth. Enzymol. *34*, 13-30

3.3.2 Kopplung an Bromcyan-aktivierte Gele

direkte Kopp-
lung oder über
Spacer

Die Kopplung zwischen aktiviertem Gel und Ligand verläuft über die primäre(n) Aminogruppe(n) der zu bindenden Substanz. Der für eine Affinitätschromatographie zu fixierende Ligand kann sowohl direkt an das Gel als auch über eine als raumschaffende Molekülgruppe (Spacer) gebunden werden.

Soll ein Protein immobilisiert werden, dessen biologische Aktivität von einem Effektor beeinflußt wird, so sollte während der Kopplung an das aktivierte Gel dieser Effektor in ausreichender Konzentration während der Trägerfixierung zugegen sein. So sind Lectine in Gegenwart der Zucker, für die sie spezifisch sind, (z.B. Concanavalin A in Gegenwart von 0,1 M Glucose oder α-Methyl-mannosid, 1 mM $CaCl_2$ und 1 mM $MnCl_2$ oder Weizenkeim-Lectin in Gegenwart von 0,1 M N-Acetylglucosamin im Bindungspuffer A, vgl. Tab. 2.18), Metallproteine wie Calmodulin in Gegenwart von Calcium usw. an die Matrix zu binden.

Wichtig: Das aktive Zentrum eines Proteins bzw. der Interaktionsstelle mit einem späteren Liganden sollte während der Kopplung durch die Gegenwart eines löslichen Substrats, Cofaktors, Liganden oder ihrer Analoga geschützt werden.

Lösungen

A   0,5 M NaCl in 0,1 M Borat- oder Carbonat-Puffer, pH 9,5
B   0,5 M NaCl in 0,1 M Acetat-Puffer, pH 4,5
C   1 M NaCl in dest. Wasser
D   1 M Ethanolamin HCl, pH 8,0, in dest. Wasser

Frisch aktiviertes Gel (vgl. Abschn. 3.3.1) wird mit viel eiskaltem dest. Wasser bzw. bei kommerziell erhältlichem aktivierten Gel (z.B. BrCN-aktivierte Sepharose 6B) mit eiskalter 1 mM Salzsäure entsprechend der Herstellervorschrift gewaschen.

Das zu bindende Protein bzw. der Spacer (z.B. 2 g 1,6-Diaminohexan bzw. 50 mg Protein in 10 ml A pro 10 g feuchtes aktiviertes Gel) werden in einem Erlenmeyerkolben zu dem Gel gegeben und 2 Stunden bei Raumtemperatur oder über Nacht bei 4 °C geschüttelt.

Anschließend wird das Gel auf einem Trichter abgesaugt, mit einem gleichen Volumen D versetzt, 2 Stunden bei Raumtemperatur geschüttelt und wieder abgesaugt.

Auf dem Trichter wird das Gel alternierend mindestens je zweimal mit dem fünfzigfachen Volumen A und B gewaschen. Mit C wird das Gel neutral gewaschen und anschließend in einem Puffer, der für die Stabilität des gebundenen Proteins günstig ist, aufgenommen. Diesem Puffer sollten, wenn das Gel nicht gleich verwendet wird, zur Verhinderung von Mikroorganismenbewuchs einige Tropfen Chloroform, 0,02 % Merthiolat (Thimero-

Lagerung in
Gegenwart von
Antibiotika

sal) (w/v) oder 0,02 % Natriumazid (w/v) (Endkonzentration) beigegeben werden.

Wurde zuerst ein Spacer gebunden, kann die Kopplung der carboxylgruppenhaltigen Verbindung (für den Fall eines Diamin-Spacers), der aminogruppenhaltigen Verbindung (bei Aminocarbonsäure-Spacer) oder des Proteins wie folgt geschehen: **Kopplung an**

Das Gel wird in dest. Wasser aufgenommen, der pH-Wert wird **Spacergele mit** mit 0,1 N Salzsäure auf 4,5 eingestellt. Dann wird das Gel auf **Carbodiimiden** einem Büchnertrichter abgesaugt. Der zu bindende Ligand wird in einem amino- und carboxylgruppenfreien Lösungsmittel bzw. Puffer (z.B. 25 mM MES oder Phosphat) bei pH 4,5 gelöst. Das Volumen dieser Lösung sollte etwa dem des Gels entsprechen.

10 mg/ml Gel wasserlösliches Carbodiimid (z.B. N-Ethyl-N'- **wasserlösliches** (3-dimethylaminopropyl)-carbodiimid (EDC) oder N-Cyclo- **Carbodiimid** hexyl-N'-[2-(4-methylmorpholinium)-ethyl]-carbodiimid-tosylat (CMC)) werden als 0,1 M Lösung in Wasser bei pH 4,5 zum Gel gegeben. Zu dieser Gelsuspension in einem Erlenmeyerkolben wird nun der zu bindende Ligand zugemischt. Unter Schütteln läßt man über Nacht reagieren. Nicht umgesetzte Gruppen werden durch Glycin (Endkonzentration 0,2 M, pH 4,5) blockiert.

Auf dem Büchnertrichter (er ist günstiger als eine Glasfritte) wird nun, wie oben beschrieben, alternierend mit Puffer A und B gewaschen.

Falls das vorhandene Carbodiimid (z.B. N,N'-Dicyclohexylcar- **Wasser-unlösli-** bodiimid) oder der Ligand in Wasser nicht gut löslich ist, können **ches Carbodiimid** anstelle des wäßrigen Puffers auch auf pH 4,5 eingestellte Lösungen von 80 % Dimethylsulfoxid (v/v), 80 % Dimethylformamid (v/v) oder 50 % Dioxan (v/v) in Wasser verwendet werden. Nach der Kopplung ist erst gründlich mit dem verwendeten Lösungsmittel und dann mit den Puffern A und B wie angegeben zu waschen.

3.3.2.1 Bestimmung des gebundenen Diamin-Spacers

100,0 mg abgesaugtes, feuchtes Gel und 15 mg 2,4,6-Trinitrobenzensulfonsäure werden in 5 ml A aufgenommen. Nach 2 Stunden bei Raumtemperatur wird mit $3000 \cdot g$ abzentrifugiert, der Niederschlag wird mehrfach mit dest. Wasser gewaschen.

Der gewaschene Niederschlag wird in 10 ml Eisessig aufgenommen und 2 Stunden am Rückfluß gekocht. Das Volumen der abgekühlten, klaren Lösung wird bestimmt und die Absorption wird bei 335 nm gemessen.

ε_{335} des Sulfonamids beträgt $1,4 \cdot 10^7$ cm^2/mol, die Dichte ρ von abgesaugter, feuchter Sepharose ist 1,1 g/ml.

Gebundener Amino-Spacer oder Protein kann auch durch Stickstoffbestimmung nach KJELDAHL quantitativ bestimmt werden.

3.3.3 Herstellung Chlorameisensäureester- aktivierter Perlcellulosen

3.3.3.1 Aktivierung mit ClCOONB

Die Aktivierung OH-Gruppen haltiger Träger[6] mit N-(Chlorcarbonyloxy)-5-norbornen-2,3-dicarboximid (ClCOONB, N-(Chlorcarbonyloxy)-2,3-dicarboximido-5-norbornen) hat gegenüber z.B. der Aktivierung mit Bromcyan den Vorteil, daß das Reagens-nicht giftig ist, der Aktivierungsgrad leicht definiert eingestellt und bestimmt werden kann und der aktivierte Träger in Abwesenheit von Basen und Wasser lange Zeit stabil ist.

Überführung des Trägers in wasserfreies Lösungsmittel

Der Träger (Perlcellulose oder ein anderes Polysaccharid-Gel) wird stufenweise, d.h. durch eine um 20 % schrittweise sich erhöhende Menge an Aceton bzw. einem anderen geeigneten, wassermischbaren organischen Lösungsmittel, in wasserfreies Aceton überführt.

Aktivierungsreaktion

100 ml in Aceton p.a. sedimentierte Perlcellulose werden auf einer G2-Fritte vorsichtig abgesaugt, mit 100 ml ClCOONB-Lösung (25 - 30 g ClCOONB/l in Aceton p.a.) gegeben und 12 - 16 Stunden bei Raumtemperatur leicht geschüttelt. Danach wird der Träger auf einer G2-Fritte vorsichtig abgesaugt, ohne das Gel zu trocknen, und mit dem zehnfachen Volumen Aceton p.a. in mehreren Portionen auf der Fritte unter Aufrühren gewaschen und vorsichtig abgesaugt. Der Träger muß immer acetonfeucht bleiben, um ein irreversibles Schrumpfen zu vermeiden.

Die Waschung kann auch in einer Säule erfolgen, wobei man innerhalb von 2 Stunden 5 Volumina Aceton p.a. durchlaufen läßt. Der Träger wird dann in reinem Aceton p.a. unter Feuchtigkeitsabschluß aufbewahrt.

3.3.3.2 Bestimmung des Aktivierungsgrades von ClCOONB-aktivierter Perlcellulose durch HONB-Messung

4 ml des aktivierten Trägers werden stufenweise in ein wäßriges Medium überführt und auf einer G2-Fritte abgesaugt. Davon werden zunächst 4 Proben Feuchtsubstanz von jeweils 5 - 15 mg genau eingewogen.

Diese Proben werden mit jeweils 5 ml 0,1 N NH_4OH versetzt und innerhalb von 10 Minuten mehrfach umgerührt. Danach wird die Absorption des freigesetzten N-Hydroxy-2,3-dicarboximido-5-norbornens (HONB) im Überstande bei 270 nm in einer 1-cm-Küvette gemessen. Zur Auswertung wird eine HONB-Eichkurve im Bereich von 2 bis 70 µg HONB/ml 0,1 N NH_4OH erstellt. (M_r HONB = 178)

Zwei Proben von etwa je 0,5 - 1 g werden zur Bestimmung des Bettvolumens in ein graduiertes Reagenzglas gegeben, mit dest. Wasser aufgeschüttelt, 5 Stunden zum Sedimentieren stehengelassen und das Sedimentvolumen (mg Feuchtsubstanz/ml) ermittelt.

Literatur

W.BÜTTNER, M.BECKER, CH.RUPPRICH, H.F.BOEDEN, P.HENKLEIN, F. LOTH, H.DAUTZENBERG (1989) Biotechnol. Bioeng. *33*, 26-31

3.3.4 Kopplung von Liganden an ClCOONB-aktivierte Perlcellulose

Die aktivierte Perlcellulose[7] wird stufenweise in ein wäßriges Medium überführt und dann sofort in die Kopplungslösung, die den Liganden enthält, eingerührt (keinen Magnetrührer benutzen). Als Kopplungspuffer können verwendet werden: Na-Tetraborat-, Phosphat-, $NaHCO_3$- oder Acetatpuffer im pH-Bereich von 3 bis 9.

Zu einem ausreichenden Volumen sedimentierter Cellulose gibt man das gleiche Volumen der Kopplungslösung. Die Ligandenkonzentration richtet sich nach der Art des Liganden und seinem Einsatzzweck (s.a. Kap. 3.3.2). Die Kopplung erfolgt unter leichtem Schütteln 1 bis 16 h bei Raum- oder Kühlraumtemperatur.

Für Proteine ist allgemein zu empfehlen: Proteinkonzentration 2 bis 10 mg Protein/ml NH_2-Gruppen freier Puffer mit einem pH-Wert zwischen 8 und 9, Ionenstärke um 1, Reaktionsdauer 1 bis 4 h bei Raum- oder 2 bis 12 h bei Kühlraumtemperatur unter leichtem Schütteln. *(Proteinkonzentration im Kopplungspuffer)*

Die Nachbehandlung einschließlich der Umsetzung noch vorhandener aktiver Gruppen erfolgt wie im Abschn. 3.3.2 beschrieben.

Zur Illustration sei nachstehendes Beispiel aufgeführt.

3.3.4.1 Kopplung von Weizenkeim-Lektin an ClCOONB-aktivierte Perlcellulose

A H_2O / Aceton 1:1
B 0,1 M Borat-Puffer, pH 8.3, 0,1 M N-Acetyl-glucosamin (M_r 221,2), 1 M NaCl *(Lösungen)*

C 0,5 M Ethanolamin (3 ml 2-Aminoethanol in 80 ml dest. Wasser, pH 8,0, mit HCl einstellen, auf 100 ml mit dest. Wasser auffüllen)

D 0,5 M NaCl in 0,1 M Carbonat-Puffer, pH 9,0

E 0,5 M NaCl in 0,1 M Acetat-Puffer, pH 4,5

F 0,9 % NaCl, 0,01 % 2-[(Ethylmercurio)-thio]-benzoat (Merthiolat, Thimerosal) in dest. Wasser

Ca. 5 ml sedimentierte aktivierte Cellulose in Aceton (etwa 30 µmol Aktivester pro ml Gel) werden mit 50 ml eiskalter Lösung A, dann mit 50 ml eiskaltem dest. Wasser gewaschen und auf einer Fritte vorsichtig abgesaugt.

10 mg Weizenkeim-Lectin (WGA) werden in 5 ml B gelöst. Dazu wird die feuchte, noch kalte Cellulose gegeben. Nun wird entweder 6 Stunden bei Raumtemperatur oder über Nacht im Kühlraum geschüttelt (das Gel soll so kräftig bewegt werden, daß es sich nicht als Bodensatz absetzt). Die Lösung wird abgesaugt.

Wichtig: Es sollte möglichst ein Überkopf-Mischer, keinesfalls aber ein Magnetrührer verwenden werden.

Zum Gel werden 10 ml C gegegeben, es wird 2 Stunden bei Raumtemperatur geschüttelt, dann wird das Gel mit 50 ml D, 50 ml E und wieder mit 50 ml D und 50 ml E gewaschen. Es wird anschließend mit 100 ml F gewaschen, abgesaugt und mit 5 ml F versetzt. Diese Suspension ist fertig für den Gebrauch und kann im Kühlschrank gelagert werden.

Test der Bindungsfähigkeit und -kapazität

Die Kopplungsausbeute beträgt ca. 65 %, die für die Verwendung aber wichtigere Bindungsfähigkeit kann mit Fetuin in PBS und Elution mit 0,1 M N-Acetyl-glucosamin in PBS überprüft werden.

Die Lagerung des Affinitätsträgers erfolgt in Lösung F.

3.3.5 Kopplung von Reaktivfarbstoffen an Polysaccharide (Farbstoff-Affinitätschromatographie)

Farbstoff-Chromatographieträger werden in der Affinitätschromatographie eingesetzt. Ihre Selektivität ist relativ hoch, wenngleich eine Vorhersage, welcher Träger für welches Trennproblem verwendet werden kann, nicht immer trivial ist. Deshalb empfiehlt es sich, unter verschiedenen Bedingungen an verschiedenen Farbstoffen die Adsorption des gesuchten Proteins oder einer störenden Komponente vorzunehmen. Zu diesem Zweck werden Testkits angeboten (z.B. Sigma Reactive Dye-Ligand Test Kit, Amicon DyeMatrix Kit). Die experimentelle Durchführung der Bindungstests ist analog zu den in den Abschn. 3.2.4 und 3.2.5 beschriebenen vorzunehmen.

Literatur

D. STELLWAGEN (1990) In: M.P.DEUTSCHER (Hrsg.) Guide to Protein
Purification. Meth. Enzymol. *182*, 343-357, Academic Press, San Diego

Die hier vorgestellte Methode zur Herstellung von Farbstoffträ-
gern ist für die Kopplung aller Reaktivfarbstoffe (Triazin-Farb-
stoffe) wie z.B. Cibachron Blau F3G-A (C.I. 61211), Reaktivrot 4
(C.I. 18105) oder andere, an Zellulose, Dextran- oder Agaroseträ-
ger geeignet.

Es wird eine Suspension von 10 g trockenem oder 300 ml
gequollenem Trägermaterial in insgesamt 350 ml Wasser unter
kräftigem Rühren (Flügelrührer, kein Magnetrührer) auf 60 °C
erwärmt. Dazu wird eine Lösung von 2 g Farbstoff in 60 ml Wasser getropft. 30 Minuten nach Beendigung der Farbstoffzugabe
werden in einer Portion 45 g Natriumchlorid in der Suspension
gelöst, die Temperatur wird für 1 Stunde auf 60 °C gehalten.
Anschließend wird die Temperatur auf 80 °C gesteigert und es
werden 4 g wasserfreie Soda zugegeben. Das Rühren wird bei dieser Temperatur 2 Stunden fortgesetzt.

Nach dem Abkühlen wird das Gel so lange mit dest. Wasser auf
einem Filtertrichter gewaschen, bis das Filtrat farblos ist.

Die Gele, an denen sich besonders nucleotidspezifische Affi-
nitätschromatographien durchführen lassen, können mit konzentrierten Harnstoff- oder Thiocyanat-Lösungen regeneriert
werden.

Literatur

H.-J.BÖHME, G.KOPPERSCHLÄGER, J.SCHULZ, E.HOFMANN (1972)
J.Chromatogr. *69*, 209-214

3.3.6 Kovalente Bindung von Biotin (Biotin-Avidin/Streptavidin-System)

Die Bindung von Biotin an die tetrameren Proteine Avidin und
Streptavidin erfolgt sehr spezifisch mit einer außerordentlich
kleinen Dissoziationskonstanten (K_D für Biotin-Avidin 10^{-15} M).
Da sowohl Avidin als auch Streptavidin vier Bindungsstellen für
Biotin besitzen, lassen sich leicht größere Aggregate erzeugen.

Konjugation von
Avidin

Da Avidin ein Glycoprotein ist, läßt es sich durch Periodat-
Aktivierung mit anderen Proteinen verbinden, aber auch die
üblichen Konjugationsverfahren für Proteine sind anwendbar. So
läßt sich Avidin mit Meerrettich-Peroxidase nach dem im Abschn. 4.10 beschriebenen Verfahren konjugieren. Zur Affinitätschromatographie wird Avidin bzw. Streptavidin wie im Abschn.
3.3.2 beschrieben an das Trägermaterial gekoppelt.

Biotin wird aktiviert an Proteine gebunden. Die Aktivierung erfolgt meist durch die Bildung eines Hydroxylsuccinimidyl-esters.[8] Aber nicht nur biotinylierte Proteine lassen sich an trägerfixiertem Avidin abtrennen, auch Nucleinsäuren, die in Gegenwart von biotinylierten Nucleotiden synthetisiert wurden, lassen sich so präparativ darstellen.[9] Schließlich können in der Immunchemie durch die Bildung von Biotin-Avidin-Komplexen große Verstärkungseffekte bei Enzym-Immunoassays oder in der Immun-Licht- bzw. Elektronenmikroskopie erzielt werden.[10]

Spacereinfluß   Wie generell in der Affinitätschromatographie (Affinitätsmarkierung) kann die Wechselwirkung zwischen Biotin und Avidin durch Spacergruppen beeinflußt werden. Besonders in dem Fall, daß kleinere Moleküle sehr fest oder größere wie z.B. RNA hochselektiv an Avidin gebunden werden sollen, ist die Einführung des Biotins über einen Spacer vorteilhaft. Als Biotin-Derivate sind Biotinyl-L-lysin, N-6-Biotinylamidohexanoyl-hydroxysuccinimid u.ä. gebräuchlich.

Lösungen   A   0,1 M Natriumbicarbonat in dest. Wasser
B   0,1 M Biotinyl-N-hydroxysuccinimid-ester (BNHS) (Mr 341,4) in dest. DMF

1 ml Proteinlösung (10 mg/ml) in A werden mit 250 µl B versetzt. Nach 1 Stunde bei Raumtemperatur wird die Lösung dreimal 6 Stunden bei 4 °C gegen das 50fache Volumen an PBS dialysiert. Die dialysierte Probe wird mit dem gleichen Volumen an Glycerol versetzt und bei -20 °C gelagert. Als Protein kann z.B. Immunoglobulin, Meerrettich-Peroxidase oder alkalische Phosphatase eingesetzt werden.

Ein Protokoll für die Verwendung von biotinylierten zweiten Antikörpern und Streptavidin ist im Abschn. 4.6 angegeben.

Literatur

J.-L.GUESDON, T.TERNYNCK, S.AVRAMEAS (1979) J. Histochem. Cytochem. *27*, 1131-1139

E.A.BAYER, M.WILCHEK In: D.GLICK (Hrsg.) (1980) Methods of Biochemical Analysis, Bd. 26, 1-45, J.Wiley & Sons, New York

3.4 Hochauflösende Ionenaustausch-Chromatographie (HPIEC) von Mono- und Oligosacchariden

Unter stark alkalischen pH-Bedingungen sind Kohlenhydrate (schwach) dissoziierte Anionen. Sie lassen sich auf entsprechenden HPLC-Säulen (Dionex CarboPac PA-10) trennen und sehr

Tabelle 3.6. Laufmittelsysteme für die Kohlenhydrat-HPIEC

Fließgeschwindig-keit in ml/min	Eluent	Laufmittel-Programm
Monosaccharide einschl. Aminozucker		
1,0	A: 16 mM NaOH	16 Min. 100 % A, 5 Min
	B: 200 mM NaOH	100 % B
Oligosaccharide		
1,0	A: 100 mM NaOH	16 Min. 100 % A, 5 Min
	B: 1 M Na-acetat in A	100 % B,
		5 Min. 2 % B, 20 Min 2 →
		20 % B, 10 Min 30 % B

Tabelle 3.7. Pulsprogramm für gepulste amperometrische Detektion (PAD)

t_1	V_1	t_2	V_2	t_3	V_3	Integrations-start	dauer
Monosaccharide [a]							
1,200	+0,050	0,200	+0,700	0,500	-0,450	0,820	0,300
Oligosaccharide [b]							
0,480	+0,050	0,120	+0,600	0,060	-0,600	0,150	0,300

Zeiten t in sec, Potentiale V in mV

[a] BIOMETRA GmbH (1992) Bedienungsanleitung für gepulsten elektrochemischen Detektor PAD 300

[b] M.WEIZHANDLER, D.KADLECEK, N.AVDALOVIC et al. (1993) J. Biol. Chem. **268**, 5121-5130

empfindlich, d.h. im Nanomolbereich, mittels gepulster amperometrischer Detektion nachweisen. Für Monosaccharide werden in der Literatur meist isokratische, für Oligosaccharide Laufmittel-Gradienten-Systeme angegeben. Tabelle 3.6 listet einige solcher Elutionsbedinungen auf, Tabelle 3.7 gibt Detektor-Puls-Programme wider.

Die stark alkalischen Trennbedingungen erfordern einige Besonderheiten hinsichtlich der zu verwendenden Materialien. Kapillaren und Fittings sollten aus inertem Kunststoff (PEEK) sein, obwohl in der Regel Edelstahl recht resistent gegenüber wäßrigem Alkali ist. Beim Injektionsventil ist ebenfalls auf Alkaliresistenz zu achten (z.B. Rotor aus Tefzel für Rheodyne-Ventile).

Chemikalienresistenz der Kapillaren und Fittings

Es versteht sich von selbst, daß die Vorratsgefäße für die Laugen nicht aus Glas sind und daß sie gegenüber der Kohlendioxidhaltigen Außenluft durch ein Ätznatron-Trockenrohr abgeschlossen sind.

Filtration der Probe

Die Lösungen müssen nicht unbedingt entgast werden, da im System keine Löslichkeitsunterschiede für Luft bei Kompression und Entspannung auftreten. Selbstverständlich sind aber die Lösungen durch eine Ultrafiltrationsmembran (PVDF) zu filtrieren, um feine Partikel zurückzuhalten.

Literatur

G.A.DELGADO, F.L.TENBARGE, R.B.FRIEDMAN (1991) Carbohydr. Res. *215*, 179-192

R.R.TOWNSEND, M.R.HARDY, Y.C.LEE (1989) Meth. Enzymol. *179*, 65-76

Anmerkungen

1 Eine einführende Übersicht über die verschiedenen chromatographischen Methoden (Dünnschicht-, Gas-, Säulen-, Hochleistungsflüssigchromatographie), allerdings vorwiegend aus der Sicht der Anwendung in der Chemie, ist z.B. von R.J.GRITTER, J.M.BOBBITT, A.E.SCHWARTING (1987) Einführung in die Chromatographie, Springer, Berlin

2 modifiziert nach: Octyl-Sepharose CL-4B, Phenyl-Sepharose CL-4B for Hydrophobic Interaction Chromatography, Pharmacia Fine Chemicals, Uppsala, o.J.

3 Kleine Proben für die Proteinbestimmung oder für die Elektrophorese, besonders in Gegenwart von Detergenzien, lassen sich wie folgt aufbereiten: 0,1 ml Probe werden mit 0,4 ml Methanol versetzt, gemischt und 1 Minute mit 9000·g zentrifugiert. Dann werden 0,1 bis 0,2 ml Chloroform zugegeben, es wird wieder zentrifugiert. Mit 0,3 ml Wasser wird ein Zweiphasensystem geschaffen, dessen untere, chloroformhaltige Phase zusammen mit der Interphase nach Zentrifugation gesammelt und mit 0,3 ml Methanol vesetzt wird. Nach einer weiteren Zentrifugation für 2 bis 3 Minuten wird der Niederschlag im Luftstrom getrocknet und kann für die Proteinbestimmung oder für die Elektrophorese aufgelöst werden. (D.WESSEL, U.I.FLÜGGE (1983) Anal.Biochem. *138*, 141-143)

4 Die Partikelgröße ist nur mit Einschränkungen der Molmasse proportional. Besonders bei nicht denaturierten Proteinen können erhebliche Differenzen zwischen der aus dem Elutionsvolumen und der mit anderen Methoden bestimmten Molmasse auftreten.

5 M.HOLTZHAUER, M.RUDOLPH (1992) J.Chromatogr. *605*, 193-198

6 Wegen der Bildung von HCl während der Aktivierung muß der Träger relativ hydrolysebeständig sein. Nicht-quervernetzte Agarose-Träger (z.B. Sepharose 4B) sind in Gegenwart eines tertiären Amins zu aktivieren.

7 z.B. Eurocell ONB-Carbonat, Fa. Knauer, Berlin
8 Die Darstellung des Biotinyl-N-hydroxysuccinimids ist beschrieben
   in: Meth. Enzymol. (1974), *34*, 265-267
9 Zur Synthese reduktiv spaltbarer biotinylierter Desoxyuridin-Deri-
   vate s. T.M.HERMAN, E.LEFEVER, M.STRIMKIS (1986) Anal.Biochem.
   156, 48-55
10 C.BONNARD, D.S.PAPERMASTER, J.-P.KRAEHENBUHL In: J.M. POLAK, I. M.
   VARNDELL (Hrsg.) (1984) Immunolabelling for Electron Microscopy,
   95-111, Elsevier, Amsterdam

4 Immunchemische Methoden

Die in diesem Kapitel aufgeführten Methoden sind stellvertretend für die außerordentlich vielseitige Palette angeführt, die die moderne Immunologie bietet. Durch die vorgestellten Verfahren soll angeregt werden, sich auch im traditionell biochemisch ausgerichteten Labor mit den sehr empfindlichen und hochspezifischen immunochemischen Verfahren zu beschäftigen. Die Methoden der Produktion monoklonaler Antikörper lassen sich nicht auf relativ kurzem Raum abhandeln, sie sind deshalb nicht aufgenommen worden.

Wie bei allen biochemischen Arbeitsweisen ist es auch bei den immunochemischen notwendig, sie sich in den entsprechenden Fällen „maßzuschneidern". Stellvertretend für die zahlreichen immunologischen Arbeitsbücher, die zur Einführung in das Gebiet empfohlen werden können, seien genannt:

H.FRIEMEL (Hrsg.) (1984) Immunologische Arbeitsmethoden (3.Aufl.), VEB G.Fischer Verl., Jena

E.HARLOW, D.LANE (1988) Antibodies. A Laboratory Manual. Cold Spring Harbor Laboratory

L.HUDSON, F.HAY (1989) Practical Immunology, 3. Aufl., Blackwell, Oxford

M.A.KERR, R.THORPE (Hrsg.) (1994) Immunochemistry Labfax. Academic Press, Oxford

M.M.MANSON (Hrsg.) (1992) Immunochemical Protocols (Methods in Molecular Biology Vol. 10). Humana Press, Totowa NJ

R.F.MASSEYEFF, W.H.ALBERT, N.A.STAINES (Hrsg.) (1993ff) Methods of Immunological Analysis. Bd. 1ff, VCH, Weinheim

P.MOHR, M.HOLTZHAUER, G.KAISER (1992) Immunosorption Techniques - Prinziples and Applications. Akademie Verlag, Berlin

D.M.WEIR (Hrsg.) (1979) Handbook of Experimental Immunology, 3. Aufl. - Bd. 1 Immunochemistry, Bd. 2 Cellular Immunology, Bd. 3 Application of Immunological Methods, Blackwell, Oxford

4.1 Konjugation von Haptenen (Peptiden) an Carrier-Proteine

Zur Erzeugung Peptid-spezifischer Antikörper müssen (chemisch synthetisierte) Peptide, die allein in der Regel nicht immunogen sind, an Trägerproteine gekoppelt (konjugiert) werden.

Als günstiges Trägerprotein hat sich der Blutfarbstoff einer Meeresschnecke (Napfschnecken-Hämocyanin, engl. Keyhole Limpet Hemocyanin, KLH) erwiesen. Für eine gezielte Kopplung des Peptids über das N-terminale Ende ist die Einführung eines zusätzlichen Monochloracetylglycyl-Rests während der Festphasen-Peptidsynthese zu empfehlen, aber natürlich kann auch über die normale, freie N-terminale Aminogruppe oder über ein Cystein gekoppelt werden. Eine Methode, die absolut sicher zu hochspezifischen, hochtitrigen Antiseren führt, gibt es nicht.

4.1.1 Aktivierung von Carrier-Proteinen

Lösungen

A   0,1 M $NaHCO_3$, pH 8,0
B   PBS + 0,02 % NaN_3

4 mg KLH bzw. eine entsprechende Menge (Glycerol-haltiger) KLH-Lösung (Volumen max. 60 µl) werden mit 190 µl A gemischt. In ein Eppendorf-Gefäß werden 0,6 mg Trauts Reagens (2-Iminothiolan) vorgelegt, dann wird die KLH-Lösung zugegeben und bei Raumtemperatur 30 Minuten geschüttelt.

Eine 10-ml-Sephadex-G10-Säule wird mit B äquilibriert, ihr Ausschlußvolumen wird mit einer Dextranblaulösung bestimmt. Das aktivierte KLH wird über die Säule filtriert, Elutionsmittel ist Lösung B. Das bläuliche, im Ausschlußvolumen erscheinende aktivierte KLH wird aufgefangen und gleich für die Konjugation weiterverwendet.

Analog kann auch BSA oder ein anderes Carrier-Protein aktiviert werden, dann muß allerdings die Trennung auf der Sephadex-Säule mittels UV-Absorption verfolgt werden.

Andere Möglichkeiten zur Aktivierung/Konjugation bestehen in der Verwendung von Glutaraldehyd (vgl. Protokoll 4.10.3), Carbodiimiden oder, im Fall von Glycoproteinen, Periodat-Oxidation (vgl. Protokoll 4.12).

4.1.2 Konjugation

4 mg Monochloracetylglycyl-Peptid werden zum im Eppendorf-Gefäß befindlichen aktivierten KLH gegeben und 3 Stunden bei Raumtemperatur geschüttelt. Das Reaktionsgemisch wird zweimal 1 Stunde bei Raumtemperatur gegen je 100 ml PBS dialysiert. Zur Proteinbestimmung wird die Probe bei 235, 260 und 280 nm gemessen. Nach Sterilfiltration durch einen 0,22-µm-Filter kann das Konjugat bis zur Immunisierung im Kühlschrank gelagert werden. Eingefroren werden sollte die Probe höchstens in für die einzelne Immunisierung vorgesehenen Aliquoten, besser ist eine 1:1-Mischung mit Glycerol und Lagerung bei -20 °C.

Wenn mit einem KLH-Konjugat immunisiert wird, ist ein anderes Konjugat des Peptids, z. B. mit BSA, herzustellen und für den Test auf Antikörper zu verwenden.

Wichtig: Zur Immunisierung und zum Test werden unterschiedliche Carrier-Proteine verwendet.

Literatur

W.LINDNER, F.A.ROBEY (1987) Int. J. Peptid Res. **30**, 794-800

4.1.3 Immunisierung

Zur Immunisierung werden 50 bis 200 µg des Konjugats, je nach Tierart und möglicher Immunogenität, pro Immunisierung eingesetzt. Im Falle von KLH-Konjugaten kann auf ein Adjuvans verzichtet werden, ansonsten sind Adjuvantien wie N-Acetylglucosaminyl-N-acetylmuraminyl-L-alanyl-D-isoglutamin (GMDP, GERBU Adjuvant) oder synthetische Copolymere (z. B. Titer-Max, Vaxcel Inc.) o.ä. zu verwenden (Details siehe in der angegebenen Literatur). Bei der Verwendung von Peptiden als Haptene kann auch das Peptid am (speziellen) Syntheseharz als Konjugat zur Immunisierung verwendet werden.

Adjuvantien

Nachstehendes Immunisierungsschema (Tab. 4.1) ist als Richtwert gedacht und gegebenenfalls hinsichtlich Immunogenmenge, Dauer und Blutmenge zu variieren. Wo bei Kaninchen die Immunisierung erfolgt, wird von Labor zu Labor unterschiedlich gehandhabt. Nach unseren Erfahrungen sollte im Interesse des Tieres eine Applikation in die Fußballen nicht erfolgen, auch subkutan in die Rückenhaut stellt für das Tier eine große Belastung dar. Empfehlenswert ist eine Injektion in die Lymphknoten der hinteren Oberschenkel.

Unmittelbar vor der ersten Immunisierung ist Blut für die Gewinnung von (Kontroll)Präimmunserum abzunehmen.

Tabelle 4.1. Immunisierungsschema für Kaninchen

Tag der Immunisierung	Antigenmenge pro Tier in µg	entnommene Blutmenge in ml	
1		5	(Präimmunserum)
1	50 - 200		
14 (1. Boost)	50 - 100	5	(1. Test)
28 (2. Boost)	50 - 100	5	(2. Test)
35		25	(3. Test, 1. Antiserum)
56 (3. Boost)	50 - 100	5	(4. Test)
63		25 - 50	(2. Antiserum)

Literatur

J.A.GREEN, M.M.MANSON (1992) Production of Polyclonal Antisera. In:
M.M.Manson (Hrsg.) (1992) Immunochemical Protocols (Methods in
Molecular Biology Vol. 10), 1 - 5. Humana Press, Totowa, NJ

E.HARLOW, D.LANE (1988) Antibodies. A Laboratory Manual, 92 - 134.
Cold Spring Harbor Laboratory

J.H.PETERS, H.BAUMGARTEN (Hrsg.) (1992) Monoclonal Antibodies.
Springer, Berlin, 39-70

4.2 Ammonsulfat-Fraktionierung von Immunoglobulinen

Frisch entnommenes Blut wird mit einem Glasstab gerührt, um
Fibrin zu binden. Dann läßt man es 1 bis 2 Stunden zum Koagu-
lieren bei Raumtemperatur stehen. Das Serum wird in einen Zentrifugenbecher dekantiert, 5 Minuten mit mind. 3000 rpm zentrifugiert. Wenn die Fraktionierung nicht unmittelbar danach vorgenommen wird oder nicht nötig ist (z. B. bei hochtitrigen Seren
für Immunoblots), wird der Überstand portioniert und möglichst
rasch (Trockeneis-Alkohol-Bad oder flüssiger Stickstoff) tiefge-
froren. Die Proben sollten möglichst bei -78 °C, notfalls aber auch
bei -20 °C gelagert werden.

Lösungen

A   1 M Tris · HCl, pH 8.0
B   gesättigte Ammoniumsulfat-Lösung (ca. 100 g $(NH_4)_2SO_4$ in
    100 ml dest. Wasser mehrere Stunden rühren, dann mindes-
    tens zwei Tage bei Raumtemperatur stehenlassen, Lösung
    muß über festem Bodensatz stehen)
C   PBS

Zweimal 0,7 ml (Kaninchen-)Serum werden im Eppendorf-Rotor
bei 4 °C mit 15.000 rpm für 10 min zentrifugiert. Die Überstände
werden vereinigt und mit 1/10 des Volumens an A versetzt. Zu
dieser Lösung (ca. 1,55 ml) werden 1,55 ml B langsam tropfenweise zugegeben (entspr. 50 %iger Sättigung). Es wird 1 h. nach
Beendigung der Zugabe bei Raumtemperatur geschüttelt, dann
wie oben zentrifugiert. Der Überstand wird vorsichtig abgesaugt
und verworfen, der Niederschlag in insgesamt 1,0 ml dest. Wasser aufgenommen. Zu dieser Lösung werden 40 % des Volumens
B langsam zugegeben und anschließend über Nacht in den Kühlschrank gestellt. Es wird wieder wie oben zentrifugiert und in
destilliertes Wasser aufgenommen. Die Proben werden zweimal
2 Stunden bei Raumtemperatur gegen PBS dialysiert, portioniert, in Trockeneis/Alkohol oder flüssigem Stickstoff eingefroren und bei -20 °C gelagert.

Tabelle 4.2. Ammonsulfat-Fraktionierung von Seren verschiedener Spezies. Angabe in % Sättigung bei Raumtemperatur

Spezies	% Ammoniumsulfat-Sättigung			% Ig im präzipit. Protein
	1. Fällung	2. Fällung[a]	3. Fällung[a]	
Hamster	35	35	35	68
Huhn	35	35	35	73
Kaninchen	35	35	35	91
Katze	35	35	30	71
Maus	40	40	35	75
Meerschweinchen	40	40	35	74
Pferd	30	30	30	45
Schaf	35	35	35	84
Schwein	35	35	35	72
Ziege	45	30	-	83

[a] aus der vorhergehenden Fällung resultierende Ammoniumsulfat-Menge des Niederschlags berücksichtigen

Angaben nach: G.L.JONES, G.A.HEBERT, W.B.CHERRY (1978) Flurescent Antibody Techniques and Bacterial Applications. H.E.W. Publ., Atlanta

Für eine schärfere Fraktionierung, besonders bei der Verwendung von Seren anderer Spezies, sind die Ammonsulfat-Sättigungskonzentrationen der nachstehenden Tabelle zu entnehmen.

4.3 Heidelberger-Kurve

Wenn zwei Moleküle oder Molekülgruppen mit mindestens je zwei Bindungsstellen miteinander in Reaktion gebracht werden, gibt es einen relativ schmalen Konzentationsbereich, in dem sich große, schwerlösliche Aggregate bilden. Diese Aggregate sind für eine Ausfällung der Komplexe notwendig.

Will man einen Antikörper-Antigen-Komplex mittels eines zweiten, gegen den ersten Antikörper gerichteten Antikörper ausfällen (z. B. Kaninchen-Immunoglobulin mit Anti-(Kaninchen-Immunoglobulin)-Antikörpern), muß man diesen Äquivalenzbereich kennen. Auch für die Bildung großer Komplexe aus Biotin-konjugierten Makromolekülen und Avidin/Streptavidin ist die Kenntnis dieses Konzentrationsbereichs notwendig.

A PBS   Lösungen
B 0,1 N NaOH, 0,1 % SDS (w/v) in dest. Wasser
C 20 % Polyethylenglycol 6000 (PEG 6000) (w/v) in dest. Wasser

Verbindungs-
reihe

Man stellt sich eine 1:1- oder 1:2-Verdünnungsreihe der ersten Komponente, z. B. Kaninchen-Immunoglobulin bzw. Kaninchen-Serum, in A her. Je 0,5 ml dieser Reihe (1+1-Verdünnungen, z.B 1:10, 1:20, 1:40, 1:80, ..., 1:1280, oder 1+2-Verdünnugen, z. B. 1:10, 1:30, 1:90, 1:270 ...) werden in 2-ml-Reaktionsgefäße pipettiert. Dazu werden je 0,5 ml einer Verdünnung des zweiten Partners in A, z. B. Ziegen-anti-(Kaninchen-Immunoglobulin)-Antiserum 1:100, gegeben. Nach dem Mischen inkubiert man mindestens 1 Stunde bei 37 °C oder über Nacht bei 4 °C. Die Präzipitation kann durch Zugabe von je 0,25 ml C verstärkt werden.

Nach der Inkubation zentrifugiert man für 20 Minuten mit $8000 \cdot g$. Der Niederschlag wird mindestens zweimal mit A gewaschen. War einer der Reaktionspartner radioaktiv oder enzymmarkiert, wird im Niederschlag die Radioaktivität bzw. die Enzymaktivität bestimmt. Wurden unmarkierte Proteine verwendet, wird der Niederschlag in 0,1 ml B gelöst und die Lösung wird für eine Proteinbestimmung verwendet.

Wird die jeweilige Verdünnung gegen die Proteinmenge (Radioaktivität, Enzymaktivität) aufgetragen, erhält man die Heidelberger-Kurve, deren Maximum den Äquivalenzbereich angibt.

Selbstverständlich kann ein Antigen-Antikörper-Komplex auch mit trägerfixiertem zweiten Antikörper oder mit trägerfixiertem Protein A erfolgen, dann muß aber ein Partner eine radiochemische oder enzymatische Markierung tragen, die Ermittlung des Äquivalenzbereichs kann unterbleiben, da der trägerfixierte Reaktant in der Regel in so großem Überschuß zugesetzt wird, daß eine praktisch vollständige Bindung erfolgt. Die Verwendung von Protein A ist nicht unproblematisch, da Protein A sehr große Unterschiede im Bindungsverhalten zu den einzelnen Immunoglobulin-Unterklassen und auch große Speziesunterschiede zeigt.

Literatur

M.HEIDELBERGER, F.E.KENDALL (1935) J. Exp. Med. *62*, 697-720

4.4 Doppelt-radiale Immunodiffusion nach OUCHTERLONY

Lösungen

A   1,0 bis 2,0 % Agar oder Agarose (w/v), 0,02 % NaN_3 in Barbitalpuffer, pH 8,4 (s.a. Protokoll 4.6)
B   PBS
C   Essigsäure/Ethanol/Wasser 1:5:4 (v/v/v)
D   0,05 % Coomassie Brilliant Blue G250 (w/v) oder 0,1 % Amidoschwarz 10 B in C

4.4.1 Reinigung des Agars

Wenn keine Spezialqualität zur Verfügung steht, kann der Agar wie folgt gereinigt werden: Eine 4 %ige Agar-Suspension (w/v) in dest. Wasser wird, nachdem der pH-Wert mit verdünnter Salzsäure oder Natronlauge auf 7,0 eingestellt wurde, vorsichtig im Wasserbad aufgeschmolzen, bis eine klare Lösung entstanden ist. Diese Lösung gießt man zu einer 5 bis 10 mm dicken Schicht aus. Nach dem Erstarren wird der Agar in etwa 1 cm² große Stücke geschnitten. Diese Agarscheiben werden eine Woche lang im 100fachen Volumen an dest. Wasser bei täglichem Wasserwechsel gewässert. Dem letzten Wasser gibt man 0,02 % Natriumazid zu. Der Agar ist bei 4 °C monatelang haltbar.

4.4.2 Vorbereitung der Platten

Lösung A wird im Wasserbad aufgeschmolzen. Der Schmelze werden einige ml entnommen und mit heißem dest. Wasser so verdünnt, daß eine 0,5 %ige Agar- bzw. Agaroselösung entsteht. Auf Objektträger (3x7 cm), die sorgfältig fettfrei gereinigt wurden, werden je 0,5 ml dieser heißen Verdünnung aufgetragen. Die gleichmäßig verteilte Lösung wird im warmen Luftstrom eingetrocknet. Ein Vorrat an so vorbereiteten Objektträgern kann staubfrei mehrere Wochen gelagert werden.

Auf die beschichteten Objektträger, die auf einer horizontal ausgerichteten Platte liegen, werden 4 ml der heißen Lösung A

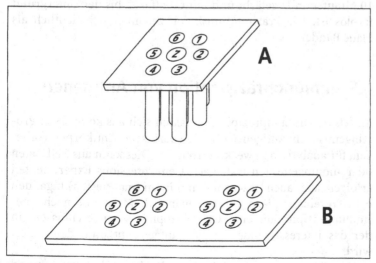

Abb. 4.1. Gelstanze (A) und Objektträger (B) mit zweimal sechs Probenlöchern (1 - 6) und größerem Zentralloch Z

gegeben. Nach dem Erstarren des Gels werden mit einem Loch-
stanzer oder mit der in Abb. 4.1 dargestellten Gelstanze Löcher in
das Gel gestanzt. Die gelösten Gelstücke, sofern sie nicht von der
Stanze mitgenommen wurden, werden vorsichtig z. B. mit einer
an eine Wasserstrahlpumpe angeschlossenen Pasteurpipette her-
ausgesaugt.

4.4.3 Immundiffusion

Je nach Aufgabenstellung gibt man in das Zentralloch das Antigen und in die peripheren Löcher die Antiseren bzw. Antiserum-
verdünnungen oder umgekehrt. Die ausgestanzten Löcher sind
gänzlich, ggf. mit PBS, zu füllen. Die so vorbereitete Platte läßt
man mindestens 24 Stunden, günstiger aber 48 bis 72 Stunden,
bei 4 °C in einer feuchten Kammer [1] stehen.

4.4.4 Sichtbarmachung der Präzipitationslinien

Starke Präzipitationslinien erkennt man gut bei schräger Beleuch-
tung gegen einen dunklen Hintergrund.

Schwächere Linien können gefärbt werden. Dazu wird das Gel
nach der Immundiffusion dreimal 3 Stunden oder länger in PBS
gebadet und anschließend mit einem etwa gleichgroßen Blatt Filterpapier abgedeckt. Man läßt das Gel an der Luft oder im warmen Luftstrom trocknen, dämpft es dann kurz und zieht das Filterpapier ab. Der Objektträger (oder die Platte) wird dann 5 bis
10 Minuten in D gefärbt und mit C entfärbt, bis der Untergrund
farblos ist. Die Präzipitationslinien zeichnen sich deutlich als
blaue Banden ab.

4.5 Immunopräzipitation von Antigenen

Mittels der Immunpräzipitation lassen sich aus komplexen Proteingemischen Antigene, für die spezifische Antikörper vorliegen, für analytische Zwecke abtrennen. Dies kann aus Zellsaten
oder -homogenisaten z. B. nach Genexpressions-Experimenten
erfolgen, aber auch Rezeptoren mit ihren (markierten) Liganden
oder Proteinkomplexe sind so zugänglich. Meist wird nach einer
Immunpräzipitation eine Gelelektrophorese angeschlossen, in
der das interessierende Antigen aufgetrennt und identifiziert
wird.

Da nicht immer gewährleistet werden kann, daß Antigen und
Antikörper präzipitierende Komplexe bilden, wird zur Ausfäl-

lung entweder ein Träger (z. B. Agarose) genommen, an dem ein spezies-spezifischer Antikörper (zweiter Antikörper, z. B. anti-Kaninchen-IgG-Antikörper aus der Ziege) oder ein Fc-Rezeptor (Protein A oder Protein G[2]) immobilisiert ist, verwendet. Dieses Affinitätsmaterial wird im folgenden als Fällungshilfe bezeichnet.

A Verdünnungspuffer: 0,5 % Triton X-100 (w/v), 1 mg/ml BSA in TBS   **Lösungen**

B Lysepuffer: 0,1 mM PMSF, 0,2 U/ml Aprotinin in A oder: 1 % Triton X-100 oder Nonidet P-40 (NP40), 0,5 % Natriumdesoxycholat (NaDOC), 0,1 % SDS (w/v). 150 mM NaCl, 50 mM Tris, pH 7.5

C Probenpuffer (Laemmli-System): 50 mM Tris·HCl, pH 6,8, 2 % SDS (w/v), 10 % Glycerol (v/v)

Sollen Zellen einer Zellkultur aufgeschlossen werden, sind 10^7 bis 10^8 Zellen in 1 ml B 30 bis 60 Minuten bei 0 °C zu inkubieren. Dann wird gut gemischt und mit $250 \cdot g$ zentrifugiert (Eppendorf-Rotor: 2500 rpm). Anschließend wird der Überstand nochmals mit $15.000 \cdot g$ (Eppendorf-Rotor: 13.000 rpm) zentrifugiert.

Die klare Lösung (nach Lyse oder anderem Aufschluß) wird   **Unterdrückung** zur Vermeidung unspezifischer Absorptionen mit nicht gegen   **unspezifischer** das gesuchte Antigen gerichteten Antikörpern und Fällungshilfe   **Präzipitationen** vorbehandelt: zu je 200 µl Proteinlösung werden 2 µl Präimmunserum bzw. unspezifische mAK und 50 µl Fällungshilfe gegeben.[3] Man schüttelt für 1 Stunde bei 0 °C und zentrifugiert dann mit 1000 rpm. Der Überstand wird in ein neues Gefäß überführt und der Niederschlag wird verworfen.

200 µl der vorbehandelten Probe werden mit A auf 1000 µl aufgefüllt, dann gibt man 0,5 bis 5 µl spezifisches Antiserum bzw. mAK-Lösung zu. In einem Parallelansatz werden eine gleiche Menge Präimmunserum bzw. unspezifischer mAK zugegeben. Beide Proben werden 1 Stunde im Eisbad inkubiert. Die Fällungshilfe wird 1:1 mit A verdünnt, dann werden davon 50 µl zugegeben und unter leichtem Schütteln, um ein vorzeitiges Absetzen des Gels zu vermeiden, wird wieder für 1 Stunde im Eisbad inkubiert.

Dann wird mit 500 rpm 1 Minute zentrifugiert, der Überstand wird vorsichtig abgesaugt und der Niederschlag wird viermal mit je 1 ml eiskaltem Puffer A durch Aufwirbeln und anschließendem Zentrifugieren gewaschen.

Nach dem letzten Waschschritt wird wieder der Überstand abgesaugt und zum Niederschlag werden 20 bis 50 µl Puffer C gegeben und für 5 Minuten auf 95 °C erwärmt. Soll eine reduzierende PAGE durchgeführt werden, ist der Überstand in

Tabelle 4.3. Subklassen- und Spezies-Spezifität von Protein A und G

Subklasse bzw. Spezies		Affinität zu Protein A	G
humanes	IgG1	++++	++++
	IgG2	++++	++++
	IgG3	–	++++
	IgG4	++++	++++
murines	IgG1	+	++++
	IgG2a	++++	++++
	IgG2b	+++	+++
	IgG3	++	+++
Kaninchen		++++	+++
Maus		++	++
Ziege		–	++
Schaf		+/–	++
Pferd		++	++++
Mensch		++++	++++

einem neuen Gefäß mit 2-Mercaptoethanol oder DTE (Endkonzentration 5 % (v/v) bzw. 10 mM) zu versetzen. Die Lösungen
können dann direkt auf die SDS-PAGE aufgetragen und mittels
Autoradiographie, Färbung und/oder Western blot analysiert
werden.

Literatur

E.HARLOW, D.LANE (1988) Antibodies - A Laboratory Manual. 447-470,
Cold Spring Harbor Laboratory

4.6 Immunelektrophorese

nicht-
denaturierende
Elektrophorese

Die Elektrophorese in Agarose bzw. Agar ist, im Gegensatz zur
SDS-Elektrophorese, ein nicht-denaturierendes System. Die Proteine laufen daher in Richtung ihrer Nettoladung (die wegen des
relativ alkalischen pH-Werts im Gel meist negativ ist) und werden nicht nach Größe, sondern nach elektrophoretischer Beweglichkeit getrennt. Die Elektropherogramme können also nicht
direkt mit SDS-PAGE-Bildern verglichen werden.

Lösungen

A 15,4 g Natrium-diethylbarbiturat (Barbital-Natrium, Veronal), 2,76 g Diethylbarbitursäure (Barbital), 1 g NaN_3 in dest.
Wasser lösen, pH 8,4 einstellen und auf 1000 ml auffüllen.

B 1,0 bis 1,5 % Agar (w/v) in 1:1 mit Wasser verdünntem Puffer A

Objekträger werden wie im Abschn. 4.4.2 beschrieben vorbehandelt und mit 4 ml aufgeschmolzenem Agar B pro Objektträger
beschichtet.

Nach dem Erstarren des Gels werden entsprechend der Abb.
4.2A (zwei Antigengemische, ein Antiserum) oder Abb. 4.2B (ein
Antigengemisch, zwei Antiseren oder ein Anti-, ein Kontrollse-
rum) die Löcher „Ag" gestanzt. Die Probe wird im Verhältnis 1:1
mit A und mit wenig Bromphenolblaulösung gemischt.

Die Platte wird auf den horizontal ausgerichteten Tisch der   Horizontal-
Horizontal-Elektrophoresekammer gelegt, in beide Elektroden-   Elektrophorese
kammern wird der 1:1 mit dest. Wasser verdünnte Puffer A
gleich hoch eingefüllt und mit Filterpapierbrücken wird die
Agarplatte mit den Puffertrögen verbunden. Mit 6 V/cm läßt
man etwa 45 Minuten laufen. Das Bromphenolblau sollte nicht
weiter als 3 bis 4 mm vor den Pufferbrückenrand laufen.

Nach der Elektrophorese werden die Rinnen „Ak" (Abb. 4.2)
für die Antiseren geschnitten und freigelegt. Man füllt das Antiserum ein und läßt in einer feuchten Kammer 4 bis 6 Stunden bei
37 °C oder 24 bis 48 Stunden bei 4 °C diffundieren.

Die Präzipitationslinien werden wie im Abschnitt 4.4.4
beschrieben sichtbar gemacht.

Literatur

A.MILFORD-WARD (1977) IN: R.A.THOMPSON (Hrsg.) Techniques in Cli-
nical Immunology. 1-24, Blackwell, Oxford

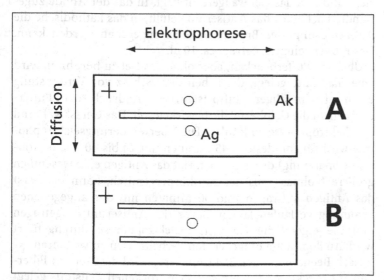

Abb. 4.2. Immunelektrophorese-Schablone
A, zwei Antigen-(Ag)-Gemische, ein Antiserum (Ak) bzw. B, ein Antigen,
zwei Antiseren

4.7 Gegenstromelektrophorese

Lösungen

A Veronal-Acetat-Puffer, pH 8,2, I = 0,14
B 0,5 % Agarose (w/v) in dest. Wasser
C 1,0 % Agarose mit hoher Endoosmose (high EEO) (w/v) in halbkonzentriertem Puffer A

nicht-denaturie-
rende Elektro-
phorese

Synonyme für den Begriff "Gegenstromelektrophorese" sind Überwanderungselektrophorese bzw. crossing over electrophoresis.

Die Glasplatten werden wie in Abschn. 4.4.2 beschrieben mit der aufgeschmolzenen Agarose-Lösung B vorbereitet. Auf einem Nivelliertisch wird dann auf diese Platten die aufgeschmolzene Agarose C (0,2 ml/cm^2) vorsichtig, aber rasch aufgetragen, damit eine gleichmäßige Gelschicht entsteht, die die gesamte Platte bedeckt, ohne über die Ränder zu laufen.

In das erstarrte Gel werden mit einem geeigneten Stanzwerkzeug von 2 bis 3 mm Durchmesser zwei je 5 mm in Längsrichtung der Platte von ihrer Mitte entfernt liegende Löcher gestanzt. Für eine Bestimmung werden immer 2 Löcher benötigt, es können sich aber auf einer Platte mehrere Lochpaare befinden, die untereinander mindestens 10 mm entfernt sein sollten.

Horizontal-
Elektrophorese

In die Elektrodenkammern einer Horizontal-Elektrophoreseapparatur wird Puffer A gefüllt. Die Gelplatte wird eingelegt und die (Filterpapier-)Pufferbrücken aufgelegt. Es ist darauf zu achten, daß der Puffer in beiden Elektrodenkammern gleich hoch steht und daß das Gel waagerecht liegt. In das der Anode zugewandte Loch wird das Antiserum gefüllt, in das kathodische die Antigenlösung, der Bromphenolblau zugegeben werden kann. Das Probenvolumen beträgt ca. 10 µl.

Über die Pufferbrücken, aber ohne das Gel zu berühren, wird eine Glasplatte gelegt, die neben dem Schutz vor Verdunstung einen gleichmäßigen, luftblasenfreien Andruck der Pufferbrücken an die Geloberfläche bewirken soll. Das Gel ist während der Elektrophorese zu kühlen. Die Überwanderungselektrophorese wird für mindestens 45 Minuten mit 20 bis 40 V/cm (konstante Spannung) durchgeführt. Hat das Antigen eine wesentlich größere Molmasse als das Antikörpergemisch, kann man erst das Antigen auftragen und 30 Minuten mit der angegebenen Spannung vorlaufen lassen, bevor das Antiserum aufgetragen und die eigentliche Gegenstromelektrophorese durchgeführt wird. Analog ist bei umgekehrten Verhältnissen zu verfahren.

Nach Beendigung der Elektrophorese wird das Gel mit Filterpapier bedeckt, auf das einige Lagen trockenen Zellstoffs gelegt werden. Der Zellstoff wird mit einer Platte bedeckt, die durch ein Gewicht beschwert wird. Nach 15 Minuten wird das Papier entfernt und das Gel wird zweimal 30 Minuten in PBS gebadet. Dann wird das Gel wie in Abschn. 4.4.4 beschrieben getrocknet und gefärbt.

Literatur

W.BECKER (1972) Methoden der qualitativen und quantitativen Immun-Elektrophorese, Behring-Werke AG, Frankfurt/Main

4.8 dot-blot-Test

A   PBS

A' 0,1 % Gelatine (w/v) oder 5 % hitze-inaktiviertes Kälberserum oder 0,1 % Serumalbumin (w/v) oder 0,2 % Magermilchpulver (w/v), 0,1 % Tween 20 (w/v) in A

B   Antikörper-Meerrettichperoxidase-Konjugat-Verdünnung in A', z. B. 1:1000 - 1:5000

C   20 mg 3,3'-Diaminobenzidin oder 4-Chlor-1-naphthol, 20 µl 30 %iges H_2O_2, 1 ml 1 %iges $CuSO_4$, 0,5 ml 1 %iges $NiSO_4$ pro 100 ml A (vor Gebrauch frisch bereiten).

Lösungen

Auf einem Nitrocellulose-Streifen werden mit Bleistift im Abstand von 3 bis 5 mm die Auftragstellen markiert. Die Nitrocellulose darf nicht mit bloßen Händen berührt werden.

0,1 bis 1 µl Antigenlösung, in A verdünnt, werden an den markierten Stellen aufgetragen. Der Durchmesser des Flecks sollte nicht größer als 3 mm sein. Man läßt etwa 10 Minuten an der Luft antrocknen, dann wird der Streifen zweimal 5 Minuten in A' geblockt. Anschließend wird der Streifen (oder Teile von ihm) bei Raumtemperatur oder 37 °C für mindestens 30 Minuten in einer Antiköperverdünnung in A' gebadet. Das Badvolumen sollte 0,5 bis 1 ml pro cm^2 Nitrocellulose betragen.

immunchemische Reaktion

Nach der Antikörperinkubation wird mindestens dreimal mit A' gewaschen. Wenn der erste Antikörper nicht bereits eine Markierung trägt, wird nun mit B oder mit ^{125}I-markiertem Protein A, biotinyliertem zweiten Antikörper oder ähnlichem wie für den ersten Antikörper beschrieben inkubiert. Anschließend wird wieder gründlich mit A' gewaschen. Im Falle von Meerrettich-Peroxidase als Indikator wird in C entwickelt, die Entwicklung durch Spülen mit dest. Wasser beendet und die Nitrocellulose an der Luft gerocknet.

Markierung (label) der Antikörper

Für einen halb-quantitativen Test kann man jeden flecktragenden Nitrocelluloseabschnitt nach der letzten Waschung mit A' in ein Probenröhrchen geben und dann die Farbentwicklung wie in den Abschn. 4.9 bzw. 4.11.2 beschrieben durchführen und messen.

semiquantitiver Test

4.9 Enzym-Immunosorbent-Test (EIA bzw. ELISA)

Die nachfolgende Vorschrift ist kein ausgefeilter, optimierter ELI-SA, sie kann aber recht gut für ein Screening nach Antikörpern während der Antikörperproduktion im Tier oder in der Zellkultur oder für ähnliche Zwecke eingesetzt werden. Sie ist als Zwei-Antikörper-Methode mit einem Peroxidase-markierten speziesspezifischen zweiten Antikörper beschrieben.

Lösungen

A 15 mM Na_2CO_3, 35 mM $NaHCO_3$, 0,02 % NaN_3 (w/v), 0,001 % Phenolrot, pH 9,6 in dest. Wasser

B 0,05 % Tween 20 (w/v), 0,1 % Serumalbumin oder Gelatine (w/v), 0,001 % Phenolrot in PBS

C 0,1 % Tween 20 (w/v) in PBS

D 0,51 g Citronensäure, 0,71 g $NaH_2PO_4 \cdot H_2O$ in 100 ml dest. Wasser, pH-Wert auf 5,0 einstellen

E 0,40 mg/ml o-Phenylendiamin oder 0,55 mg/ml 2,2'-Azino-bis(3-ethylbenzthiazolin-6-sulfonsäure), Diammoniumsalz (ABTS), 0,5 µl/ml 30 %iges H_2O_2 in D (jeweils frisch bereiten)

F 2,5 M Schwefelsäure oder 0,1 % NaN_3 in 0,1 M Tris, pH 7,4

Eichreihe und Optimierung des Tests durch Ag-Verdünnungsreihe

Die Antigene (Ag, als Protein oder Proteinkonjugat) werden mit einer Konzentration von maximal 50 µg/ml in A gelöst, für eine Eichkurve oder für die Ermittlung des optimalen Bereichs wird eine Verdünnungsreihe von dieser Ausgangskonzentration in A hergestellt. Je 0,1 bis 0,2 ml dieser Lösungen werden in die Löcher einer Polystyren-Mikrotitrationsplatte (96-Loch-Platte) einpipettiert. Unter leichtem Schütteln wird 2 Stunden bei Raumtemperatur oder über Nacht bei 4 °C inkubiert.

Mikrotestplatte

Die Inkubationslösungen in der Mikrotitrationsplatte werden ausgeschüttet und die Platte wird auf Zellstoff abgeklopft. Mit Lösung B (0,2 ml/Loch) wird 5 Minuten bei Raumtemperatur inkubiert, anschließend wird mindestens zweimal mit C gewaschen.

Für den Fall, daß der gegen das auf der Polystyrenoberfläche aufgezogene Antigen gerichtete Antikörper (Ak) nicht enzymmarkiert ist (Herstellung von Enzym-Antikörper-Konjugaten s. Abschn. 4.10 und 4.11), wird jetzt die Antikörperverdünnung oder -verdünnungsreihe einpipettiert (0,1 bis 0,2 ml/Loch) und 1 bis 2 Stunden unter leichtem Schütteln bei Raumtemperatur inkubiert. Nach diesem Schritt wird mindestens dreimal mit C gewaschen.

Verdünnung spezies-spezifisches Konjugat

Eine Verdünnung, die sich nach der Qualität des Konjugats richtet, in der Regel 1:500 bis 1:15.000, des speziesspezifischen

Antikörper-Peroxidase-Konjugats in B (z. B. anti-(Maus-Immunoglobulin)-Immunoglobulin-Konjugat) wird nun in die beschichteten Löcher gegeben. Die Reaktionszeit beträgt 1 bis 2 Stunden bei Raumtemperatur. Dann wird wieder gewaschen.

Diesem letzten Waschschritt schließt sich die Farbentwicklung an. Dazu wird nach einem exakten Zeitprotokoll Lösung E einpipettiert. Es versteht sich von selbst, daß in alle Löcher genau die gleiche Menge gegeben wird. Die Reaktionszeit ist so zu wählen, daß für die am stärksten gefärbten Proben eine Absorption von 0,8 bis 1,0 gemessen wird. Da es sich um eine katalysierte Reaktion handelt, muß die Reaktionszeit in allen Löchern der Platte gleich sein, sie sollte etwa 15 bis 20 Minuten betragen. Wenn Substrat und Stop-Lösung von Hand zugegeben werden, sollte man die Zugabe in einem von der Stopuhr vorgegebenen Rhythmus vornehmen. **Farbentwicklung**

Die Reaktion wird mit 50 µl/Loch Lösung F (Schwefelsäure für o-Phenylendiamin, Tris/Azid für ABTS) gestoppt. Meßwellenlängen sind 492 nm (o-Phenylendiamin) bzw. 410 nm (ABTS). **Meßwellenlänge**

Wichtig: Die Zeit für die Farbentwicklung ist genau einzuhalten. Enzymkinetik beachten.

Wenn gegen ein Antigen zwei verschiedene Antikörper vorhanden sind, kann ein (Fänger-)Antikörper auf das Polystyren, wie oben für das Antigen beschrieben, aufgezogen werden. Der zweite, enzymmarkierte Antikörper und das Antigen werden dann gemeinsam, in B verdünnt, nach dem Blocken auf der Platte inkubiert. Dadurch kann das Verfahren erheblich beschleunigt werden.

Als Kontrollen sind auf jeder Platte zwei bis drei Antigenbeschichtete Löcher mit (unspezifischem) Normalserum bzw. Antikörpern und zwei bis drei Löcher nur mit dem zweiten Antikörper zu inkubieren. **Kontrollen**

Bei der Verwendung von biotinylierten zweiten Antikörpern ist analog zu verfahren, es schließt sich an die Inkubation mit dem zweiten Antikörper noch eine Inkubation für 30 Minuten bei 37 °C mit dem Streptavidin-Peroxidase-Konjugat an.

Für ein Screnning kann auch anstelle der Mikrotitrationsplatten ein dot-blot auf Nitrocellulose durchgeführt werden (s. Abschn. 4.8).

Literatur

J.Y.DOUILLARD, T.HOFFMAN (1983) Meth. Enzymol. *92*, 168-174

S.AVRAMEAS, P.DRUET, R.MASSEYEFF, G.FELDMANN (Hrsg.) (1983) Immunoenzymatic Techniques. Elsevier, Amsterdam

B.PORSTMANN, T.PORSTMANN, E.NUGEL (1981) J. Clin. Chem. Biochem. *19*, 435-539

4.10 Meerrettichperoxidase-Immunoglobu-lin-Konjugat (Glutaraldehyd-Methode)

4.10.1 Affinitätschromatographische Reinigung von Meerrettichperoxidase

Die rohe Meerrettichperoxidase (POD, engl. HRP) wird mit einer Konzentration von etwa 10 mg/ml in A gelöst. Eine Säule mit trägerfixiertem Concanavalin A, Bettvolumen 5 ml, wird bei Raumtemperatur mit 50 ml A gewaschen. Dann wird die POD-Lösung auf die vorbereitete Säule aufgetragen. Nach dem Einziehen der Lösung wird mit A bei Raumtemperatur und mit einer Geschwindigkeit von etwa 1 ml/min gewaschen, bis das Eluat farblos ist. Auf eine Säule der angegebenen Größe können bis zu 200 mg rohe POD aufgetragen werden. Sollte die Kapazität der Säule nicht ausreichen, kann das Eluat nach dem Regenerieren der Säule (s.u.) nochmals aufgetragen werden.

Mit dem Elutionspuffer B wird die gebundene, farbige POD eluiert. Auch hierbei sollte die Elutionsgeschwindigkeit 1 ml/min nicht überschreiten.

Nach der spezifischen POD-Elution wird die Säule mit Puffer C regeneriert und das Bett wird in C bei 4 °C gelagert. Es ist mehrfach verwendbar.

Lösungen
A PBS
B 0,1 M α-Methyl-D-glucosid oder -mannosid in PBS
C 1 M NaCl, 1 mM $CaCl_2$, 1 mM $MgCl_2$, 0,02 % Merthiolat (Thimerosal) (w/v) in 0,1 M Acetatpuffer, pH 6.0, nach der pH-Einstellung Manganchlorid bis 1 mM $MnCl_2$ zugeben

4.10.2 Affinitätschromatographie von Immunoglobulin

Lösungen
A PBS
B 0,1 M Glycin-HCl-Puffer, pH 2,5
C 0,5 M Phosphatpuffer, pH 7,5

Das entsprechende Antiserum (z. B. Anti-Kaninchen-Immunoglobulin-Antiserum von der Ziege) oder die in A aufgenommene Immunoglobulin-Fraktion wird auf eine Proteinkonzentration von etwa 10 mg/ml mit A verdünnt. Diese Lösung wird auf eine Säule von trägerfixiertem Antigen (im Beispiel: Kaninchen-

Immunoglobulin an Bromcyan-aktivierte Agarose gebunden), Bettvolumen 4 bis 5 ml, bei 4 °C aufgetragen und mit A bei einer Flußgeschwindigkeit von 1 ml/min gewaschen, bis die UV-Absorption des Eluats einen Wert von $A_{280} < 0,01$ erreicht hat.

saure Elution

In die Vorlage, in der das zu eluierende, gereinigte Immunoglobulin aufgefangen werden soll, wird das doppelte Volumen C, bezogen auf die Fraktionsgröße, vorgelegt. Der Phosphatpuffer sollte nicht zu lange bei 4 °C stehen, weil sonst das Phosphat auszukristallisieren beginnt und die Pufferkapazität nicht mehr ausreicht. Nun wird mit B mit ebenfalls 1 ml/min eluiert. Die eluierte, speziesspezifische Ig-Fraktion wird durch UV-Messung bei 280 nm ermittelt. Ihre IgG-Konzentration kann anhand der in Abschn. 1.1.9 angegebenen Formel bestimmt werden.

Die Fraktionen mit $A_{280} > 0,4$ werden vereinigt und gegen das hundertfache Volumen PBS 2 Stunden dialysiert. Das Dialysat wird 20 Minuten mit $5000 \cdot g$ zentrifugiert und gegebenenfalls konzentriert.

Eine schonendere Elution kann auch mit 2 M $MgCl_2$, pH 5.0, anstelle der Puffer B und C vorgenommen werden (andere Elutionsbedingungen s. Tab. 3.5).

chaotrope Elution

4.10.3 Glutaraldehyd-Konjugation[5]

A PBS
B 25 % Glutaraldehyd (w/v)
C 1 M Carbonat-Puffer, pH 9,5
D 0,2 M Lysin in dest. Wasser

Lösungen

10 mg der gereinigten POD (Reinheitszahl RZ $\approx$ 3; RZ = $A_{403}{:}A_{275}$) in 0,2 ml PBS werden mit 10 µl B versetzt. Die Mischung läßt man über Nacht bei Raumtemperatur stehen, dialysiert anschließend gegen 25 ml PBS und füllt auf 1,0 ml auf.

1 ml Immunoglobulin-Lösung (5 mg/ml) werden mit der aktivierten POD und 0,1 ml C gemischt und über Nacht bei 4 °C stehengelassen. Dann werden 0,1 ml D zugegeben und nach 2 Stunden bei Raumtemperatur wird gegen 25 bis 30 ml PBS dialysiert.

Um ein möglichst hochtitriges Konjugat zu erhalten, ist es empfehlenswert, das Konjugat durch Affinitätschromatographie wie in Abschn. 4.10.1 beschrieben von ungebundenem Immunoglobulin zu befreien.

Das erhaltene Konjugat wird im Verhältnis 1:1 mit Glycerol gemischt und bei -20 °C gelagert. Die Aliquote sind bei dieser Temperatur über viele Monate unverändert aktiv.

Literatur

D.M.Boorsma In: A.C.Cuello (Hrsg.) (1983) Immunhistochemistry.
IBRO Handbook Series: Methods in the Neurosciences, Bd. 3, 87-100,
John Wiley & Sons, Chichester

4.11 Alkalische Phosphatase-Immunoglobulin-Konjugat (Glutaraldehyd-Methode)

Die Verwendung der alkalischen Phosphatase als Markerenzym in
Konjugaten für ein Enzym-Immunotestsystem hat den Vorteil, daß
die käuflichen Enzympräparate in der Regel ohne Vorreinigung zur
Konjugation eingesetzt werden können. Allerdings ist eine so einfache Trennung von Konjugat und ungebundenem Immunoglobulin wie bei der Meerrettichperoxidase nicht möglich.

4.11.1 Konjugation

Lösungen

A phosphatgepufferte Kochsalzlösung (PBS)
B 1 % Glutaraldehyd (w/v)
C 50 mM Tris·HCl, pH 8,0, 1 mM $MgCl_2$, 0,02 % NaN_3

5 mg Immunoglobulin, das affinitätschromatographisch angerei-
chert sein sollte (vgl. Abschn. 4.10), in 2,0 ml A werden zu 10 mg
alkalischer Phosphatase (AP) (als Ammonsulfat-Suspension)
gegeben. Das Molverhältnis sollte ca. 1 mol IgG : 2 mol AP betragen (M_r IgG 150 kD, M_r AP 100 kD). Diese Lösung wird bei 4 °C
zweimal 9 Stunden gegen je 140 ml PBS dialysiert.
    Zur dialysierten Mischung werden 0,15 ml B gegeben. Man
schüttelt langsam 2 Stunden bei Raumtemperatur, läßt dann
über Nacht bei 4 °C stehen und dialysiert dann zweimal 3 Stunden gegen 100 ml C. Zum Dialysat werden 2 mg Serumalbumin
gegeben und die Lösung wird mit C auf 10 ml aufgefüllt. Das
Konjugat wird in Aliquoten bei -20 °C gelagert.
    Eine Trennung Konjugat/freies Enzym muß nicht erfolgen, da
nicht konjugierte AP in immunchemischen Tests in den Wasch-
schritten nach der Ag-Ak-Reaktion eliminiert wird.

4.11.2 Indikatorreaktion für AP

Diese Reaktion kann genutzt werden, wenn lösliche farbige Reaktionsprodukte der AP z. B. in Enzymimmunoassays benötigt werden.

A 10 mM p-Nitrophenylphosphat (M$_r$ 417,45, Di-natriumsalz, **Lösungen**
Hexahydrat), 0,5 mM MgCl$_2$, 1 M Diethanolamin·HCl, pH
10,1, (M$_r$ 105,1, freie Base) in dest. Wasser
Anstelle von Diethanolamin kann auch Tris verwendet werden.
B 0,1 M EDTA in 1 N NaOH

Die Enzymreaktion wird in A durchgeführt. Z.B. werden zu
0,5 ml auf 37 °C temperierte Lösung A 5 µl Konjugat bzw. Konju-
gat-Verdünnung gegeben, dann wird bei 37 °C inkubiert und
nach genau 5 oder 10 Minuten mit 1/5 des Ansatzvolumens an B
gestoppt und die Absorption des gebildeten p-Nitrophenolats bei
403 nm gemessen.

Wird das Konjugat in einem Enzymimmunoassay eingesetzt, **IgG-AP-Konjugat**
sind die Volumina, Inkubations- und Reaktionszeiten analog zu **für ELISA**
den im Abschn. 4.9 angegebenen zu wählen.

Zur Umkristallistation von p-Nitrophenylphosphat wird in sie- **Reinigungs-**
dendem dest. Wasser bis zur Sättigung gelöst. Wenn die Lösung **hinweis**
etwas abgekühlt ist, wird Ethanol bis zur beginnenden Kristalli-
sation zugegeben. Nach mehreren Stunden im Kühlschrank werden die Kristalle abgesaugt und im Vakuum getrocknet. Die Kristalle müssen fast farblos sein.

4.12 Kopplung (Konjugation) von Glycoproteinen

Glycoproteine lassen sich selektiv über ihren Oligosaccharid-
Anteil an andere Proteine oder sekundäre Aminogruppen-halti-
ge Moleküle koppeln. Dabei wird die Oxidierbarkeit vicinaler
OH-Gruppen ausgenutzt. Als Beispiel für solch eine Konjugation
sei die Kopplung von Meerrettichperoxidase (als Glycoprotein)
an Immunoglobulin angeführt.

A 38,5 mg NaIO$_4$ pro ml dest. Wasser   **Lösungen**
B 1 mM Na-acetat-Puffer, pH 4 - 4,4
C 0,2 M Na-carbonat-Puffer, pH 9,5
D 10 mM Na-carbonat-Puffer, pH 9,5
E 4 mg NaBH$_4$ in dest. Wasser (frisch bereiten)
F PBS
G 10 mg BSA/ml in PBS

2 mg gereinigtes Enzym (RZ ≈ 3, s. Protokoll 4.10.3) werden in
ein Eppendorf-Gefäß gegeben und in 0,5 ml dest. Wasser gelöst.
Die Lösung wird auf einem Magnetrührer bei Raumtemperatur
gerührt, dann werden 25 µl A zugesetzt.

Wichtig: Es muß eine Farbänderung eintreten. Wenn keine Änderung erfolgt, ist die POD zu verwerfen.

Es wird für 20 Minuten gerührt und dann gegen B über Nacht dialysiert. Das Dialysat wird in ein neues Eppendorf-Gefäß überführt, so schnell als möglich mit 10 µl C versetzt und danach sofort mit 5 mg IgG in D (ca. 10 mg/ml) versetzt.

Es wird für 2 Stunden bei Raumtemperatur geschüttelt, dann werden 50 µl E zugegeben und es wird gemischt. Bei 4 °C wird das Gemisch 2 Stunden stehen gelassen, dann wird über Nacht gegen PBS dialysiert.

Das Dialysat wird auf eine kleine Sephadex-G200-Säule in PBS (ca. 5 ml) gegeben und mit PBS eluiert. Die 1-ml-Fraktionen werden bei 280 und 405 nm gemessen, die optisch aktiven Fraktionen mit einer Molmasse von ca. 200.000 D (Konjugat) werden vereinigt, mit G auf ca. 1 mg BSA/ml gebracht, im Verhältnis 1:1 mit Glycerol gemischt und bei -20 °C gelagert.

Anstelle der Gelfiltration kann auch eine Affinitätschromatographie an ConA-Sepharose eingesetzt werden, wie in Protokoll 4.10.1 angegeben.

Literatur

P.K.NAKANA (1980) IN: R.M.NAKAMURA, W.DITO, E.S.TRUCKER III (Hrsg.) Immunoassays. 157-169. A.R.Liss, New York

4.13 Protein-kolloidales-Gold-Komplex

Mit Proteinen elektrostatisch beladene Kügelchen aus kolloidalem Gold eignen sich nicht nur zur immunhistochemischen (elektronenmikroskopischen) Darstellung von Antigenen, sondern auch wegen ihrer intensiv roten Farbe zur enzymfreien Identifizierung von Antigenen (im Falle von Immunoglobulin-Gold-Komplexen) oder Glycoproteinen (bei Verwendung von Lectin-Gold-Komplexen) auf Elektrotransferogrammen (vgl. Abschn. 2.4.4).

Partikeldurch-
messer

Die Größe der durch Reduktion zu erhaltenen Goldpartikel ist von der Art der Reduktionsmittel und ihrer Konzentration abhängig. Goldpartikel mit einem Durchmesser von 15 nm und größer sind leicht durch Reduktion mit Citrat, 5 bis 8 nm große durch Reduktion mit Gerbsäure (Tannin) zu erhalten. Die reinen, unbeladenen Goldsole sind in Abwesenheit von Salzen sehr stabil, besonders aber die mit kleinem Durchmesser sind nach der Beladung mit Proteinen nicht mehr längere Zeit ohne nennenswerte irreversible Aggregatbildung zu lagern. Daher sollte man sich zwar das Goldsol in einer größeren Menge herstellen und im Kühlschrank lagern, die Beladung aber nur für etwa einen Zweiwochenbedarf durchführen. Die folgende Vorschrift gibt die Herstellung und Beladung von Goldpartikeln mit einem Durchmesser von 15 bis 20 nm an.

4.13.1 Herstellung des Goldsols

A dest. Wasser, durch ein 0,45-µm-Membranfilter filtriert und   Lösungen
   staub- und salzfrei aufbewahrt
B 1 % Tetrachlorgoldsäure (w/v) in A
C 1 % Trinatriumcitrat (w/v) in A
D Königswasser: 1 Vol. konz. HCl + 3 Vol. konz. HNO_3

Die Einhaltung der Mengenverhältnisse ist von ausschlaggebender Bedeutung für die Größe der Goldpartikel und die Reproduzierbarkeit des Metallkolloids. Sollte keine definierte Tetrachlorgoldsäure vorhanden sein, sie ist stark hygroskopisch, wird das vorliegende Gold(III)chlorid in konzentrierter p.a. Salzsäure gelöst und die Lösung wird vorsichtig im Vakuumrotationsverdampfer getrocknet. Die zurückbleibende Tetrachlorgoldsäure wird im Vakuumexsikkator über wasserfreiem gepulverten Calciumcarbonat gelagert.

Präparation von $HAuCl_4$

    Ein Erlenmeyerkolben und ein teflonumhüllter (**wichtig:** keine Glasumhüllungen) Magnetrührer werden mit D gereinigt, mit dest. Wasser neutral gewaschen und anschließend mit bidest. Wasser ausgespült.

    Der Kolben wird mit 198 ml A gefüllt, dann werden 2 ml B zugegeben und die Lösung wird unter Rühren zum Sieden erhitzt. Wenn die Lösung kocht, werden unter kräftigem Rühren rasch 2 ml C zugegeben. Das Rühren unter Rückfluß wird für 10 Minuten fortgesetzt, dabei ändert sich die Farbe von blaßgelb über grau nach purpurrot. Das Kolloid hat ein Absorptionsmaximum bei etwa 530 nm.

Reduktion von $HAuCl_4$

    Nach dem Abkühlen wird das monodisperse Goldkolloid in eine mit Königswasser ausgewaschene Plastflasche gegeben. Zu seiner Charakterisierung sollte, wenn möglich, neben der elektronenoptischen Vermessung ein Spektrum geschrieben werden. Aggregatbildung ist durch eine Verschiebung des Absorptionsmaximums nach größeren Wellenlängen zu erkennen.

Literatur

G.FRENS (1973) Nature (Phys.Sci.) *241*, 20-22

Variante: Präparation von Goldsol mit kleinen Partikeldurchmessern

Goldsol mit kleineren Durchmessern kann man durch eine Reduktion der Goldsäure mit einem Citrat/Tannin-Gemisch erhalten. Dazu wird noch die Lösung D benötigt:

Tabelle 4.4. Pipettierschema kolloidales Gold

Partikeldurch-messer in nm	Lsg.A	Lsg.B	Lsg.D in ml	Lsg.E
≈ 15	16	4,0	0,015	0
≈ 10	16	4,0	0,090	0
≈ 6	16	4,0	0,40	0
≈ 4	16	4,0	2,0	2,0

D: 1 % Tannin (w/v) in dest. Wasser, ggf. kurz zentrifugieren und nicht länger als 2-3 Tage im Kühlschrank aufbewahren.
E: 1 % K_2CO_3 in dest. Wasser

79 ml dest. Wasser A (möglichst frisch destilliertes) werden mit 1 ml B versetzt und unter Rühren auf 60 °C erwärmt. Das Reduktionsgemisch wird entsprechend dem Pipettierschema (Tab. 4.4) gemischt und ebenfalls auf 60 °C erwärmt. Dann gibt man das Reduktionsgemisch in einem Guß zur Gold-Lösung und rührt noch etwa 15 Minuten nach. **Wichtig:** Teflon-Rührer! Wenn die Farbe vollständig nach rot umgeschlagen ist, wird für etwa 10 Minuten am Rückfluß gekocht.

Literatur

J.W.SLOT, H.J.GEUZE (1985) Eur. J. Cell Biol. *38*, 87-93

4.13.2 Proteinbeladung

Lösungen

A 5 mM Puffer mit einem dem pI des jeweiligen Proteins entsprechenden pH-Wert
B 2 M KCl in dest. Wasser
C 5 % Carbowax 20M (Polyethylenglycol mit M_r 20.000) [6] (Hersteller: Union Carbide)
D 0,05 % Carbowax 20M (w/v), 0,05 % Tween 20 (w/v) in PBS

Die Bindung des Proteins an das Goldkolloid erfolgt in einem relativ engen pH-Bereich. Für Immunoglobuline wird ein pH-Wert um 7,4, für Protein A um 6,5 angegeben.

Zur Einstellung des pH-Wertes werden das Goldsol und die Proteinlösung in getrennten Gefäßen gegen den entsprechenden Puffer A dialysiert. Eine Dialyse von zweimal 1 Stunde gegen das zehnfache jeweilige Volumen ist ausreichend. Alle Schritte werden bei Raumtemperatur durchgeführt.

Test der Beladungs-bedingungen

Die zur Absättigung des Goldsols nötige Proteinmenge wird wie folgt bestimmt: In Polyethylen-Probengefäße (z. B. Eppendorf-Gefäße) werden je 0,5 ml dialysiertes Goldsol gegeben. Dazu werden 0,1 ml einer Verdünnungsreihe des zu bindenden Proteins in Puffer A gegeben (sollte das Protein in diesem Puffer nicht stabil sein, kann es in PBS gelöst zugegeben werden, dann sollte aber das Protein vorgelegt und das Gold unter gutem Mischen möglichst rasch zugegeben werden).

Nach etwa 15 Minuten werden pro Röhrchen 0,2 ml B zugesetzt. Bei den Proben, bei denen die Proteinmenge nicht mehr zur Absättigung des Sols ausreicht, schlägt die Farbe von rot nach blau um. Durch Messung bei 650 nm wird die Proteinmenge ermittelt, die gerade noch für eine Stabilisierung ausreicht (geringe Extinktion). Das 1,5fache der so ermittelten Proteinmenge wird in einem Zentrifugenbecher vorgelegt, dann wird das Goldsol schnell zugegeben. Man läßt 15 Minuten stehen und gibt dann 0,1 ml C pro 10 ml Sol zu und mischt dann wieder.

Der Protein-Gold-Komplex wird mit 11.000 g$_{max}$ für 30 Minuten zentrifugiert. Das Sediment wird in einer dem Ausgangsvolumen entsprechenden Menge D aufgenommen und wie oben zentrifugiert. Der Niederschlag wird in 1/10 des Ausgangsvolumens in D vorsichtig suspendiert (leichtes Schwenken des Zentrifugenbechers, der relativ fest haftende schwarze Teil des Niederschlags sollte nicht gelöst werden). Im Kühlschrank ist die intensiv rot gefärbte Suspension 2 bis 3 Wochen haltbar, ohne daß ein größeres Sediment zu beobachten ist.

Für die Detektion nach Elektrotransfer wird der Goldkomplex in PBS verdünnt. Eine 1:50- bis 1:250-Verdünnung gibt gut sichtbare Färbungen. Die Inkubationsbedingungen sind die gleichen wie die in Protokoll 2.4.4 für die mit Antikörpern beschriebenen.

Vor der Verwendung für die Immunhistochemie ist das fertige Konjugat kurz mit 500 · g zu zentrifugieren, um eventuelle Aggregate zu entfernen.

Literatur

S.L.Goodman, G.M.Hodges, D.C.Livingston (1980) Scanning Electron Microscopy *1980 II*, 133-146

W.D.Geoghegan, G.A.Ackerman (1977) J.Histochem.Cytochem. *25*, 1187-1200

H.Plattner, H.-P.Zingsheim (1987) Elektronenmikroskopische Methodik in der Zell- und Molekularbiologie. G.Fischer, Stuttgart

1   Eine feuchte Kammer besteht aus einem gut schließenden Gefäß, in   **Anmerkungen**
    das feuchter Zellstoff gelegt wurde, auf den horizontal die Diffusionsplatten eingebracht werden

2 Protein A und Protein G reagieren unterschiedlich mit Antikörpern, vgl. Tabelle 4.3

3 Zum leichteren Pipettieren kann man die Pipettenspitze etwas kappen und so ein Verstopfen durch das Gel vermeiden.

4 Ionenstärke $I = \frac{1}{2} \cdot \Sigma\left(c_i \cdot z_1^2\right)$ mit ci, analytische Konzentration und zi, Ladung des Ions i

5 Verschiedentlich wird die Periodat-Konjugation der Glutaraldehyd-Variante vorgezogen. Eine praktikable Vorschrift ist angegeben in L.HUDSON, F.HAY (1989) Practical Immunology, 3. Aufl., Blackwell, Oxford. Die Labormöglichkeiten sollten bei der Entscheidung für eine der beiden Varianten den Ausschlag geben. s.a. Abschn. 4.11

6 Es scheint bei den PEG's starke Unterschiede in Abhängigkeit vom Hersteller zu geben. Nicht alle PEG 20 sollen für die Stabilisierung des Goldkomplexes geeignet sein (A.GABERT, Leipzig, Privatmitteilung).

5 Zentrifugation

Solange die Dichte von Teilchen in einer Lösung oder Suspension größer als die ihrer Umgebung und/oder die ungeordnete Bewegung infolge von Dispersions- (Diffusions-) Kräften nicht größer als die durch die Zentrifugalkraft erzwunge Bewegung ist, läßt sich jedes Teilchen im Schwerefeld eines sich drehenden Zentrifugenrotors sedimentieren (die Zentrifugalkraft ist dem Abstand und dem Quadrat der Umdrehungszahl direkt proportional). Sobald ein Teilchen in einem Dichtegradienten in Bereiche gelangt, deren Dichte größer oder gleich der Teilchendichte sind, stellt es seine Zentrifugalbewegung ein, gleichgültig, wie lange oder wie schnell man zentrifugiert.

Einzelmoleküle, auch wenn sie eine sehr große Molmasse besitzen, sind homogen vom Lösungsmittel umgeben, d. h. überall an ihrer Oberfläche wirkt der gleiche hydrostatische Druck. Allerdings können sie, wenn das Lösungsmittel nicht gleichmäßig an alle Stellen des Moleküls gelangen kann, bei hohen Drücken, wie sie in der Ultrazentrifuge auftreten können, mehr oder minder komprimiert und damit in ihren Eigenschaften (reversibel) verändert werden. Anders ist die Situation bei Zellen oder Zellorganellen. Bei ihnen ist der Flüssigkeits- und Gasaustausch zwischen außen und innen eingeschränkt, was zu mechanischer Instabilität führen kann. Um ein Platzen oder Zerquetschen von Zellen zu vermeiden, sollten sie deshalb so schonend, d. h. mit so geringer Zentrifugalbeschleunigung wie möglich, zentrifugiert werden.

Ob für die Zentrifugation ein Festwinkel-, Vertikal- oder ausschwingender Rotor verwendet wird, hängt in erster Linie von den technischen Voraussetzungen ab. Differentialzentrifugationen („Abschleudern") sind am leichtesten in Festwinkelrotoren oder in Ausschwingrotoren, wenn das Verhältnis zwischen Höhe der Flüssigkeitssäule im Becher und Becherdurchmesser nicht zu groß ist, durchzuführen, Vertikalrotoren sind dafür ungeeignet. Dichtegradientenzentrifugationen sind am günstigsten in Vertikalrotoren wegen der schnellen und scharfen Einstellung des Gradienten und in ausschwingenden Rotoren, aber natürlich auch in den Festwinkelrotoren mit Neigungswinkeln zwischen 10 und 25 ° mit gutem Erfolg durchführbar.[1]

Da sich für Stofftrennungen und analytische Methoden mittels Zentrifugation und Ultrazentrifugation nur schwer konkrete

Regeln aufstellen lassen, sollen die verschiedenen Typen der präparativen Zentrifugation in den folgenden Abschnitten an konkreten Beispielen demonstriert werden.

Literatur

L.A.OSTERMAN (1984) Methods in Protein and Nucleic Acid Research. Bd. 1, Springer, Berlin

D.RICKWOOD (Hrsg.) (1984) Centrifugation - A Practical Approach. (2. Aufl., IRL Press, Oxford

D.RICKWOOD (Hrsg.) (1983) Iodinated Density Gradient Media - A Practical Approach. IRL Press, Oxford

5.1 Differentialzentrifugation

Bei der Differentialzentrifugation werden Teilchen getrennt, die sich in ihrer Sedimentationsgeschwindigkeit stark unterscheiden. In der Regel ist, da die Unterschiede oft nicht gravierend sind und langsam sedimentierende Teilchen, die sich in der Lösung in der Nähe des Bodens beim Beginn der Zentrifugation befinden, doch eher in den Niederschlag kommen als schnell sedimentierende, die sich weit vom Boden entfernt befunden haben und die den gesamten Weg durch den Zentrifugenbecher zurückzulegen hatten, mit einer einmaligen Differentialzentrifugation die Trennung noch nicht zufriedenstellend.

Beispiel: Präparation intrazellulärer Membranen aus Muskel

Als Beispiel für die Trennung mittels Differentialzentrifugation wird die Präparation von Membranen des sarkoplasmatischen Retikulums des Herzmuskels vorgestellt.

Lösungen

A   10 mM $NaHCO_3$, 5 mM NaN_3, 0,1 mM PMSF [2], pH 7,0
B   0,6 M KCl, 20 mM Tris-maleat, 0,1 mM PMSF, pH 6,8
C   0,25 M Saccharose, 5 mM Histidin·HCl, pH 6,8

Gewebeaufschluß

Alle Präparationsschritte sind bei 4 °C durchzuführen.

Tiefgefrorener Herzmuskel wird mit einem Hammer o.ä. nicht zu fein zerschlagen. Je 20 g des zerkleinerten Gewebes werden in 100 ml A bei 4 °C angetaut und anschließend mit einem Messerhomogenisator (z. B. Warring-Blendor) zweimal 30 Sekunden mit Maximalgeschwindigkeit zerkleinert. Dieses Grobhomogenisat wird sofort in einem Glaszylinder mit einem Ultra-Turrax- oder Polytron-Homogenisator mit 40 % der maximalen Drehzahl des Geräts für dreimal 10 Sekunden homogenisiert.[3]

Zentrifugationen

Das Homogenat wird mit 3000·g_{max} 20 Minuten in einer Kühlzentrifuge zentrifugiert. Der Überstand wird durch Glaswatte filtriert, um Fett- und Gewebeteilchen zurückzuhalten, und mit

$8700 \cdot g_{max}$ wieder 20 Minuten zentrifugiert. Filtration und Zentrifugation werden wiederholt.

In einer Ultrazentrifuge wird der Überstand mit $100.000 \cdot g_{av}$ (z. B. Beckman-Festwinkelrotor Typ 45Ti: 35.000 rpm) 45 Minuten zentrifugiert. Der Niederschlag wird in 90 ml B mit Hilfe eines Glas-Teflon-Homogenisators suspendiert und nochmals in der Ultrazentrifuge wie angegeben zentrifugiert. Der Niederschlag, der vorwiegend aus Membranen des sarkoplasmatischen Retikulums besteht, wird in 1 bis 2 ml C gut suspendiert und kann, in flüssigem Stickstoff schockgefroren, bei -70° gelagert werden.

Literatur

S.HARIGAYA, A.SCHWARTZ (1969) Circ.Res. **25**, 781-794

5.2 Dichtegradientenzentrifugation

Bei der Erzeugung von Dichtegradienten unterscheidet man vor Beginn der Zentrifugation erzeugte (geschichtete) Gradienten (vgl. Abschn. 5.2.2) oder während der Zentrifugation entstehende Gradienten (vgl. Abschn. 5.2.3). Nach den Materialien, die für die Bildung von Dichtegradienten verwendet werden, wird unterteilt in ionische und nicht-ionische (Tab. 5.1).

Bei der Herausbildung von Dichtegradienten ist immer ein Kompromiß zwischen Dichte und Viskosität, besonders bei niedrigen Temperaturen, zu schließen. Wenn man Dichtegradienten bei Raumtemperatur bereitet, ist zu bedenken, daß u.U. bei der Zentrifugationstemperatur bereits eine gesättigte Lösung entstehen kann, die Kristalle abscheidet, die den Rotorbecher bei den hohen Schwerefeldern der Ultrazentrifuge zerstören können. Tabelle 5.2 gibt die Dichten einiger Gradientenlösungen an.

Da die Lösungen der verschiedenen Gradientenmaterialien unterschiedliche Osmolaritäten und Hydratationsverhältnisse

Tabelle 5.1. Materialien für die Dichtegradientenzentrifugation

ionisch	nicht-ionisch
Cäsiumchlorid	Deuteriumoxid („schweres Wasser")
Cäsiumsulfat	Saccharose
Cäsiumtrifluoracetat	Glycerol
Kaliumiodid	Ficoll
Natriumiodid	Percoll
3,5-Diacetamido-2,4,6-tri-iodbenzoesäure (Visotrastsäure)	2-(3-Acetamido-5-N-methylacetamido-2,4,6-triiodbenzamido)-2-desoxy-D-glucose (Metrizamid)

Tabelle 5.2. Dichte, Viskosität und Konzentration von wäßrigen Dichtegradientenlösungen bei 20°C

Dichte-Medium	Dichte in g/cm^3	Viskosität in N·s·m^{-2}	Konzentration in %w/w
Cäsiumchlorid	1,229		25
Saccharose	1,104	2,5	25
Glycerol	1,056	2	24
Metrizamid	1,134	1,9	25 [a]
Ficoll	1,090	37	24 [a]
Percoll	1,130	10	23

[a] % w/v

Tabelle 5.3. Schwimmdichte von Mitochondrien bzw. DNA in Abhängigkeit vom Zentrifugationsmedium in g/cm^3

Gradientenmedium	Mitochondrien	DNA
Metrizamid	1,200 - 1,250	1,180; 1,145
Saccharose	1,19	
Percoll/Saccharose	1,09 - 1,11	
Ficoll	1,136	
Cäsiumchlorid		1,731
Cäsiumsulfat		1,435
Cäsiumtrifluoracetat		1,627
Kaliumiodid		1,512
Natriumiodid		1,551

zeigen, kommt es bei der Wechselwirkung mit Makromolekülen, Zellorganellen und Zellen zu unterschiedlichen Ergebnissen bei der Einstellung der Gleichgewichtsdichte (Schwimmdichte, engl. buoyant density), die bei der Zentrifugation dieser biologischen Stoffe in den genannten Materialien erhalten werden. Tabelle 5.3 erläutert dies am Beispiel von Mitochondrien und DNA aus *Micrococcus luteus* (G+C 71 %).

5.2.1 Stufengradientenzentrifugation

Beispiel: Zell-kern-Präparation

Als Beispiel für die Trennung mittels Stufengradienten wird die Präparation von Zellkernen aus Rattenleber vorgestellt, bei der ein Gewebehomogenat über ein „Kissen" aus höherkonzentrierter Saccharoselösung geschichtet wird. Während der Zentrifugation können nur die Zellkerne, die eine hohe spezifische Dichte haben, durch die spezifisch schwere Saccharose wandern, die übrigen Zellbestandteile schwimmen auf dem Kissen.

A 0,9 % NaCl (w/v) in dest. Wasser   Lösungen
B 5 mM MgCl$_2$, 20 mM Tris·HCl, pH 7,4
C 0,25 M Saccharose in B
D 0,34 M Saccharose in B
E 1 % Triton X-100 in C

Die in eiskalter Lösung A abgekühlte Leber wird mit einer Schere   Gewebeauf-
zerkleinert. Im neunfachen ihres Volumens an C wird die Leber in   schluß
einem eisgekühlten Glas-Teflon-Homogenisator nach POTTER
und ELVEHJEM bei etwa 2000 Umdrehungen pro Minute und mit
8 bis 10 Hüben homogenisiert.

Zentrifugenbecher werden so gefüllt, daß die Hälfte des nutz-   Zentrifugation
baren Volumens (maximale Füllmenge bei Bechern ohne dichten
Schraubverschluß beachten) mit eiskalter Lösung D gefüllt ist,
die dann mit dem gleichen Volumen Homogenat überschichtet
wird.

In einer Kühlzentrifuge wird mit 1000·g_{max} 5 Minuten bei 0 °C
zentrifugiert. Der Niederschlag wird im Ausgangsvolumen an E
aufgenommen, es wird wie oben zentrifugiert und der Waschschritt wird einmal wiederholt.

Die Zellkerne werden in 2 ml pro Rattenleber eiskalter Lösung
C aufgenommen und stehen für Versuche zur Verfügung.

Literatur

C.C.WIDNELL, J.R.TADA (1964) Biochem.J. **92**, 331-317

5.2.2 Saccharosegradientenzentrifugation

5.2.2.1 Präparation von Oberflächenmembranen (Sarkolemm, SL) des Herzmuskels

Dieses Beispiel wurde gewählt, weil es aus einer Kombination
von Differential- und Dichtegradientenzentrifugation besteht.

A 0,75 M KCl, 5 mM Imidazol oder Histidin, 0,2 mM DTT oder   Lösungen
   DTE, 0,1 mM PMSF [4], pH 6,8
B 10 mM NaHCO$_3$, 5 mM Imidazol oder Histidin, 0,2 mM DTT,
   0,1 mM PMSF, pH 6,8
C 0,25 M Saccharose, 5 mM Histidin, pH 7,2
D 0,6 M KCl, 10 mM Histidin oder Imidazol, pH 7,2
D' 18 % Saccharose (w/v) in D
D" 27 % Saccharose (w/v) in D

Tabelle 5.4. Konzentration, Dichte und Brechungsindex von wäßrigen Dichtegradientenmedien und ihren Verdünnungen (Saccharose s. Tab. 9.9)

Medium	%	M	ρ in g/ml	n_D^{20}
CsCl in Wasser (25 °C) [a] [b]				
	10	0,64	1,079	1,3405
	20	1,39	1,174	1,3498
	30	2,28	1,286	1,3607
	40	3,37	1,420	1,3735
	50	4,70	1,482	1,3885
	60	6,36	1,785	1,4072
	gesättigt	7,4	1,91	1,4185
Cs_2SO_4 in Wasser (25 °C) [c]				
	10	0,30	1,086	1,3438
	20	0,66	1,190	1,3414
	30	1,09	1,317	1,3607
	40	1,62	1,469	1,3718
	50	2,27	1,644	1,3846
	gesättigt	3,56	2,01	
$CsCOOCF_3$ in Wasser (25 °C)				
	gesättigt	10	2,6	
Percoll in 0,25 M Saccharose[d]				
	20		1,054	
	40		1,078	
	60		1,102	
	80		1,125	
	Stammlösung		1,149	
Percoll in 0,15 M NaCl				
	20		1,027	
	40		1,051	
	60		1,075	
	80		1,098	
	Stammlösung		1,122	
Metrizamid in Wasser (20 °C) [e]				
	10 [f]	0,127	1,025	1,3483
	20	0,253	1,106	1,3646
	30	0,380	1,161	1,3809
	40	0,507	1,216	1,3971
	50	0,633	1,271	1,4133
	60	0,760	1,326	1,4295
	70	0,887	1,381	1,4458

Tabelle 5.4. Fortsetzung

Medium	%	M	ρ in g/ml	n_D^{20}
Ficoll in Wasser (20 °C)				
	5		1,015	1,3398
	10		1,032	1,3469
	15		1,050	1,3545
	20		1,069	1,3625
	25		1,090	1,3713
	30		1,103	1,3801
	35		1,121	1,3893
	40		1,155	1,3986
	50		1,199	1,4171

a % w/w

b $\rho_{25} = 1{,}1564 - 10{,}2219 \cdot n_D^{25} + 7{,}5806 \cdot (n_D^{25})^2$ für $1{,}00 < \rho_{25} < 1{,}90$ Nach: R.M.C.Dawson, D.C.Elliot, W.H.Elliot, K.M.Jones (1986) Data for Biological research. 3. Aufl., Clarendon Press, Oxford

c $\rho_{25} = 0{,}9945 + 11{,}1066 \cdot (n_D^{25} - 1{,}3325) - 26{,}4460 \cdot (n_D^{25} - 1{,}3325)^2$; $\rho_{25} = 1{,}0047 + 0{,}28569 \cdot m - 0{,}017428 \cdot m^2$ für $1{,}14 < \rho_{25} < 1{,}80$; m - Molalität (Mole pro 1000 g Lösung). Nach: R.M.C.Dawson u. Mitarb.: loc.cit.

d als % Stammlösung

e $\rho_{20} = 3{,}350 \cdot n_D^{20} - 3{,}462$; $\rho_5 = 3{,}453 \cdot n_D^{20} - 3{,}601$ Nach: R.M.C.Dawson u.Mitarb.: loc.cit.

f in % w/v

Alle Präparationsschritte sind bei 4° bzw. im Eisbad durchzuführen.

Sechsmal 45 g tiefgefrorener (Schweine-)Herzmuskel werden grob zerkleinert und in je 165 ml Lösung A angetaut. Mit einem Messerhomogenisator (z. B. Waring Blendor, low speed) wird das Gewebe 20 Sekunden homogenisiert (bei entsprechend großem Homogenisator-Becher kann die Homogenisation in einem Schritt erfolgen). Die Homogenat-Suspensionen werden vereinigt. **Gewebeaufschluß**

Die Suspension wird 15 Minuten mit 3000·g zentrifugiert (Sorvall Rotor GS-3 oder Beckman Rotor JA-10: 4500 rpm). Die Niederschläge werden 20 Sekunden wie oben in je 130 ml A homogenisiert und erneut zentrifugiert. Anschließend werden die Niederschläge in 130 ml B suspendiert, auf drei Becher verteilt und wieder wie angegeben zentrifugiert. **1. Differential-Zentrifugation und Rehomogenisation**

Jeder Niederschlag wird halbiert und mit B auf 120 ml Endvolumen aufgefüllt, dann mittels Polytron- oder Ultra-Turrax- **hochtourige Homognisation und 2. Differential-Zentrifugation**

Homogenisator (60 % der maximalen Drehzahl) dreimal 15 Sekunden homogenisiert. Die vereinigten Homogenate werden für 20 Minuten mit $11.000 \cdot g$ zentrifugiert (Sorvall Rotor GS-3 oder Beckman Rotor JA-10: 8500 rpm). Der Überstand wird abgenommen und 40 Minuten lang mit $57.000 \cdot g$ (Beckman Rotor 45Ti: 26.000 rpm) zentrifugiert.

Dichtegradienten-Zentrifugation

Die Niederschläge, eine Membran-Grobfraktion, werden in D suspendiert (Endvolumen ca. 24 ml), mit einem Glas-Teflon-Homogenisator gut homogenisiert und auf einen linearen Gradienten $18 \rightarrow 27\%$ Saccharose aus D' und D" aufgetragen (je Becher ca. 4 ml). Es wird mit $60.000 \cdot g_{av}$ bzw. $83.000 \cdot g_{max}$ 90 Minuten zentrifugiert (z. B. für Beckman-Rotor SW 28: 16,5 ml D' und 16,5 ml D" pro Becher, 24.000 rpm).

3. Differential-Zentrifugation

Die weiße, relativ schmale, etwa 1 cm vom oberen Rand entfernte Schicht wird mit der darüber befindlichen Lösung abgenommen, im Verhältnis 1:2 mit Lösung D verdünnt und mit

Tabelle 5.5. Leitenzyme für die Zellfraktionierung

subzelluläre Komponente	Marker (Leitenzym)
Zellkern	NAD-Pyrophospharylase; DNA
Chloroplasten	Ribulose-1,5-bisphosphat-
Carboxylase;	Chlorophyll
Mitochondrien	
innere Membran	Cytochrom-c-Oxidase
	Succinat-Dehydrogenase
äußere Membran	Monoamin-Oxydase; Cytochrom b_5
Matrix	Fumarat-Hydroxylase
	Glutamat-Dehydrogenase
	Malat-Dehydrogenase
Lysosomen	saure Phosphatase
	ß-Galactosidase
	ß-Hexosaminidase
Peroxysomen	Katalase
rauhes endoplasmatisches Retikulum (Mikrosomen)	Glucose-6-phosphatase; Ribosomen
Golgi-Apparat	Galactosyltransferase
	α-Mannosidase II
	Thiamin-Phyrophosphatase
Plasmamembran	alkalische p-Nitrophenylphosphatase
	Oubain-sensitive Na,K-ATPase
	alkalische Phosphodiesterase I
Cytosol	Laktat-Dehydrogenase

$60.000 \cdot g_{max}$ 45 Minuten zentrifugiert (Beckman Rotor 50.2Ti: 40.000 rpm). Der Niederschlag, der hochgereinigtes Sarkolemm darstellt, wird in wenig Lösung C aufgenommen und in flüssigem Stickstoff eingefroren.

Als Markerenzyme können die p-Nitrophenylphosphatase **Leitenzyme** (PNPase), die Ouabain- (g-Strophantin-) sensitive Na,K-abhängige ATPase oder der Dihydropyridin-Rezeptorkomplex dienen.

Literatur

R.VETTER, H.HAASE, H.WILL (1982) FEBS Lett. *148*, 326-330

Eine Zusammenstellung häufig bestimmter Leitenzyme in der Zellfraktionierung ist in der vorstehenden Tabelle aufgelistet. Sie soll nur zur Orientierung dienen, da sowohl Enzymvorkommen als auch meßbare Enzymaktivität von Spezies zu Spezies und Organ zu Organ sehr unterschiedlich sein können.

Literatur

D.LLOYD, R.K.POOLE (1979) in: Techniques in the Life Sciences - Biochemistry, Vol. B2/1, Pt. B202, 1 - 27, Elsevier, County Clay

D.T.PLUMMER (1987) Practical Biochemistry 3. Aufl., 272 ff., McGraw-Hill, London

B.STORRIE, E.A.MADDEN (1990) Meth. Enzymol. *182*, 203-225

J.M.GRAHAM (1993) The Identification of Subcellular Fractions from Mammalian Cells. In: J.GRAHAM, J.HIGGINS (Hrsg.) Meth. Molec. Biol., Bd. 19 - Biomembrane Protocols. I. Isolation and Analysis, 1-18. Humana Press, Totowa

5.2.2.2 Enzym-Bestimmung: Oubain-sensitive Na,K-ATPase

A 0,25 M Saccharose, 5 mM Histidin, pH 7,2   **Lösungen**

B 2 % SDS in dest. Wasser

C 167,7 mM NaCl, 6,3 mM NaN_3, 26,7 mM KCl, 4 mM $MgCl_2$, 0,13 mM EGTA, 40 mM Imidazol
   Substanzen in ca. 8 ml dest. Wasser lösen, pH auf 7,5 einstellen, auf 10,0 ml auffüllen

ATP 30 mM Na_2-ATP (18 mg/ml dest. Wasser)

Ou 5 mM Oubain (g-Strophanthin) in dest. Wasser

D 4 % SDS, 10 mM EDTA, pH 7,5 mit NaOH einstellen

E 6 N Salzsäure

F 2,5 % Ammonium-molybdat (w/v) in dest. Wasser

G 10 % Ascorbinsäure (w/v) in dest. Wasser

H E, F, G und dest. Wasser werden im Verhältnis 1:1:1:7 gemischt. Die Lösung ist nur einen Tag haltbar.

Das SL-Präparat (aus Abschn. 5.2.2.1) wird mit Lsg. A auf ca. 1 mg Protein/ml verdünnt. Zu 100 µl dieser Verdünnung wird 1 µl der Lösung B gegeben, die Verdünnung wird in Eis gestellt.

In Eppendorf-Gefäße wird der Ansatz in Triplikaten (s. nachstehendes Pipettierschema 5.6) pipettiert.

Die Reaktionsansätze werden 5 Minuten auf 37° temperiert, dann wird die Reaktion durch Zugabe von je 15 µl SL-Verdünnung zu den mit „+" bzw. „-" gekennzeichneten Gefäßen gestartet. Nach genau 15 Minuten bei 37 °C wird die Reaktion durch Zugabe von je 0,5 ml D gestoppt.

Aus jedem Reaktionsgefäß werden für die Phosphatbestimmung 0,5 ml entnommen.

Die spezifische Aktivität an oubain-sensitiver Na/K-ATPase und die Gesamt-ATPase-Aktivität ergeben sich aus der Enzymaktivität „-Oubain", „+Oubain", dem Blindwert K und der eingesetzten Proteinmenge nach folgenden Formeln:

$$\mu kat\ Na, K - ATPase / mg = \frac{\mu mol P_i^- - \mu mol P_i^+}{0,5 \cdot a \cdot 900}$$

$$\mu kat\ Gesamt - ATPase / mg = \frac{\mu mol P_i^- - \mu mol P_i^K}{0,5 \cdot a \cdot 900}$$

a, Proteinmenge im Ansatz in mg; P_i, gemessenes anorganisches Phosphat

Phosphatbestimmung

0,50 ml der Probenlösung bzw. des Standards werden in Reaktionsgefäßen mit 1,50 ml H versetzt. Die Reaktionsgefäße werden verschlossen und 1,5 bis 2 Stunden im Dunkeln auf ca. 37 °C temperiert. Anschließend wird bei 750 nm im Photometer gemessen.

Die Eichkurve wird im Bereich zwischen 50 bis 350 nMolen Phosphat je Probe mit 10 mM KH_2PO_4 (= 10 nmol/µl) als Standard aufgenommen (s.a. Protokoll 1.3.2)

Tabelle 5.6. Pipettierschema für die Bestimmung der Na,K-ATPase

Lösung in µl	+	–	K
C	375	375	375
ATP	50	50	50
Ou	50	–	–
dest. Wasser	10	60	75
Vorinkubation bei 37 °C			
Membransuspension	15	15	–

5.2.2.3 Rezeptor-Bestimmung: DHP-Bindungsstellen in der Oberflächenmembran

In den Oberflächenmembranen von Muskel- und Nervenzellen ist der spannungsabhängige L-Typ-Calciumkanal ein typischer Membranprotein-Komplex, der ebenfalls als Marker herangezogen werden kann. Er bindet hochspezifisch u. a. Calciumkanal-Antagonisten wie die Dihydropyridine (DHP) (+)-PN 200-110 oder Nitrendipin.

Wichtig: Die Arbeiten mit Dihydropyridinen müssen im abgedunkelten Raum unter Gelblicht (Natriumlicht) durchgeführt werden, da sie lichtempfindlich sind.

A   50 mM Tris, pH 7,4, 2 mM $CaCl_2$, 0,1 mM PMSF (frisch zugeben)   Lösungen

B   PN: 100.000 - 120.000 dpm = 1670 - 2000 Bq (+)-[Methyl-^{3}H]PN 200-110 (spez. Aktivität ca. 3 TBq/mmol) in 50 µl A (Ausgangsverdünnung)

C   Blank: 1 µM Nitrendipin in A (Endkonzentration)

D   Fällungsmittel: 10 % PEG 6000 (w/v) in 10 mM Tris, pH 7,4, 10 mM $MgCl_2$. Auf 0 °C temperieren.

E   0,3 % Polyethylenimin (PEI) in Wasser

Die Membranpräparation wird auf ca. 0,4 mg Protein/ml bzw. bei Zellen auf ca. 10^6 Zellen/ml mit Puffer A verdünnt. Von der Aus-

Tabelle 5.7. Pipettierschema für die Bestimmung der PN-Bindung in µl

	A	B	C	Membran- bzw. Zellsuspension
$Total_0$	–	50	–	–
$Blank_0$	50	50	50	100
$Bound_0$	100	50	–	100
$Total_1$	–	50	–	–
$Blank_1$	50	50	50	100
$Bound_1$	100	50	–	100
$Total_2$	–	50	–	–
$Blank_2$	50	50	50	100
$Bound_2$	100	50	–	100
$Total_3$	–	50	–	–
$Blank_3$	50	50	50	100
$Bound_3$	100	50	–	100
$Total_4$	–	50	–	–
$Blank_4$	50	50	50	100
$Bound_4$	100	50	–	100

gangsverdünnung B werden vier 1:3-Verdünnungen „0" bis „4"
mit A hergestellt.

Für die Bestimmung der Total-Werte werden ebenfalls als
Duplikate 50 µl der Verdünnungen „0" bis „4" direkt in die Szin-
tillationsküvetten gegeben.

Zunächst wird der Reaktionsansatz mit den Lösungen A, B und
C pipettiert, dann wird die Ligandenbindung durch Zugabe der
Membran- bzw. Zellsuspension gestartet. Die Inkubation erfolgt
für eine Stunde bei 37 °C als Duplikate in 4-ml-Einweg-Plaströhr-
chen.

Nach der Inkubation werden die Röhrchen ins Eisbad gestellt
und mit je 2 ml Fällungslösung D gestoppt.

Whatman GF/C-Glasfaserfilter werden mit E angefeuchtet und
in eine Absaugvorrichtung gegeben. Dann werden die Proben filtriert und die Röhrchen mit zweimal 2 ml Fällungslösung nachgespült. Die Filter werden im ß-Counter in einer geeigneten Szin-
tillator-Lösung gemessen.

5.2.2.4 Bestimmung der Dissoziations- und Assozia-
tionskinetik des DHP-Rezeptors

Eine detaillierte Analyse des Liganden-Bindungsverhaltens an
einen Rezeptor kann man durch die Bestimmung der Assoziationsgeschwindigkeitskonstante ("on kinetics") bzw. der Dissoziationsgeschwindigkeitskonstante ("off kinetics") vornehmen.
Die Bestimmung dieser Parameter wird wieder am Beispiel des
kardialen DHP-Rezeptors vorgestellt.

Bestimmung der Dissoziationskonstante k_{-1} (off kinetics)

Ein Homogenat aus $2 \cdot 10^7$ Zellen in 10 ml Puffer A wird mit
ca. 600.000 bis 800.000 dpm ^{3}H-PN 200-110 für 60 Minuten bei
37 °C inkubiert. Als Blank wird eine Probe mit 1 µM Nitrendipin
und 30.000 bis 40.000 dpm ^{3}H-PN 200-110 ebenfalls 1 h bei 37 °C
inkubiert und anschließend zur Zeit t = 0 (→ "B_0") gefällt. Dann
wird Nitrendipin bis zu einer Endkonzentration von 1 µM zugegeben.

Nach 0, 1, 2, 5, 7, 10, 15, 20, 25, 30 Min. werden je zweimal
0,5 ml entnommen, sofort mit eiskaltem D gefällt (→ "B") und
über Whatman GF/C-Glasfaserfilter abgesaugt.

Auswertung: $y = B/B_0$, $x = t$

Bestimmung der Assoziationskonstante k_1 (on kinetics)

Zu 3 ml ^{3}H-PN 200-110 (ca. 1.600.000 dpm) werden 17 ml Zellhomogenat ($2 \cdot 10^7$ Zellen in A, auf 37 °C temperiert) gegeben.

Nach 0, 1, 2, 4, 6, 8, 10, 12, 15, 20 Min. werden Duplikate von je
1 ml entnommen, sofort mit 2 ml eiskaltem PEG gefällt und wie
oben beschrieben über Whatman GF/C-Glasfaserfilter abgesaugt.

Blank: 850 µl Zellhomogenat, 100 µl PN, 50 µl 20 µM Nitrendipin, 20 Min. 37 °C.

$$\text{Auswertung: } y = B/B_0, x = t$$

Die maximale Zahl B_{max} der Bindungsstellen und der Wert der   Auswertung
Dissoziationskonstanten K_D werden aus einem Scatchard-Plot   (s. Anhang
(s. Abschn. 10.2 im Anhang) ermittelt. Man erhält beim Auftra-   Abschn. 10.2)
gen von B/F (y-Achse, B=Bound-Blank, spezifisch gebundener
Ligand; F = Total-Bound, freier Ligand; Konzentration von PN
200-110 aus der spezifischen Radioaktivität berechnen) gegen F
(x-Achse,) eine Gerade mit der Funktionsgleichung y = f(x)

$$\frac{\text{Bound} - \text{Blank}}{\text{Total} - \text{Bound}} = a + b \cdot (\text{Bound} - \text{Blank})$$

Aus y=0 folgt B_{max}, der Anstieg b liefert K_D. Die Auswertung
kann auch mit dem „EBDA"-Programm, dem InPlot-Programm
(nicht-lineare Regression einer rechteckigen Hyperbelfunktion)
oder einem ähnlichen Computerprogramm (s. Anhang 10.2) zur
Berechnung von Gleichgewichts-Bindungsdaten vorgenommen
werden.

Die Assoziationsgeschwindigkeitskonstante k_1 erhält man als
Anstieg der Geraden in der Darstellung $B/B_0 = f(t)$, die Dissoziationsgeschwindigkeitskonstante k_{-1} aus der Darstellung der Gleichung $\ln (B/B_0) = -k_{-1} \cdot t$ (s. Anhang 10.2).

Literatur

H.Glossmann, J.Striessnig (1990) Rev. Physiol. Biochem. Pharmacol.
  114, 1-105

5.2.2.5 Nicht-denaturierender Saccharosegradient zur RNA-Trennung

A   1 M NaCl, 0,1 M Tris·HCl, 5 mM EDTA, pH 7,5   Lösungen
B   15 % RNase-freie Saccharose (w/v) in A [5]
C   30 % RNase-freie Saccharose (w/v) in A

In ein Zentrifugenröhrchen (z. B. für den Beckman-Rotor SW 41,
13 ml Fassungsvermögen) wird mit Hilfe eines Gradientenmischers (Abb. 2.2) ein linearer Gradient aus je 6 ml B und C
geschichtet (wenn die Lösung von oben am Rand des schrägge-
stellten Zentrifugenbechers in ihn hineinläuft, muß in die dem
Auslaß am nächsten liegende Kammer die schwere Lösung C
gefüllt werden, wenn mittels einer Kapillare die Röhrchen vom
Boden aus`gefüllt werden, was bei Verwendung einer Schlauch-

pumpe bessere Gradienten ergibt, wird Lösung B in die Mischkammer gegeben).

Die Zentrifugenröhrchen werden über Nacht erschütterungs-
arm kalt gestellt. Vor der Zentrifugation wird pro Röhrchen
0,10 ml Probe aufgetragen, dann werden die jeweils gegenüber-
liegenden Röhrchen auf 0,1 g genau tariert. Ob alle Becher des
Ausschwingrotors belegt werden, hängt von der Probenmenge
ab. Auf jeden Fall ist es für den Rotor schonend, wenn die nicht
durch Gradienten belegten Becher leer mitlaufen.

Die Zentrifugation erfolgt mit $200.000 \cdot g_{max}$ für 15 bis 17 Stun-
den. Nach dem Zentrifugenlauf wird das die Probe enthaltende
Röhrchen in eine Austropfapparatur (Abb. 5.1) gesetzt, mit einer
Schlauchpumpe wird eine spezifisch schwere Lösung, z. B. 40 %
Saccharose in A, der etwas Amidoschwarz zugesetzt wurde, ein-
gepumpt und die austretenden Fraktionen werden vermessen.
Für größere RNA-Mengen kann man die UV-Absorption ausnut-
zen. Die Saccharosemenge und damit die Dichte wird über den
Brechungsindex (vgl. Tab. 9.9) ermittelt.

5.2.2.6 Denaturierende RNA-Gradientenzentrifugation

Lösungen

A   1 ml 1 M HEPES mit 99 ml frisch destilliertem DMSO[6] mischen
B   2,5 % Saccharose (w/v) in A
C   5,0 % Saccharose (w/v) in A
D   7,5 % Saccharose (w/v) in A
E   10,0 % Saccharose (w/v) in A

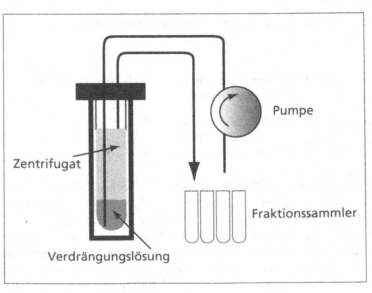

Abb. 5.1: Austropfvorrichtung

In einen Zentrifugenbecher wird 1/5 des verfügbaren Volumens an Lösung B einpipettiert. Sie wird vorsichtig mit dem gleichen Volumen C, dann mit D und schließlich mit E unterschichtet. Man läßt das Zentrifugenröhrchen erschütterungsfrei bei Raumtemperatur über Nacht stehen. Dabei bildet sich durch Diffusion ein linearer Gradient heraus.

60 µl RNA-Lösung werden mit 275 µl DMSO gemischt, dann werden 165 µl Dimethylformamid (DMF) zugegeben. Pro Gradient werden von dieser Mischung 200 µl auf die Oberfläche aufgetragen.

Die Zentrifugation erfolgt bei 25 °C mit $200.000 \cdot g_{max}$ für 15 bis 17 Stunden.

Das RNA-Profil kann nicht durch UV-Absorptionsmessung bei 260 nm erfolgen, da DMSO erst längerwellig als 275 nm eine vernachlässigbare Eigenabsorption besitzt.

Als Marker für die RNA-Größe bei der Ultrazentrifugation ist bakterielle ribosomale RNA gut geeignet, die scharfe Banden mit 5S, 16S und 23S ergibt.

Literatur

B.D.HAMES (1978) In: D.RICKWOOD (Hrsg.) Centrifugation - A Practical Approach, 87-88, IRL, London

5.2.3 Isopyknische Zentrifugation

Isopyknische Zentrifugationen (Trennung nach Dichteunterschieden) sollten im Festwinkel- oder Vertikalrotor durchgeführt werden, ausschwingende Rotoren sind weniger geeignet, da durch den relativ großen Abstand zwischen Flüssigkeitsoberfläche und Becherboden ein großer Unterschied im Schwerefeld zwischen g_{min} und g_{max} besteht (s.a. Abb. 5.3). Vertikalrotoren mit hoher Drehzahl benötigen erheblich kürzere Zentrifugationszeiten als vergleichbare Festwinkelrotoren.

Bei Cäsiumsalz-Dichtegradientenzentrifugationen sollte die Salzkonzentration (Dichte) am Ende des Laufs genügend weit von der Sättigungskonzentration entfernt sein (vgl. Tab. 5.4), um ein Auskristallisieren während des Laufs zu vermeiden, da die sich bildenden Salzkristalle den Rotor zerstören würden.

Bei Zentrifugationen mit Lösungen mit einer Dichte $\rho > 1,2$ g/ml können die Rotoren nicht mehr mit ihrer maximalen Drehzahl N_{max} gefahren werden. Die reduzierte Drehzahl N_{red} ergibt sich zu

$$N_{red.} = N_{max.} \cdot \sqrt{\frac{1,2}{\rho}}$$

5.2.3.1 Reinigung hochmolekularer DNA
   im CsCl-Gradienten

selbstgenerieren-
der Dichtegradi-
ent

Das Beispiel beschreibt die Arbeit mit einem selbstgenerierenden Gradienten.

4,0 ml Puffer, z. B. 10 mM Tris·HCl, 5 mM EDTA, pH 7,8, der 10
bis 15 µg DNA pro ml enthalten kann, werden mit 5,0 g Cäsi-
umchlorid versetzt. Es wird so lange mit einem Glasstab bei 20 °C
gerührt, bis sich alles Salz gelöst hat. Dann wird die Lösung in ein
Zentrifugenröhrchen eines Typ-40-Rotors (Beckman) eingefüllt
und mit 1,0 ml Paraffinöl überschichtet. Man zentrifugiert 35 bis
40 Stunden bei 20 °C mit 90.000·g_{av} (37.000 rpm).

Nach dem Lauf wird das Röhrchen in einer Apparatur entsprechend Abb. 5.1 durch Unterschichten mit einer gefärbten,
80 %igen CsCl-Lösung (w/w) entleert. Die Fraktionen werden
aufgefangen, die DNA-enthaltenden Fraktionen durch UV-
und/oder Radioaktivitätsmessung identifiziert. Durch Messung
des Brechungsindex der Fraktionen, die von einem gleich behan-
delten zweiten Röhrchen erhalten wurden, wird die Dichte der
einzelnen Fraktionen bestimmt (vgl. Tab. 5.3 und 5.4 und Anmerkungen zu Tab. 5.4; die Dichte und der Brechungsindex stehen in
einer annähernd linearen Relation zu einander).

Aus der Dichte läßt sich für Doppelstrang-DNA nach SCHILD-
KRAUT und Mitarb. die Summe des Gehalts an Guanin und Cyto-
sin berechnen:

$$\text{Mol} - \%\text{GC} = \frac{(\rho - 1{,}660) \cdot 100}{0{,}098}$$

Literatur

L.A.OSTERMAN (1984) Methods of Protein and Nucleic Acid Research.
   Bd. 1: Electrophoresis, Isoelectric Focusing, Ultracentrifugation, 284-
   308. Springer, Berlin
C.L.SCHILDKRAUT, J.MARMUR, P.DOTY (1962) J.Mol.Biol. *4*, 430-443

5.2.3.2 Zellfraktionierung mittels Percoll

Percoll ist ein Polyvinylpyrrolidon-umhülltes Kieselgel-Sol. Per-
coll-Suspensionen haben eine geringe Osmolarität. Für Zelltren-
nungen wird deshalb die Percoll-Stammsuspension im Verhältnis 9 Vol. Percoll + 1 Vol. 2,5 M Saccharose bzw. 1,5 M NaCl bzw.
zehnfach konzentriertes Zellkulturmedium isoton gemacht.

Man kann einen Percoll-Gradienten stufenweise oder kontinuierlich schichten, der Gradient formt sich aber auch selbst
während der Zentrifugation. Der Gradient baut sich im Vergleich
zu Cäsiumchloridgradienten relativ rasch auf.

Für einen Gradienten, der über einen möglichst weiten Dichtebereich linear verläuft, geben die Percoll-Hersteller folgende Daten an:

Percoll in 0,15 M NaCl (Endkonzentration) mindestens mit $10.000 \cdot g_{av}$, Percoll in 0,25 M Saccharose (Endkonzentration) mit mindestens $25.000 \cdot g_{av}$ zentrifugieren. Es sollte ein Festwinkelrotor mit möglichst kleinem Winkel zwischen Bohrung und Rotorachse gewählt werden. Für die Laufzeit bei selbstgenerierenden Gradienten wird ein g·t-Produkt von $5 \cdot 10^5$ bis $2 \cdot 10^6$ g·min angegeben, bei vorgeformten Gradienten werden Trennungen bereits mit 400 bis $800 \cdot g_{av}$ nach 10 bis 20 Minuten erhalten. Für die Probenmenge gelten als Richtwerte $8 \cdot 10^7$ Zellen in 1 ml Kulturmedium bei einem Gradientenvolumen von 12 ml bzw. 0,5 ml Probe (2 bis 10 mg Protein/ml) je 10 ml Gradient.

A   2,5 M Saccharose oder 1,5 M NaCl oder zehnfach konzentriertes Zellkulturmedium Lösungen

B   1 Vol. A und 9 Vol. dest. Wasser

C   Percoll-Arbeitsverdünnung, deren Dichte im Bereich der Dichte der zu trennenden Zellen liegen sollte ($\rho \approx 1,1$ g/cm³). Für V ml Verdünnung C werden V/10 ml A mit V_0 ml Percoll [7] und ($V - V_0$) ml dest. Wasser gemischt.

Der Gradient wird entweder mit einem Gradientenmischer hergestellt oder durch Vorzentrifugation für 30 Minuten mit $30.000 \cdot g_{av}$ generiert. Auf diesen Gradienten werden 1 bis 2 ml Zellsuspension pro 12 ml Gradient aufgetragen, dann wird mit $800 \cdot g_{av}$ 15 Minuten zentrifugiert. Man kann auch die Zellsuspension mit der Lösung C mischen und dann mit $30.000 \cdot g_{av}$ 45 Minuten lang zentrifugieren.

Anschließend wird der Gradient wie in den voranstehenden Abschnitten beschrieben fraktioniert. Die die Zellen enthaltenden Fraktionen werden mit dem fünffachen Volumen an B verdünnt, die Zellen werden mit 200·g sedimentiert und anschließend mit B gewaschen.

Subzelluläre Partikel oder Viren können von Percoll getrennt werden, indem die entsprechende Fraktion in einem Festwinkelrotor 90 Minuten mit 100.000·g zentrifugiert wird. Dabei bildet Percoll einen festen Niederschlag, in dem nur wenig vom interessierenden biologischen Material eingeschlossen ist.

Literatur

Pharmacia Fine Chemicals (1985) Percoll - Methodology and Applications. Uppsala

5.2.3.3 Leukozytenpräparation

A   3,8 % Na-citrat (w/v) in dest. Wasser
B   RPMI-Medium, 10 mM HEPES[8]
C   RPMI-Medium, 5 % FKS (v/v), 0,35 ml/100 ml Mercaptoethanol,
    10 U/100 ml Streptomycin, 10 U/100 ml Penicillin, 29 mg/100 ml
    L-Glutamin
D   IMDM-Medium, 10 % humanes AB-Serum (v/v), 0,35 ml/100 ml
    Mercaptoethanol, 10 U/100 ml Streptomycin, 10 U/100 ml
    Penicillin, 29 mg/100 ml L-Glutamin
E   0,5 % Trypanblau (C.I. 23850) in PBS
Wichtig: Für Zellkulturarbeiten alle Lösungen steril filtrieren

10 ml venöses, peripheres Blut werden mit 2,5 ml A sehr gut bei
Raumtemperatur gemischt. Dann wird ein gleiches Volumen
(12,5 ml) B bei 20 °C zugegeben. Nach Mischung werden 25 ml
Dichtegradienten-Medium (Lymphoprep, ρ = 1,077 g/ml) mit
den 25 ml Blutlösung vorsichtig überschichtet und 30 Minuten
bei 20 °C mit 1600 rpm (ca. 800·g) zentrifugiert.

Der Überstand wird verworfen, das Leukozytenkonzentrat
wird vorsichtig mit einer Pasteur-Pipette abgehebert und mit
einem gleichen Volumen B versetzt. Es wird 10 Minuten bei 20 °C
mit 1000 rpm (ca. 500·g) zentrifugiert. Das Sediment wird in
etwa 30 ml B suspendiert und wieder wie eben zentrifugiert.

Das Sediment wird in C aufgenommen und so lange durch
Zentrifugation bei 4 °C (1500 rpm, 5 Minuten) gewaschen, bis es
thrombozytenfrei ist.

Das Leukozytenkonzentrat wird in ca. 20 ml D für eine weitere
Verwendung aufgenommen.

Zur Bestimmung der Zelldichte werden 10 µl dieser Zellsuspension mit 10 µl E gemischt, in eine Neubauer-Zählkammer
gefüllt und die Leukozyten werden ausgezählt.

5.3 Drehzahl-Zentrifugalbeschleunigungs-Nomogramme

Die relative Zentrifugalbeschleunigung rcf (relative centrifugal
field), gewöhnlich angegeben als Vielfaches der mittleren Erdbeschleunigung g (9,807 m/s^2), wird für Zentrifugen berechnet
nach der Formel

$$\text{rcf} = \frac{r \cdot \omega^2}{g} = 1{,}119 \cdot r \cdot \left(\frac{\text{rpm}}{1000}\right)^2$$

mit r - Abstand eines Partikel oder Rotorteils von der Rotorachse
in mm, ω - Winkelgeschwindigkeit (ω = 2·π·rpm/60) in Radian

pro Sekunde, g - Erdbeschleunigung, rpm - Umdrehungen pro
Minute.

Bei maximalem Abstand von der Rotorachse, am Röhrchenbo-   Definition g_{min},
den, erhält man den Wert g_{max}, bei minimalem Abstand, an der g_{max}, g_{av}
Flüssigkeitsoberfläche, g_{min}, und für den Wert des arithmeti-
schen Mittels aus diesen beiden Radien den Wert g_{av}.

Die Abb. 5.2 und 5.3 geben Nomogramme wieder, mit deren
Hilfe bei gegebenem Abstand (Radius) von der Rotorachse und
gewünschter Beschleunigung („g-Zahl") die erforderliche Dreh-

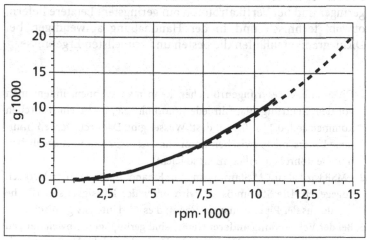

Abb. 5.2: rpm-g-Nomogramm für Festwinkelrotoren (Eppendorf-Labor-
zentrifuge 5403)— Festwinkelrotor 16F6-28, ----Festwinkelrotor 16F24-11

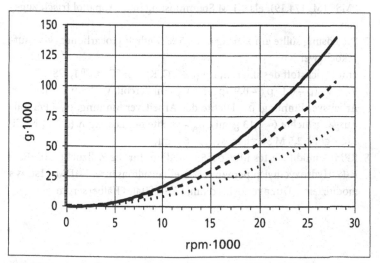

Abb. 5.3: rpm-g-Nomogramm für ausschwingenden Rotor (Ultrazentrifuge, Beckman-Rotor SW28) — g_{max}, --- g_{av}, ····· g_{min}

zahl bzw. bei gegebener Drehzahl die erreichbare Beschleunigung abgelesen werden kann.

Dem Beispiel in Abb. 5.2 (Angaben für g_{max}) liegen folgende Werte zugrunde: Festwinkel-Rotor 16 F6-28 (6·50 ml) und 16 F24-11 (24·1,5 ml) der Eppendorf-Zentrifuge 5403 bzw. 5416 bzw. Hettich-Zentrifuge Universal 30RF.

Abbildung 5.3 stellt die Drehzahl-Beschleunigungsdiagramme für einen Ultrazentrifugen-Ausschwing-Rotor (Beckman SW28) dar. Hier wird besonders deutlich, wie groß die g-Unterschiede zwischen Röhrchenboden (g_{max}) und Röhrchenoberkante (g_{min}) sind. Diese Unterschiede sind bei Festwinkel-Rotoren wesentlich geringer und bei Vertikalrotoren am geringsten. Letztere liefern, obwohl technisch und in der Handhabung aufwendiger, bei Dichtegradientenläufen die besten und schnellsten Ergebnisse.

Anmerkungen

1 Dickwandige Zentrifugenröhrchen kann man schonen, indem man vor dem Zentrifugenlauf in jede Rotorbohrung, in die ein Röhrchen kommen soll, 0,2 bis 0,5 ml dest. Wasser gibt. Dadurch werden minimale Unterschiede zwischen Rotor- und Röhrchenwand ausgeglichen und die Röhrchen reißen nicht so leicht.

2 PMSF wird als 0,1 M Stammlösung in Ethanol frisch vor dem Versuch zugegeben. Die Stammlösung wird unter der Flüssigkeitsoberfläche kräftig aus der Pipette ausgestoßen und es wird intensiv gemischt.

3 Bei der Verwendung anderer Geräte sind geringfügige Abweichungen zu erwarten, die durch Variation der Drehzahl und der Homogenisationsdauer ausgeglichen werden können.

4 DTT bzw. DTE (M_r 154,25) als 0,2 M Stammlösung in dest. Wasser, PMSF (M_r 174,19), als 0,1 M Stammlösung in n-Propanol frisch zugeben.

5 Die Lösung sollte am Vortag mit 0,5 % Diethylpyrocarbonat (v/v) aufgekocht werden.

6 unter Stickstoff destillieren; $Kp._{18}$ 86 °C, $Kp._8$ 63 °C, n_D^{20} 1,4787.

7 $V_0 = V \cdot (\rho - 0,1 \cdot \rho_A - 0,9)/\rho_0$ mit V_0 – ml Percoll, V - Endvolumen der Arbeitsverdünnung, ρ - Dichte der Arbeitsverdünnung, ρ_0 - Percoll-Ausgangsdichte ($\approx 1,13$ g/ml), ρ_A - Dichte der Lösung A (1,5 M NaCl: 1,058 g/ml; 2,5 M Saccharose: 1,316 g/ml)

8 RPMI - modifiziertes McCoy-5A-Medium für die Zellzucht, HEPES - N-(2-Hydroxyethyl)piperazin-N′-2-ethansulfonsäure, IMDM - Iscovs modifiziertes DULBECCO-Medium, FKS - fötales Kälberserum

6 Radioaktive Markierung

Zahlreiche radioaktive Isotope sind zur Verfolgung biochemischer Vorgänge geeignet. Die kovalente Markierung mit Phosphor-32 (^{32}P) und Iod-125 (^{125}I) wurde ausgewählt, weil sie einmal relativ einfach zu bewerkstelligen und andererseits meßtechnisch leicht zu verfolgen ist. So können ^{32}P und ^{125}I in Proben auch bei geringen Aktivitätsmengen nachgewiesen werden, ohne

Tabelle 6.1. Reagensien für die radioaktive Markierung von Proteinen

zu markierende Gruppe im Protein	isotopenmarkiertes Reagens [a]
$-NH_2$	Acetanhydrid
	Bernsteinsäureanhydrid (Succinanhydrid)
	Bolton-Hunter-Reagens
	Dansylchlorid
	1-Fluor-2,4-dinitrobenzen
	Formaldehyd
	Maleinsäureanhydrid
	Natriumborhydrid
	Phenylisocyanat
	N-Succinimidyl-propionat
$-SH$	Acetanhydrid
	Bromessigsäure
	Chloressigsäure
	p-Chlormercuribenzoesäure
	Dansylchlorid
	N-Ethylmaleinimid
	Iodacetamid
$-\langle\bigcirc\rangle-OH$	Acetanhydrid
	Dansylchlorid
	Iod
Histidin-Rest	Dansylchlorid
	Iod
$-CH_2OH$	Acetanhydrid
	Diisopropyl-fluorphosphat

[a] Die Reagenzien können mit verschiedenen Isotopen, z. B. ^{3}H oder ^{14}C, markiert sein

die Proben zu zerstören oder in Medien zu überführen, in denen die biologische Wirksamkeit verloren geht. Chromatographische Fraktionen von Proteintrennungen mit ^{32}P-markierten Proteinen können z. B. als wäßrige Eluate aufgefangen, unmittelbar durch Messung der Cerenkov-Strahlung identifiziert und ohne Unterbrechung anschließend im Trennungsgang weiter verarbeitet werden. Ähnliches ist mit ^{125}I-Markierungen, aber kaum mit ^{14}C- oder ^{3}H-markierten Verbindungen möglich, da sie bei biologischen Verfahren meist in relativ geringen radioaktiven Dosen verwendet werden.

Der Einbau von ^{32}P erfolgt meist enzymatisch, oft über radioaktives ATP.

Die anderen Isotope werden, sofern sie nicht als Teile von Metaboliten eingesetzt werden, chemisch-kovalent in die interessierenden Verbindungen eingeführt. Mit dieser Modifizierung können Veränderungen des biologischen Verhaltens der Moleküle verbunden sein, so daß ein biologischer Test nach Isotopenmarkierung stets ratsam ist.

Zwei Beispiele für die Einführung für ^{125}I sind im Abschn. 6.2 gegeben. ^{14}C- und Tritium-(^{3}H-)Markierungen, die oft über entsprechende reaktive radioaktive Verbindungen wie Formaldehyd, Essigsäurederivate, Dansylchlorid oder Natriumborhydrid verlaufen, sind nicht aufgenommen, da sie sowohl an das Labor als auch spezielle Fertigkeiten höhere Anforderungen stellen und über den Rahmen der vorliegenden Laborvorschriften hinausgehen würden.

Beispiele für die immer häufiger verwendeten nicht-radioaktiven Markierungen sind in den Abschn. 2.4.7 und 3.3.6 (Biotinylierungen) bzw. 2.2.3 (Farbstoff-Markierungen) angeführt.

6.1 [^{32}P]-Phosphat-Inkorporation in Proteine

Die enzymatische Übertragung von ^{32}P-markierten Nucleotiden auf Nucleinsäuren und ihre Fragmente ist eine gängige Methode in der DNA-Sequenzierung. Dieses komplexe Methodengebiet verfügt selbst über ausgezeichnete Arbeitsanleitungen und wird deshalb hier nicht behandelt.[1]

In vielen Membransystemen und Zellorganellen sind Kinasen enthalten, die Phosphatgruppen auf Proteine, besonders auf Serin-, Threonin- und Tyrosinreste übertragen. Auch (Selbst-)Phosphorylierungen von Enzymen, die zu Acylphosphaten oder Phosphorsäureamiden führen, sind häufig zu beobachten. Chemisch kann man diese Phosphoproteine in säurestabile (alkalilabile), hydroxylaminempfindliche und säurelabile einteilen.

Literatur

M.WELLER (1979) Protein Phosphorylation - The Nature, Function and
Metabolism of Proteins with Covalently Bound Phosphorus. Pion, London

Die katalytische Untereinheit der cAMP-abhängigen Proteinkinase (c-Untereinheit der cAMP-PrK) erkennt als Substrat eine
große Zahl von Proteinen, auf deren Serin-Seitenketten sie die
endständige (γ-)Phosphatgruppe von ATP überträgt. Mit dem
angeführten Reaktionsansatz können sowohl die cAMP-abhängige als auch andere Proteinkinase-katalysierte Phosphorylierungen durchgeführt werden.

A 480 mM KCl, 160 mM Histidin, 40 mM MgCl$_2$, pH 6,8   Lösungen
B 2,5 mM Tris-ATP [2]
C 10 bis 20 kBq/µl [γ-³²P]ATP in B
D 0,5 M NaF
E 2 mM EGTA
F 50 µg/ml katalytische Untereinheit der cAMP-PrK
G 50 µg/ml cAMP-PrK-Inhibitor [3]
H 50 µg/ml Calmodulin
I 2 mM CaCl$_2$
K 50 mM KCl, 20 mM Tris·HCl, 0,2 mM DTE od. DTT, pH 6,8
L 15 % Trichloressigsäure (w/v), 50 mM Na-Phosphat in dest.
   Wasser

Der Ansatz wird im Eisbad wie in Tabelle 6.2 angegeben pipettiert, dann wird die Protein- bzw. Membranlösung, die etwa 10
bis 200 µg Protein enthalten sollte, zugegeben und wird mit
dest. Wasser auf 200 µl aufgefüllt. Die Vorinkubation erfolgt für
3 Minuten bei 30 °C, dann wird die Reaktion durch Zugabe von
20 µl C gestartet. Die Endkonzentration von 250 µM ATP kann
bei nicht sehr hoher spezifischer Aktivität des γ-ATP und/oder
bei Abwesenheit von ATPasen verringert werden. Nach 10 s bis
5 Minuten wird die Reaktion abgebrochen. Zum Stoppen wird
entweder, z. B. bei der Phosphorylierung von Membransystemen,
mit einem 50fachen Volumen eiskalter Lösung K verdünnt und
mit 50.000 bis 100.000·g bei 0 °C 30 Minuten zentrifugiert oder es
wird 1 ml eiskalte Lösung L zugegeben. Der Niederschlag wird
nach 5 Minuten im Eisbad entweder zur Bestimmung des
Gesamt-³²P-Einbaus über ein Glasfaserfilter filtriert oder mit
5000·g abzentrifugiert, für die Elektrophorese neutralisiert und
im Probenpuffer aufgelöst.

Tabelle 6.2. Pipettierschema für Phosphorylierungen mittels Proteinkinasen (PrK) in μl pro 200-μl-Ansatz

Kinase-Typ	A	D	E	F	G	H	I
exogene cAMP-PrK	50	10	10	10	–	–	–
– Kontrolle	50	10	10	–	10	–	–
endogene Calmodulin-stimulierbare PrK	50	10	–	–	10 [a]	10	10
– Kontrolle	50	10	10	–	10 [a]	–	–
endogene PrK in Gegenwart von endogenem Calmodulin	50	10	–	–	10	–	10
– Kontrolle	50	10	10	–	10	–	–
andere endogene PrK [b]	50	10	10	–	–	–	–
– Kontrolle	50	10	10	–	10	–	–

[a] Der Inhibitor der cAMP–abhängigen Proteinkinase kann im Ansatz weggelassen werden, wenn man sicher ist, daß keine cycloAMP-abhängige Proteinkinase im System ist bzw. deren Aktivität in den Kontrollwert einbezogen werden kann.

[b] Es können potentielle Aktivatoren endogener Proteinkinase wie cycloAMP, cycloGMP, Inositolphosphate, Lipide u.a.m in physiologischen Konzentrationen dem Ansatz zugegeben werden.

6.2 Iodierung mit [^{125}I]-Iodverbindungen

Bei den Iodierungen entsteht u. a. freies ^{125}I-Iod, das einen relativ geringen Dampfdruck besitzt. Deshalb ist in einem gut ziehenden Isotopenabzug zu arbeiten und die Schilddrüse des Experimentators ist nach 6 und 24 Stunden auf eventuelle Inkorporationen, besonders bei öfteren Iodierungen, zu untersuchen. Es muß nicht besonders betont werden, daß die gültigen Strahlenschutzbestimmungen für den Umgang mit offenen Isotopen streng einzuhalten sind.

Die Einführung von radioaktivem Iod in Proteine erfolgt oxidativ mit Chloramin T, Iodo-gen (1,3,4,6-Tetrachlor-3a,6a-diphenylglycouril), Lactoperoxidase oder elektrochemisch. Dabei wird Iod in Tyrosinreste eingebaut. Durch Konjugation mit einer iodierten reaktiven Verbindung, wie z. B. dem Bolton-Hunter-Reagens, werden in erster Linie Lysinreste markiert.

6.2.1 Chloramin-T-Methode

Lösungen

A Na^{125}I-Lösung, 3,7 GBq/ml
B 0,25 M Natriumphosphat-Puffer, pH 7,5

C 50 mM Natriumphosphat-Puffer, pH 7,5
D 5 mg/ml Chloramin T (Natrium-N-Chlor-p-toluensulfonsäu-
    reamid) in C
E 0,3 % 2-Mercaptoethanol (v/v) in C
F 0,1 % Serumalbumin (w/v) oder 0,1 % Gelatine (w/v) oder 2 %
    Hitze-inaktiviertes Serum (v/v) in C
G 0,2 % NaI (w/v) in F

Die Lösungen D, E und G sind vor Versuchsbeginn frisch anzu-
setzen.

5 bis 10 µl der Lösung A (4 bis 7 MBq) sind in ein 4-ml-Polysty- **Reaktion**
ren- oder silikonisiertes Probenröhrchen zu pipettieren. Dazu
werden 25 µl B gegeben. In rascher Folge werden dann nacheinander, jeweils unter gutem Mischen, 10 µl Proteinlösung (2 bis
5 µg in C), 10 µl D und 100 µl E zugegeben. Die Probe wird mit G
auf 1 ml aufgefüllt und die Gesamtradioaktivität wird gemessen.

Das unumgesetzte Iod wird auf einer 1x10-cm-Gelfiltrations- **Trennung der**
säule, z. B. Sephadex G-25 abgetrennt. Dazu wird die Säule mit **iodierten Verbin-**
50 ml Puffer F äquilibriert. Dann wird die iodierte Probe aufge- **dung von freiem**
tragen und es wird mit Puffer F in 1-ml-Fraktionen eluiert. Die **^{125}I**
^{125}I-markierte Proteinfraktion erscheint im Totvolumen, später
wird unumgesetztes ^{125}I-Iodid eluiert. Aus der proteingebunde-
nen Radioaktivität, der Proteinmenge und der Gesamtaktivität
läßt sich die spezifische Radioaktivität berechnen.

Besonders, wenn das iodierte Produkt für immunochemische **immunchemi-**
Verfahren eingesetzt werden soll, ist durch einen geeigneten Test **scher Test**
zu überprüfen, ob das markierte Produkt die gleiche Avidität wie
das Ausgangsmaterial besitzt.

6.2.2 Iodierung mit Bolton-Hunter-Reagens

A Bolton-Hunter-Reagens   (N-Succinimidyl-3(4-[^{125}I]-iod- **Lösungen**
    phenyl)-propionat) (70 bis 150 TBq/mMol) in Benzen
B 0,1 M Boratpuffer, pH 8,5
C 0,2 M Glycin in B
D 0,1 % Serumalbumin (w/v) oder 0,1 % Gelatine (w/v) in 50
    mM Phosphatpuffer, pH 7,5

Etwa 5 – 10 MBq (oder ca. 250.000 – 500.000 dpm) A sind in ein
4-ml-Probenröhrchen (möglichst Spitzröhrchen) zu geben. Mit
Stickstoff ist das Benzen vorsichtig zu verblasen. Das Röhrchen
wird in ein Eisbad gestellt, dann wird das Protein (2 bis 5 µg in
10 µl B) zugegeben. Es wird vorsichtig geschüttelt, damit die Proteinlösung das an der Röhrchenoberfläche haftende Reagenz
vollständig erreicht. Nach 30 Minuten im Eisbad werden 0,5 ml C

zugegeben. Nach weiteren 5 Minuten wird mit D auf 1 ml aufgefüllt. Das weitere Vorgehen ist dem der Chloramin-T-Methode
gleich.

Literatur

A.E.BOLTON (1985) Radioiodination Techniques (Amersham Review
18), 2. Aufl., Amersham International plc, Amersham

6.3 Radioaktiver Zerfall

Gesetz des radioaktiven Zerfalls:

$$N = N_0 \cdot e^{\frac{-t \cdot \ln 2}{t_{1/2}}}$$

mit N - radioaktive Menge zur Zeit t, N_0 - radioaktive Menge zur
Zeit t = 0, $t_{1/2}$ - Halbwertszeit des Isotops
  Masse einer radioaktiven Verbindung pro MBq:

$$M = M_r \cdot (kBq) \cdot t_{1/2} \cdot C$$

mit M - Masse der radioaktiven Verbindung in μg, M_r - relative
Molmasse bzw. Atommasse, (kBq) - aktuelle Radioaktivität der
Substanz in kBq, C - Konstante (s. Tab. 6.3)
  Berechnung der spezifischen Radioaktivität bei F-prozentiger
Isotopenreinheit ($t_{1/2}$ in Tagen):

$$S = F \cdot 4,81 \cdot 10^{11} / t_{1/2} \quad \text{in MBq/mmol}$$
$$\text{bzw.} \quad S' = S / M_r \quad \text{in MBq/mg}$$

6.4 Zerfallstabellen für [^{32}P]Phosphor, [^{35}S]Schwefel und [^{125}I]Iod

Der in den Tabellen 6.5 bis 6.7 angegebene Wert N ist der Anteil
einer radioaktiven Menge, der am n-ten Tag nach einer Messung
noch vorhanden ist.

Beispiel: Bei einem Einsatz von 15 kBq ^{32}P zu Versuchsbeginn sind am 5. Tag noch 15 · 0,787 = 11,805 kBq
vorhanden.
Wenn am 6. Tag noch 8000 dpm ^{32}P gemessen wurden, wären am Tag des Versuchsbeginns 8000 /
0,748 = 10695 dpm bzw. 178,25 Bq meßbar gewe-
sen.

Tabelle 6.3. Umrechungskonstanten

bei Angabe von $t_{1/2}$ in	C
Sekunden	$3,285 \cdot 10^{-12}$
Minuten	$1,971 \cdot 10^{-10}$
Stunden	$1,180 \cdot 10^{-8}$
Tagen	$2,834 \cdot 10^{-7}$
Jahren	$1,036 \cdot 10^{-4}$

Tabelle 6.4. Biochemisch wichtige Radionuclide, ihre Halbwertszeiten, β-Zerfallsenergien und spezifischen Radioaktivitäten

Nuclid	Halbwertszeit		β-Energie in fJ	spez. Aktivität in TBq / Milliatom
^{3}H	12,3	Jahre	2,964	1,07
	108887	Stunden		
^{14}C	5760	Jahre	24,992	0,00231
^{22}Na	2,6	Jahre	92,918	338,0
	22794	Stunden		
^{32}P	14,3	Tage	273,947	338,0
	343,3	Stunden		
^{35}S	87,1	Tage	27,074	55,3
	2097,4	Stunden		
^{45}Ca	164,0	Tage	41,653	55,1
	3912	Stunden		
^{51}Cr	27,7	Tage	a	173,8
	664,9	Stunden		
^{60}Co	5,26	Jahre	a	
	1919	Stunden		
^{59}Fe	44,5	Tage	b	
	1068,7	Stunden		
^{125}I	60,1	Tage	a	8,14
	1443,4	Stunden		
^{131}I	8,05 Tage		b	559,0
	193,2	Stunden		

a   γ-Strahler
b   ß⁻ und γ-Strahler

Tabelle 6.5. Zerfallstabelle für ^{32}P

Tag	N	Tag	N	Tag	N
-5	1,274	11	0,587	27	0,270
-4	1,214	12	0,559	28	0,257
-3	1,157	13	0,533	29	0,245
-2	1,102	14	0,507	30	0,234
-1	1,050	15	0,483	31	0,223
0	1,000	16	0,460	32	0,212
1	0,953	17	0,439	33	0,202
2	0,908	18	0,418	34	0,192
3	0,865	19	0,398	35	0,183
4	0,824	20	0,379	36	0,175
5	0,785	21	0,361	37	0,166
6	0,748	22	0,344	38	0,159
7	0,712	23	0,328	39	0,151
8	0,679	24	0,312	40	0,144
9	0,646	25	0,298	41	0,137
10	0,616	26	0,284	42	0,131

Tabelle 6.6. Zerfallstabelle für ^{35}S

Tag	N	Tag	N	Tag	N
-5	1,040	21	0,847	49	0,678
0	1,000	28	0,801	56	0,641
3	0,976	32	0,776	60	0,621
7	0,946	37	0,746	65	0,597
9	0,931	39	0,734	67	0,588
11	0,916	42	0,717	70	0,574
14	0,895	44	0,705	72	0,565
16	0,881	46	0,694	74	0,556
18	0,874				

Tabelle 6.7. Zerfallstabelle für ^{125}Iod

Tag	N	Tag	N	Tag	N
-10	1,122	24	0,758	58	0,512
-8	1,097	26	0,741	60	0,500
-6	1,072	28	0,724	62	0,489
-4	1,047	30	0,707	64	0,477
-2	1,023	32	0,691	66	0,467
0	1,000	34	0,675	68	0,456
2	0,977	36	0,660	70	0,445
4	0,955	38	0,645	72	0,435
6	0,933	40	0,630	74	0,426
8	0,912	42	0,616	76	0,416
10	0,891	44	0,602	78	0,406
12	0,871	46	0,588	80	0,397
14	0,851	48	0,574	82	0,388
16	0,831	50	0,561	84	0,379
18	0,812	52	0,548	86	0,370
20	0,794	54	0,536	88	0,362
22	0,776	56	0,524	90	0,354

6.5 Szintillator-Lösungen für die Flüssig-szintillationsmessung

Die Wahl des Szintillationscocktails hängt davon ab, welchen radioaktiven Strahler man in welchem Medium mit welcher Zählausbeute messen möchte. Während die Messung der relativ hochenergetischen ß-Strahler wie ^{32}P keine Schwierigkeiten bereitet (es kann entweder mit Geiger-Müller-Zählrohren, in Flüssigszintillationszählern in Wasser unter Nutzung der Cerenkov-Strahlung, oder mit speziellen Dektektionssystemen für PAGE-Gele (z. B. PhosphoImager), aber auch in allen Szintillationscocktails gemessen werden), ist die Messung von Tritium nicht unproblematisch, besonders, wenn es sich um wäßrige Proben handelt. Ein universeller Cocktail ist die Lösung nach BRAY, sie nimmt bis 10 % ihres Volumens an Wasser auf, hat aber nur eine relativ geringe Zählausbeute. Szintillationsgemische mit hoher Zählausbeute, aber nur geringer Wasserkapazität, sind die Toluen enthaltenden.

Im allgemeinen werden für die Flüssigszintillationsmessung (engl. liquid scintillation counting, LSC) 4 bis 8 ml Szintillator pro Probe benötigt. Für die Messung sind Küvetten aus Kaliumarmem Glas oder Einweg-Polyethylen/Polypropylen-Küvetten zu verwenden.

In der Praxis werden kommerziell erhältliche Szintillator-Lösungen (z. B. LiSC Highlight (Merck), Rotiszint (Roth), Liquid scintillation cocktail BSC-NA (Amersham), Sigma-Fluor (Sigma) u.a.m.) eingesetzt. Zur Information, auch was mögliche Gefahrenquellen (Toxizität, Brandgefahr) betrifft, sind einige Gemische angeführt:

Zusammensetzung von LSC-Cocktails

A: Braysche Lösung:
   6 % Naphthalen (w/v)
   0,4 % PPO (2,5-Diphenyloxazol) (w/v)
   0,02 % POPOP (1,4-Bis-2-(5-phenyloxazolyl)-benzen) (w/v)
   10 % Methanol (v/v)
   2 % Ethylenglycol (v/v)
   in 1,4-Dioxan

B: 15 % Naphthalen (w/v)
   0,8 % PPO (w/v)
   0,06 % POPOP (w/v)
   10 % Ethylglycol (Ethylenglycol-monoethylether) (v/v)
   2 % Ethylenglycol (v/v)
   in 1,4-Dioxan

C: 6,5 g PPO
   0,15 g POPOP
   100 g Naphthalen
   300 ml Methanol
   500 ml 1,4-Dioxan
   500 ml Toluen

D: 0,5 % PPO (w/v)
   0,02 % POPOP (w/v)
   in Toluen oder Xylen

Bei größerem Wassergehalt der Probe können bis zu 700 ml dieses Szintillators 300 ml Ethylenglycol zugegeben werden.

E: „Tritosol" (kann bis zu 23 Vol.-% Wasser aufnehmen bei guter Zählausbeute auch für ^{3}H) [4]
   0,3 % PPO (w/v)
   0,02 % POPOP (w/v)
   3,5 % Ethylenglycol (v/v)
   14 % Ethanol (v/v)
   25 % Triton X-100 (v/v)
   in Xylen

1 vgl. J.SAMBROCK, E.F.FRITSCH, T.MANIATIS (1989) Molecular Clo-   **Anmerkungen**
  ning. 2. Aufl., Bd. 2, Kap. 10 und 13. Cold Spring Harbor Laboratories
  Press
2 Eine Lösung des Natriumsalzes von ATP wird über eine mit Tris äquilibrierte Kationenaustauscherharzsäule gegeben. Die Elution des
  Tris·ATP mit dest. Wasser wird über die UV-Absorption verfolgt.
3 Präparationsvorschrift: J.J.DEMAILLE, K.A.PETERS, E.H.FISCHER
  (1977) Biochem. *16*, 3080-3086
4 U.FRICKE (1975) Anal.Biochem. *63*, 555-558

7 Puffersysteme

7.1 pK-Werte und Molmassen von Puffersubstanzen

Der pK-Wert, der negative dekadische Logarithmus der Dissoziationskonstanten ist mit dem pH-Wert über das Massenwirkungsgesetz verknüpft. Für die Dissoziation eines Säure-Basen-Paares HA und A⁻ gilt:

$$HA \rightleftharpoons H^+ + A^- \qquad pH = pK + \frac{a_{A^-}}{a_{HA}}$$

„a" sind die Aktivitäten der Reaktanten, die mit ihren analytischen Konzentrationen über die Aktivitätskoeffizienten f verknüpft sind:

$$a_{A^-} = f_{A^-} \cdot [A^-] \quad bzw. \quad a_{HA} = f_{HA} \cdot [HA] \quad bzw. \quad a_{H^+} = f_{H^+} \cdot [H^+]$$

Die Aktivitätskoeffizienten, die nur für wenige Systeme bekannt sind, sind u.a. konzentrationsabhängig und nehmen für verdünnte Lösungen den Wert 1 an. Tabelle 7.1 gibt die Konzentrationsabhängigkeit der Aktivitätskoeffizienten für einige Ionen in wäßriger Lösung an. Das Beispiel zeigt, daß ein Puffer seinen pH-Wert bei Verdünnung ändert, da sich die Aktivitätskoeffizienten nicht um den gleichen Betrag bei sinkender Konzentration verringern (vgl. dazu in Tab. 7.4 die Änderung des pH-Wertes bei gleichem Molenbruch, aber verschiedenen Konzentrationen).

Als thermodynamische Größe ist die Gleichgewichtskonstante K_D temperaturabhängig. Demzufolge wird der pH-Wert ebenfalls von der Temperatur beeinflußt (auch die Kettenspannung einer pH-Glaselektrode ist temperaturabhängig, kann aber elektrisch einfach am Meßgerät kompensiert werden). Tabelle 7.2 enthält Temperaturkoeffizienten für einige Puffersubstanzen. „-ΔpH" bedeutet, daß der pH-Wert bei sinkender Temperatur zunimmt, die Lösung also basischer wird.

Wichtig: Konzentrations- und Temperaturabhängigkeit von Pufferlösungen besonders bei der Pufferherstellung und -verwendung bei unterschiedlichen Temperaturen beachten.

Tabelle 7.1. Konzentrationsabhängigkeit von Aktivitätskoeffizienten

Ion		Aktivitätskoeffizient f		
	Konzentration:	0,001 M	0,01 M	0,1 M
H^+		0,98	0,93	0,86
OH^-		0,98	0,93	0,81
Acetat⁻		0,98	0,93	0,82
$H_2PO_4^-$		0,98	0,93	0,74
HPO_4^{2-}		0,90	0,74	0,45
PO_4^{3-}		0,80	0,51	0,16
Citrat⁻		0,98	0,93	0,81
Citrat²⁻		0,90	0,74	0,45
Citrat³⁻		0,80	0,51	0,18

Tabelle 7.2. Temperaturabhängigkeit des pH-Wertes zwischen 0 und 50°C

Puffersubstanz	Δ pH/grd
Bis-trispropan-HCl	- 0,028
Borsäure	- 0,0082
Glycylglycin-HCl	- 0,028
Imidazol-HCl	- 0,022
HEPES-HCl	- 0,014
Histidin-HCl	- 0,017
MES	- 0,011
MOPS-KOH	- 0,013
Phosphatpuffer	- 0,004
PIPES-KOH	- 0,0085
Tris-HCl	- 0,031
Tris-maleat	- 0,014

Tabelle 7.3. pK-Wert (20°C) und Molmasse von Puffersubstanzen

Puffersubstanz	pK	M_r
Oxalsäure (pK_1)	1.27	90,0
Phosphorsäure (pK_1)	2.21	82,0
Glycin (pK_1)	2.34	75,1
Phthalsäure (pK_1)	2.95	166,1
Glycylglycin (pK_1)	3.12	132,1
Ameisensäure	3.75	46,0
Barbitursäure (pK_1)	4.04	128,1
Bernsteinsäure	4.19	118,1
Oxalsäure (pK_2)	4.27	90,0

Tabelle 7.3. Fortsetzung

Puffersubstanz	pK	M_r
Essigsäure	4.75	60,0
Citronensäure (pK$_3$)	5.40	192,1
Phthalsäure (pK$_2$)	5.41	166,1
Bernsteinsäure (pK$_2$)	5.57	118,1
Malonsäure (pK$_2$)	5.70	104,1
Histidin (pK$_2$)	5.97	155,2
Maleinsäure (pK$_2$)	6.07	116,1
MES (4-Morpholino-ethansulfonsäure)	6.15	213,2
Cacodylsäure (Dimethylarsinsäure)	6.27	138,0
Kohlensäure (pK$_1$)	6.35	62,0
ADA (N-(Carbamoylmethyl)- iminodiessigsäure)	6.62	190,2
PIPES (1,4-Piperazin-bis-ethansulfonsäure)	6.80	302,4
ACES (N-(Carbamoylmethyl)-2-amino- ethansulfonsäure)	6.88	182,2
Imidazol	7.00	68,1
MOPS (4-Morpholino-propansulfonsäure)	7.20	209,3
Phosphorsäure (pK$_2$)	7.21	82,0
TES (2-[Tris(hydroxymethyl)- methylamino]-1-ethansulfonsäure)	7.50	229,5
HEPES (4-(2-Hydroxyethyl)- 1-piperazin-ethansulfonsäure)	7.55	238,3
Triethanolamin	7.76	149,2
Diethylbarbitursäure (Barbital, Veronal)	7.98	184,2
HEPPS (4-(2-Hydroxyethyl)- 1-piperazin-propansulfonsäure)	8.00	252,3
TRICINE (N-[Tris(hydroxymethyl)- methyl]-glycin)	8.15	179,2
Glycylglycin (pK$_2$)	8.17	132,1
Glycinamid-hydrochlorid	8.20	110,5
Tris (Tris(hydroxymethyl)-aminomethan)	8.30	121,1
BICINE (N,N-Bis-(2-hydroxyethyl)-glycin)	8.35	163,2
Diethanolamin	8.88	105,1
Histidin (pK$_3$)	8.97	155,2
Borsäure (H$_3$BO$_3$)	9.24	61,8
Ethanolamin	9.50	61,1
CHES (2-Cyclohexylamino-ethansulfonsäure)	9.55	207,3
Kohlensäure (pK$_2$)	10.33	62,0
CAPS (2-Cyclohexylamino- propansulfonsäure)	10.40	221,3
Ethylamin	10.62	45,1
Triethylamin	10.72	101,2
Phosphorsäure (pK$_3$)	12.32	82,0

In Tabelle 7.3 sind die Molmassen und pK-Werte von Puffer-substanzen zusammengefaßt, die im Zusammenhang mit dem Nomogramm in Abschn. 7.2 die rasche näherungsweise Ermitt-lung der Zusammensetzung eines Puffers für einen gewünschten pH-Wert erlaubt.

Wenn z. B. ein Tris-HCl-Puffer bei 22 °C auf pH 7,8 eingestellt wird, hat er bei 4 °C einen pH-Wert von 8,4.

7.2 Diagramm zur Pufferberechnung

Mit dem vorliegenden Diagramm (Abb. 7.1) kann leicht die Zusammensetzung eines Puffers mit definierter Konzentration bei einem bestimmten pH-Wert ermittelt werden, wenn der pK-Wert der puffernden Substanz bekannt ist (s. Tab. 7.3).

In der Abszisse des Diagramms ist die Differenz des gewünsch-ten pH-Wertes zum pK-Wert der Puffersubstanz abgetragen, in der Ordinate ist der Quotient aus Puffer-Anion und Puffersäure (Säure-Basen-Definition nach BRÖNSTED; Säure ist immer die Ver-bindung, die H^+-Ionen gebunden hat und an H^+-Akzeptoren (Basen) abgeben kann) angegeben.

Beispiele:
1. gesucht: Tris-Puffer, pH 8,2, 0,1 M, 4 °C
   gegeben: $pK_{4°} = 8,8$
   Lösung: $\Delta pH = (8,2 - 8,8) = -0,6$

Daraus folgt im Diagramm [A^-]:[HA] = 0,25, d. h. das Verhältnis von Tris-Base zu Tris-HCl ist 0,25.

0,25 = (Mole Tris - Mole HCl) : Mole HCl = (0,1 - x) : x $\Rightarrow$ x = 0,08

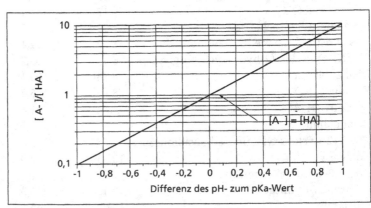

Abb. 7.1: Diagramm zur Pufferberechnung
Abszisse: Differenz des gesuchten pH-Werts zum pK-Wert;
Ordinate: Quotient der Konzentration von Base zu Säure

Für 1 l Puffer werden somit 12,11 g Tris gelöst und mit 80 ml 1 N HCl versetzt.

2. gesucht: Acetat-Puffer, pH 4,96, 0,1 M, 20 °C
   gegeben: $pK_{20°} = 4,76$
   Lösung: $\Delta pH = (4,96 - 4,76) = 0,2$

Daraus folgt $[A^-] : [HA] = 1,6$.

Werden Essigsäure und Natronlauge zur Herstellung des Puffers verwendet, ergibt sich:
$1,6 = (Mole\ NaOH) : (Mole\ CH_3COOH - Mole\ NaOH) = x : (0,1-x)$
$\Rightarrow x = 0,061$
   0,1 Mol/l Essigsäure und 0,061 Mol/l Natronlauge ergeben den gewünschten Puffer.

Werden Essigsäure und Natriumacetat verwendet, erhält man:
$1,6 = (Mole\ Na\text{-}acetat) : (Mole\ Essigsäure)$ mit
$(Mole\ Na\text{-}acetat) + (Mole\ Essigsäure) = 0,1$. Daraus folgt:
   Für den Puffer benötigt man pro Liter 0,0615 Mole Natriumacetat und 0,0385 Mole Essigsäure.

7.3 pH-Farbindikatoren

Wenngleich die pH-Farbindikatoren an Bedeutung gegenüber der Messung des pH-Werts mit der Glaselektrode verloren haben, so sind sie für die Verfolgung bestimmter Vorgänge, z. B. bei der Überwachung von Kulturmedien oder als Marker für die Elektrophorese oder isoelektrische Fokussierung, noch immer sehr nützlich. Abbildung 7.2 gibt die Umschlagsbereiche und Farben von pH-Indikatoren an.

In der Literatur zu findende Konzentrationsangaben für Indikatorlösungen beziehen sich meist auf ihren Einsatz in der Maßanalyse. Für die oben genannten Zwecke kann man fast immer eine 0,1 %ige Lösung in Ethanol oder Propanol als Stammlösung und eine Endkonzentration von 0,001 % verwenden.

Genauere Lösungsangaben und Hinweise auf weitere Indikatoren, besonders Redox- und Fluoreszenzindikatoren, sind u. a. in dem unten aufgeführten Tabellenwerk enthalten.

Literatur

K.Rauscher, J.Voigt, I.Wilke, K.-T.Wilke (1977) Chemische Tabellen und Rechentafeln für die analytische Praxis. 6. Aufl., VEB Dt.Verlag f. Grundstoffindustrie, Leipzig (Strukturformeln der Farbstoffe sind in früheren Auflagen zu finden)

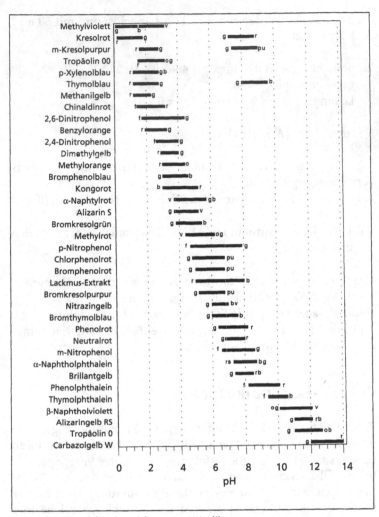

Abb. 7.2: Umschlagsbereiche von pH-Indikatoren
b - blau; bv - blauviolett; f -farblos; g - gelb; gb - gelbbraun; o - orange;
ob - orangebraun; og - orangegelb; pu - purpur; r - rot; rb - rotbraun; rs -
rosa; v - violett

weitere Tabellenwerke

J. D' Ans, E. Lax (1982) Bd. 1 Physikalisch-chemische Daten. 4. Aufl.
und (1983) Bd. 2 Organische Verbindungen. 4.Aufl., Springer, Heidelberg

7.4 Pufferlösungen

Welcher Puffer wofür eingesetzt wird, hängt von mehreren Faktoren ab:

– Entscheidend ist der pH-Bereich, in dem gearbeitet werden soll. Dabei ist zu beachten, daß besonders bei niedrig konzentrierten Puffern die Pufferwirkung, d. h. die Fähigkeit, einen bestimten pH-Wert einzustellen und zu halten, nur unmittelbar um den pK-Wert ausreichend ist. Ein 10 mM Tris-HCl-Puffer, dessen pH-Wert bei Raumtemperatur auf 7,0 eingestellt und der dann im Kühlraum verwendet wird, kann bestenfalls das Gewissen beruhigen, aber eine nennenswerte Pufferwirkung besitzt er nicht mehr!

– Einige Puffersubstanzen interferieren mit Enzymen bzw. gehen Nebenreaktionen ein (z. B. sind Puffersubstanzen mit NH_2-Gruppen wie Tris oder Glycin in Liganden-Kopplungsreaktionen meist ungeeignet) oder besitzen eine relativ hohe UV-Absorption.

– Manche Puffersubstanzen haben zwar in biologischen Systemen hervorragende Eigenschaften, sind aber so teuer, daß größere Ansätze unbezahlbar werden.

Um eine Vorstellung vom pH-Bereich zu vermitteln, in dem Pufferlösungen pH-Schwankungen ausgleichen können, sind in Abbildung 7.3 einige häufig eingesetzte Puffer dargestellt.

7.4.1 Häufig verwendete Pufferlösungen

– *Acetat-Puffer, pH 4,0, I = 0,1* [1]
14,95 ml Eisessig oder 261 ml 1 M Essigsäure werden mit 7,875 g Natriumacetat (wasserfrei) oder 96 ml 1 M Natriumacetat gemischt und auf 1000 ml aufgefüllt.

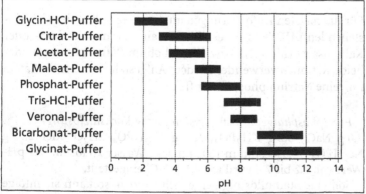

Abb. 7.3: Pufferbereiche für 0,1 M Pufferlösungen

– *Barbital-Acetat-Puffer, pH 8,6, I = 0,05*
4,88 g Barbital-Natrium (Veronal, Natrium-diethylbarbiturat)
und 3,23 g Natriumacetat-trihydrat werden in etwa 800 ml dest.
Wasser gelöst. Der pH-Wert wird mit 0,1 N HCl auf pH 8,6 eingestellt (Verbrauch etwa 30 ml), dann wird auf 1000 ml aufgefüllt.

– *Barbital-Acetat-Puffer, pH 8,4, I = 0,1*
8,14 g Barbital-Natrium und 6,48 g Natriumacetat-trihydrat werden in etwa 800 ml dest. Wasser gelöst. Mit ca. 45 ml 0,1 N HCl
wird der pH-Wert 8,4 eingestellt, dann wird auf 1000 ml aufgefüllt.

– *Citrat-Phosphat-Puffer, pH 5,0, 0,15 M*
9,414 g Citronensäure und 18,155 g $Na_2HPO_4 \cdot 2H_2O$ werden in
900 ml dest. Wasser gelöst, der pH-Wert wird ggf. korrigiert,
dann wird auf 1000 ml aufgefüllt.
    Oder: 490 ml 0,1 M Citronensäure und 510 ml 0,2 M Dinatri-
umhydrogenphosphat werden gemischt.

– *Glycin-HCl-Puffer, pH 2,5 oder 2,8, 0,1 M*
7,50 g Glycin (Glykokoll) werden in 500 ml dest. Wasser gelöst.
Mit 0,1 N Salzsäure wird der gewünschte pH-Wert eingestellt,
dann wird auf 1000 ml aufgefüllt.

– *Phosphat-Puffer, pH 6,0 bis 7,7, 0,01 bis 1,0 M*
In Tabelle 7.4 sind die Molenbrüche x für das zweibasische Salz
des Puffersystems $H_2PO_4^-/HPO_4^{--}$ für verschiedene pH-Werte
und Puffermolaritäten M aufgelistet. Die Einwaage pro 1000 ml
errechnet sich zu

$$g\ Me_2HPO_4 = M_{r\ (Me_2HPO_4)} \cdot M \cdot x$$
$$g\ MeH_2PO_4 = M_{r\ (MeH_2PO_4)} \cdot M \cdot (1\text{-}x)$$

Für die meisten Anforderungen an die Genauigkeit des sich ein-
stellenden pH-Werts ist es ohne Belang, ob die Natrium- oder
Kaliumsalze (Me = Na bzw. K) und ob im Puffer nur eines oder
beide Kationen verwendet werden. Aufgestellt wurden die Tafeln
für reine Natriumphosphat-Puffer.

– *PBS (phosphatgepufferte physiologische Kochsalzlösung)*
8,0 g NaCl, 0,2 g KH_2PO_4, 1,35 g $Na_2HPO_4 \cdot 2H_2O$ oder 2,72 g
$Na_2HPO_4 \cdot 12H_2O$ sind in 1000 ml dest. Wasser zu lösen. Der pH-
Wert von 7,2 bis 7,4 wird mit 0,1 N HCl eingestellt.
    Soll eine Stammlösung hergestellt werden, so kann sie infolge
der Schwerlöslichkeit der Phosphate maximal fünffach konzen-

Tabelle 7.4. Phosphatpuffer verschiedener Konzentration für pH-Werte zwischen 6,0 und 7,7 (20°C)

pH	Molenbruch x für Me_2HPO_4 bei Puffermolarität									
	0,01	0,05	0,10	0,20	0,30	0,40	0,50	0,60	0,80	1,00 M
6.0	0,081	0,108	0,132	0,163	0,185	0,203	0,219	0,236	0,259	0,277
6.1	0,100	0,132	0,160	0,195	0,220	0,239	0,256	0,273	0,295	0,312
6.2	0,122	0,161	0,192	0,232	0,261	0,281	0,298	0,312	0,333	0,349
6.3	0,150	0,197	0,323	0,276	0,305	0,326	0,341	0,354	0,372	0,386
6.4	0,183	0,238	0,278	0,325	0,353	0,373	0,385	0,398	0,414	0,474
6.5	0,222	0,283	0,328	0,376	0,403	0,421	0,435	0,444	0,458	0,466
6.6	0,266	0,334	0,381	0,429	0,457	0,473	0,484	0,493	0,503	0,508
6.7	0,315	0,390	0,438	0,486	0,511	0,526	0,535	0,543	0,549	0,551
6.8	0,369	0,450	0,497	0,543	0,565	0,578	0,586	0,590	0,594	0,594
6.9	0,425	0,508	0,557	0,598	0,617	0,629	0,634	0,637	0,638	0,636
7.0	0,484	0,566	0,615	0,651	0,669	0,677	0,681	0,683	0,681	0,676
7.1	0,544	0,623	0,668	0,701	0,716	0,722	0,724	0,725	0,721	0,715
7.2	0,604	0,678	0,717	0,747	0,758	0,764	0,763	0,762	0,758	0,751
7.3	0,656	0,727	0,762	0,785	0,796	0,801	0,800	0,797	0,790	0,784
7.4	0,710	0,770	0,802	0,822	0,829	0,832	0,832	0,828	0,821	0,814
7.5	0,756	0,810	0,837	0,854	0,860	0,860	0,859	0,855	0,848	0,840
7.6	0,796	0,844	0,866	0,880	0,883	0,884	0,883	0,879	0,872	0,864
7.7	0,831	0,873	0,890	0,902	0,905	0,905	0,904	0,901	0,894	0,885

triert sein. Der pH-Wert ist erst nach Herstellung der Arbeitsverdünnung einzustellen.

– *SSC (Natriumchlorid-Natriumcitrat-Puffer)*
8,77 g NaCl und 2,88 g Citronensäure werden in 800 ml dest. Wasser gelöst. Mit 0,5 N NaOH wird der pH-Wert 7,0 eingestellt, dann wird auf 1000 ml aufgefüllt.
10xSSC bedeutet den zehnfach konzentrierten Puffer. Wenn 10xSSC auf pH 7,0 eingestellt wurde, wird sein pH-Wert nach der Verdünnung nicht mehr genau 7,0 betragen, was aber für die meisten Anwendungen unerheblich ist.

– *TBS (Tris-gepufferte physiologische Kochsalzlösung)*
12,11 g Tris, 2,05 g NaCl, 0,75 g Glycin und 0,2 g NaN_3 (ggf. weglassen, da Inhibitor für zahlreiche Enzyme) werden in 800 ml dest. Wasser gelöst. Der pH-Wert wird mit 0,1 N HCl eingestellt, anschließend wird auf 1000 ml aufgefüllt.
Es ist zu beachten, daß Tris bei pH-Werten unter pH 7,3 praktisch keine Pufferwirkung mehr besitzt.

7.4.2 Puffer bzw. Medien für Gewebe- und Zellkulturen bzw. Organperfusion

Die Mengen der Inhaltsstoffe sind in mg/l (in Klammern: mmole/l) angegeben. Die verwendeten optisch aktiven Verbindungen sind jeweils als ihre natürlich vorkommenden Isomere einzusetzen. Die Zugabe von Antibiotika richtet sich nach dem Verwendungszweck und wurde nicht aufgeführt. Puffer, die Natriumhydrogencarbonat enthalten, können nicht autoklaviert werden. Das günstigste Verfahren zur Sterilisation dieser Medien ist die Sterilfiltration durch entsprechende Membranfilter.

Weitere Medien für die Zell- und Gewebekultur können z. B. entnommen werden:

Literatur

J.PAUL (1980) Zell- und Gewebekulturen, W.de Gruyter, Berlin.

– *Basalmedium nach* EARLE (BME Earle, Basal Medium Eagle's acc. Earle)
$CaCl_2$ 200 (1,80), KCl 400 (5,36), $MgSO_4 \cdot 7H_2O$ 100 (0,41), NaCl 6800 (116,44), $NaHCO_3$ 2200 (26,16), $NaH_2PO_4 \cdot H_2O$ 125 (0,80);
Glucose 1000 (5,55), Phenolrot 10;
Arginin-hydrochlorid 21 (0,10), Cystin 12 (0,05), Glutamin 292 (2,00), Histidin-hydrochlorid 10 (0,05), Isoleucin 26 (0,20), Leucin 26 (0,20), Lysin-hydrochlorid 36,5 (0,20), Methionin 7,5 (0,05), Phenylalanin 16,5 (0,10), Threonin 24 (0,20), Tryptophan 4 (0,02), Tyrosin 18 (0,10), Valin 23,5 (0,20);
Biotin 1 (0,004), Cholinchlorid 1 (0,007), Folsäure 1 (0,002), i-Inosit 1,8 (0,01), Nicotinsäureamid 1 (0,008), Calcium-pantothenat 1 (0,002), Pyridoxal 1 (0,005), Riboflavin 0,1 (0,0003), Thiamin-hydrochlorid 1 (0,003).

– *Basalmedium nach* HANKS (BME Hanks)
$CaCl_2$ 140 (1,26), KCl 400 (5,36), KH_2PO_4 60 (0,44), $MgCl_2 \cdot 6H_2O$ 100 (0,49), $MgSO_4 \cdot 7H_2O$ 100 (0,41), NaCl 8000 (136,99), $NaHCO_3$ 350 (4,17), $Na_2HPO_4 \cdot 2H_2O$ 60 (0,34);
Glucose 1000 (5,55), Phenolrot 10;
Arginin-hydrochlorid 21 (0,10), Cystin 12 (0,05), Glutamin 292 (2,00), Histidin-hydrochlorid 10 (0,05), Isoleucin 26 (0,20), Leucin 26 (0,20), Lysin-hydrochlorid 36,5 (0,20), Methionin 7,5 (0,05), Phenylalanin 16,5 (0,10), Threonin 24 (0,20), Tryptophan 4 (0,02), Tyrosin 18 (0,10), Valin 23,5 (0,20);
Biotin 1 (0,004), Cholinchlorid 1 (0,007), Folsäure 1 (0,002), i-Inosit 1,8 (0,01), Nicotinsäureamid 1 (0,008), Calcium-pantothenat 1 (0,002), Pyridoxal 1 (0,005), Riboflavin 0,1 (0,0003), Thiamin-hydrochlorid 1 (0,003).

- *Minimalmedium nach DULBECCO* (Dulbecco's Minimal Essential Medium, MEM Dulbecco)

$CaCl_2$ 200 (1,80), $Fe(NO_3)_3 \cdot 9H_2O$ 0,1 (0,0002), KCl 400 (5.36), $MgSO_4 \cdot 7H_2O$ 200 (0,81), NaCl 6400 (109,59), $NaHCO_3$ 3700 (44,05), $NaH_2PO_4 \cdot H_2O$ 124 (0,79);

Glucose 4500 (24,97), Natrium-pyruvat 110 (1,00), Phenolrot 10;

Arginin-hydrochlorid 84 (0,40), Cystein 48 (0,40), Glutamin 580 (3,97), Glycin 30 (0,40), Histidin-hydrochlorid 40 (0,20), Isoleucin 105 (0,80), Leucin 105 (0,80), Lysin-hydrochlorid 146 (0,76), Methionin 30 (0,20), Phenylalanin 66 (0,40), Serin 42 (0,40), Threonin 95 (0,80), Tryptophan 16 (0,08), Tyrosin 72 (0,40), Valin 94 (0,80);

Cholinchlorid 4 (0,03), Folsäure 4 (0,009), i-Inosit 7,2 (0,04), Nicotinsäureamid 4 (0,03), Calcium-pantothenat 4 (0,008), Pyridoxal 4 (0,02), Riboflavin 0,4 (0,001), Thiamin-hydrochlorid 4 (0,01).

- *RPMI 1640*

$Ca(NO_3)_2 \cdot 4H_2O$ 100 (0,42), KCl 400 (5,36), $MgSO_4 \cdot 7H_2O$ 100 (0,41), NaCl 6000 (102,74), $NaHCO_3$ 2000 (23,81), Na_2HPO_4 800 (5,64);

Glucose 2000 (11,10), Phenolrot 5;

Arginin-hydrochlorid 242 (1,15), Asparagin 50 (0,38), Asparaginsäure 20 (0,15), Cystin 50 (0,21), Glutamin 300 (2,05), Glutaminsäure 20 (0,14), Glutathion 1 (0,003), Glycin 10 (0,13), Histidin-hydrochlorid 18 (0,09), Hydroxyprolin 20 (0,15), Isoleucin 50 (0,38), Leucin 50 (0,38), Lysin-hydrochlorid 40 (0,22), Methionin 15 (0,10), Phenylalanin 15 (0,09), Prolin 20 (0,17), Serin 30 (0,29), Threonin 20 (0,17), Tryptophan 5 (0,02), Tyrosin 20 (0,11), Valin 20 (0,17);

p-Aminobenzoesäure 1 (0,007), Biotin 0,2 (0,0008), Cholinchlorid 3 (0,02), Folsäure 1 (0,002), i-Inosit 35 (0,19), Nicotinsäureamid 1 (0,008), Calcium-pantothenat 0,25 (0,0005), Pyridoxinhydrochlorid 1 (0,005), Riboflavin 0,2 (0,0005), Thiamin-hydrochlorid 1 (0,003), Vitamin B_{12} 0,005.

- *RPMI 1640 HAT*

Zu 100 ml RPMI 1640 werden je 1 ml HT- und A-Stammlösung gegeben.

HT-Stammlösung: 408 mg Hypoxanthin werden mit 100 ml dest. Wasser aufgeschlämmt, dann wird 1 M NaOH tropfenweise zugegeben, bis sich alle Kristalle gelöst haben. 114 mg Thymidin werden in 100 ml dest. Wasser gelöst. Beide Lösungen werden vereinigt, auf 300 ml aufgefüllt, der pH-Wert wird mit Essigsäure auf 10,0 eingestellt, dann wird sterilfiltriert und die Stammlösung bei -20 °C gelagert.

A-Stammlösung: 45,4 mg Aminopterin (4-Aminopteroylgluta-minsäure, Natriumsalz) werden in 5 ml dest. Wasser gegeben und durch tropfenweise Zugabe von 1 M NaOH gelöst. Dann wird auf 100 ml aufgefüllt und der pH-Wert von 7,5 wird eingestellt. Nach Sterilflitration wird die Stammlösung bei -20 °C gelagert.

– *Krebs-Henseleit-Ringer-Puffer*
$CaCl_2$ 280 (2,53), KCl 354 (4,74), KH_2PO_4 162 (1,19), $MgSO_4·7H_2O$ 292 (1,19), NaCl 6923 (118,54), $NaHCO_3$ 2100 (25,00).

– *Tyrode-Lösung*
$CaCl_2$ 200 (1,80), KCl 200 (2,68), NaCl 8000 (136,99), $NaHCO_3$ 1000 (11,90), $Na_2HPO4·2H_2O$ 60 (0,34), Glucose 1000 (5,55).

7.4.3 pH-Eichpuffer

A   bei 25 °C gesättigte Lösung Kaliumhydrogentartrat
B   50 mM Kaliumhydrogenphthalat: 1,0212 g $C_8H_5KO_4$ pro 100 ml
C   25 mM Phosphatpuffer: 0,3403 g KH_2PO_4, 0,4450 g $Na_2HPO_4·2H_2O$ pro 100 ml
D   8,7 mM Phosphatpuffer: 0,1183 g KH_2PO_4, 0,5416 g $Na_2HPO_4·2H_2O$ pro 100 ml
E   10 mM Natriumborat (Borax, $Na_2B_4O_7$) 0,2012 g $Na_2B_4O_7$ pro 100 ml

Die Temperaturabhängigkeit der Eichpuffer ist Tabelle 7.5 zu entnehmen.

Literatur

R.C.Weast (Hrsg.) (1986) CRC Handbook of Chemistry and Physics, 67th ed., CRC Press Inc., Boca Raton
V.S.Stoll, J.S.Blanchard (1990) Meth. Enzymol. *182*, 24-38

7.4.4 Flüchtige Puffer

Für manche Zwecke ist es günstig, Puffersysteme einzusetzen, deren Bestandteile durch Lyophilisation entfernt werden können. Tabelle 7.6 listet einige gebräuchliche verdampf- bzw. sublimierbare Puffer auf.

Tabelle 7.5. pH-Wert von Eichpuffern zwischen 0 und 60°C

Temperatur [°C]	A	B	C	D	E
0	-	4.00	6.98	7.53	9.46
5	-	4.00	6.95	7.50	9.395
10	-	4.00	6.92	7.47	9.33
15	-	4.00	6.90	7.45	9.27
20	-	4.00	6.88	7.43	9.23
25	3.56	4.01	6.865	7.41	9.18
30	3.55	4.015	6.85	7.40	9.14
35	3.55	4.025	6.855	7.39	9.10
38	3.55	4.03	6.84	7.38	9.08
40	3.55	4.035	6.84	7.38	9.07
45	3.55	4.05	6.845	7.37	9.04
50	3.55	4.06	6.83	7.37	9.01
55	3.555	4.075	6.83	-	8.98
60	3.56	4.09	6.835	-	8.96

Tabelle 7.6. Flüchtige Puffer

Puffersystem	Pufferbereich
Pyridin-Ameisensäure	2.3 - 3.5
Trimethylamin-Ameisensäure	3.0 - 5.0
Pyridin-Essigsäure	3.0 - 6.0
Trimethylamin-HCl	6.8 - 8.8
Ammoniak-Ameisensäure	7.0 - 8.5
Triethylamin-CO_2	7.0 - 12.0
Ammoniumcarbonat-Ammoniak	8.0 - 9.5
Ammoniak-HCl	8.5 - 10.0

[1] Die Ionenstärke einer wäßrigen Lösung ist definiert als $I = 1/2 \cdot \sum (c_i \cdot z_i^2)$ Anmerkungen
mit c_i - analytische Konzentration, z_i - Ladung des Ions i

8 Reinigungsvorschriften für ausgewählte Laborchemikalien

8.1 Reinigungsmittel

Die energischsten Laborreinigungsmittel sind nach wie vor Chromschwefelsäure und Nitratschwefelsäure. Sie sollten jedoch wegen ihrer gesundheitsschädigenden Wirkung (Bildung von gasförmigen Chromylhalogeniden bzw. nitrosen Gasen) und der Umweltbelastung durch Chrom(III)salze weitestgehend durch Industriewaschmittel ersetzt werden.

– Chromschwefelsäure
50 g Natriumdichromat werden mit 20 ml Wasser zu einer Paste angerührt, die unter Rühren in 1000 ml konzentrierter technischer Schwefelsäure gelöst wird.

Chromschwefelsäure ist zur Reinigung von Glasgefäßen, die für die Zellkultur verwendet werden sollen, nicht geeignet. Sie greift auch einige Plastmateriealien, besonders Polymethacrylat-(Plexiglas) und Polystyren, an.

Verbrauchte Chromschwefelsäure zeigt einen grünlichen Farbton. Da sie nicht ins öffentliche Abwassernetz gegeben werden darf, ist sie, falls sie nicht einem Entsorgungsbetrieb übergeben werden kann, mit technischer Soda zu neutralisieren und der entstehende Festkörper ist so zu deponieren, daß er nicht ins Grundwasser ausgewaschen werden kann.

Wichtig: Verbrauchte Chromschwefelsäure ist toxischer Sonderabfall!

– Nitratschwefelsäure
60 ml konz. Salpetersäure werden vorsichtig mit 1000 ml konz. Schwefelsäure gemischt.

Wegen der entstehenden nitrosen Gase ist mit Nitratschwefelsäure unter einem guten Abzug zu arbeiten. Glasgefäße für die Zellkultur können mit ihr gereinigt werden. Verbrauchte Säure wird vorsichtig mit techn. Soda neutralisiert und kann dann mit viel Wasser in die Kanalisation gespült werden.

8.2 Reinigungsvorschriften für einige Laborchemikalien

– *Acetonitril* M_r 41,05 Siedepunkt 81,6 - 82 °C Brechungsindex n_D^{20} 1,3440 Dichte 0,786 g/cm^3
Vorsicht! Acetonitril kann Blausäure enthalten. Alle Reinigungsschritte sind unter einem gut ziehenden Abzug durchzuführen.

Acetonitril wird mit mehreren Portionen frischen Phosphorpentoxids unter Rückfluß gekocht. Dann wird abdestilliert und das Destillat über wasserfreiem Kaliumcarbonat redestilliert. Anschließend wird über eine wirksame Kolonne fraktioniert.

– *Acrylamid* M_r 71,08 Schmelzpunkt 83 - 85 °C
Vorsicht! Acrylamid ist ein Nervengift. Hautkontakt und Einatmen des Staubs vermeiden. Schutzhandschuhe tragen.

Eine heiß gesättigte Lösung von Acrylamid in Chloroform wird bei möglichst niedriger Temperatur zum Auskristallisieren gebracht. Der Kristallbrei wird in der Kälte abgesaugt und bei Raumtemperatur im Vakuum getrocknet.

Wäßrige Acrylamid-Lösungen werden im Kühlschrank über etwas Anionenaustauscher (Chloridform) aufbewahrt.

– *Ammoniumsulfat*
Ammoniumsulfat wird in heißem dest. Wasser, dem 0,2 % EDTA (w/v) zugesetzt wurden, bis zur Sättigung gelöst. Nach dem Auskristallisieren in der Kälte wird nochmals aus EDTA-Wasser, anschließend aus bidest. Wasser umkristallisert. Nach sorfältigem Absaugen auf einem Filtertrichter wird im Vakuumexsikkator getrocknet. Auch über einem guten Trockenmittel (z.B. frisch geglühtem Molsieb (Zeolit)) können bis zur völligen Trockenheit mehrere Tage vergehen.

– *Digitonin*
3 bis 4 g Digitonin werden in 100 ml dest. Wasser gelöst und ca. 1 Stunde gekocht. Dann läßt man die meist trübe Lösung mehrere Tage im Kühlschrank stehen und zentrifugiert. Der Niederschlag wird verworfen. Meist genügt es, wenn man die (geschätzte) Menge Niederschlag von der eingewogenen abzieht und die Lösung als Stammlösung mit einer ungefähren Konzentration einsetzt.

– *Harnstoff* Schmelzpunkt 133 - 135 °C
Harnstoff wird bis zur Sättigung in dest. Wasser gelöst, das nicht wärmer als 60 °C sein soll. Dann wird ein gleiches Volumen abs. Ethanol (nicht Benzin-vergällt) zugegeben.

Nach dem Auskristallisieren bei -20 °C wird abgesaugt und im Vakuum bei 30 bis 40 °C mehrere Stunden getrocknet.

Schwermetalle werden entfernt, indem die Harnstofflösung vor Zugabe des Alkohols über einen gründlich mit dest. Wasser gewaschenen Mischbett-Ionenaustauscher gegeben wird.

- Kaliumchlorid
Durch eine gesättigte Lösung in dest. Wasser wird Chlorgas geleitet. Das gelöste Chlor wird verkocht, das Kaliumchlorid mit HCl-Gas gefällt. Nach Rekristallisation aus siedendem bidest. Wasser wird im Vakuum getrocknet.

- Natriumchlorid
Die Umkristallisation erfolgt aus einer heiß gesättigten Lösung in bidest. Wasser.

- Natriumdesoxycholat M_r 414,6
Aus einer etwa 5 %igen wäßrigen Lösung wird durch Zugabe von p.a. Salzsäure die Desoxycholsäure ausgefällt. Diese wird unter Rückfluß in 50 ml/g Tetrachlormethan gekocht und anschließend heiß filtriert. Das Lösungsmittel wird im Vakuum abdestilliert, der Rückstand wird im Vakuum getrocknet.

Die trockene Desoxycholsäure wird mit p.a. Natronlauge gelöst. Der klare Überstand nach einer 100.000·g-Zentrifugation wird im Vakuumrotationsverdampfer eingetrocknet.

- Natriumdodecylsulfat (SDS) M_r 288,4 Schmelzpunkt 204 - 207 °C
Aus einer heiß gesättigten Lösung aus p.a. Ethanol läßt man auskristallisieren, saugt ab und trocknet im Vakuum bei Raumtemperatur.

Literatur

D.D.PERRIN, W.L.F.ARMAREGO (1988) Purification of Laboratory Chemicals, 3. Aufl., Pergamon Press, Elmsford

9 Tabellen

9.1 Konzentrationsmaße

Tabelle 9.1. Konzentrationsmaße

Konzentrationsmaß	Symbol	Definition	Beschreibung
Molarität	M	mol/l	mol/Liter Lösung
Molalität	–	mol/kg	mol/kg Lösungsmitttel
Normalität	N	mol/l$\cdot$n	mol/Liter Lösung und Äquivalent
Normalität	N	Val/l	Val/Liter Lösung
Gewichtsprozent	% (w/v)	g/100ml Lösung	
Gewichtsprozent	% (w/w)	g/100g Lösung	
Volumenprozent	% (v/v)	ml/100 ml Lösung	
Teile pro Million Teile	ppm	10^{-4} %	z.B.mg/kg
Teile pro Milliarde Teile	ppb	10^{-7} %	z.B.µg/kg

9.2 Umrechnung SI-fremder Maßeinheiten in SI-Einheiten

Tabelle 9.2a. SI-Vorsätze

Tera	T	10^{12}	Dezi	d	10^{-1}
Giga	G	10^{9}	Zenti	c	10^{-2}
Mega	M	10^{6}	Milli	m	10^{-3}
Kilo	k	10^{3}	Mikro	µ	10^{-6}
Hekto	h	10^{2}	Nano	n	10^{-9}
Deka	d	10^{1}	Pico	p	10^{-12}
			Femto	f	10^{-15}
			Atto	a	10^{-18}

Loschmidtsche Zahl = Avogadrosche Konstante = $6{,}022 \cdot 10^{23}$ mol^{-1}

Tabelle 9.2b. SI-fremde Einheiten

fremde Einheit	Symbol	Umrechnung in SI-Einheit
Angström	Å	$1\ \text{Å} = 0,1\ \text{nm}$
Atmosphäre (physikal.)	atm	$1\ \text{atm} = 101,325\ \text{kPa}$
Atmosphäre (techn.)	at	$1\ \text{at} = 98,066\ \text{kPa}$
Bar	bar	$1\ \text{bar} = 100\ \text{kPa}$
Curie	Ci	$1\ \text{Ci} = 37\ \text{GBq}$
Elektronenvolt	eV	$1\ \text{eV} = 1,60202 \cdot 10^{-19}\ \text{J}$
Erg	erg	$1\ \text{erg} = 10^{-7}\ \text{J}$
Gamma	γ	$1\ \gamma = 1\ \mu\text{g}$
International Unit	IU	$1\ \text{IU} = 16,67\ \text{nKat}$
Kalorie	cal	$1\ \text{cal} = 4,1868\ \text{J}$
Kilopond pro cm^2	kp/cm^2	$1\ \text{kp/cm}^2 = 98,066\ \text{kPa}$
Millimeter Quecksilbersäule	mm Hg	$1\ \text{mm Hg} = 133,32\ \text{Pa}$
pound per square inch	psi	$1\ \text{psi} = 6,8948\ \text{kPa}$
Torr	Torr	$1\ \text{Torr} = 133,32\ \text{Pa}$
Zentimeter Wassersäule	cm WS	$1\ \text{cm Ws} = 98,07\ \text{Pa}$
Zerfälle pro Minute	dpm	$1\ \text{dpm} = 0,0167\ \text{Bq}$

9.3 Molmassen und andere Stoffdaten häufig verwendeter Substanzen

Aminosäuren: s. Tab. 9.6; Nucleotide: s. Tab. 9.7; Puffersubstanzen: s. Tab. 7.3

Tabelle 9.3a. Relative Atommassen M_r (bezogen auf $^{12}\text{C} = 12,00$)

Name	Symbol	M_r	Name	Symbol	M_r
Aluminium	Al	26,98	Neodym	Nd	114,24
Antimon	Sb	121,75	Nickel	Ni	58,71
Argon	Ar	39,95	Niob	Nb	92,91
Arsen	As	74,92	Neon	Ne	20,18
Barium	Ba	137,34	Osmium	Os	190,2
Beryllium	Be	9,01	Palladium	Pd	106,4
Blei	Pb	207,2	Phosphor	P	30,97
Bor	B	10,81	Platin	Pt	195,09
Brom	Br	79,91	Praseodym	Pr	140,91
Cadmium	Cd	112,40	Quecksilber	Hg	200,59
Cäsium	Cs	132,905	Rhenium	Re	186,6
Calcium	Ca	40,08	Rhodium	Rh	102,905
Cer	Ce	140,12	Rubidium	Rb	85,47
Chlor	Cl	35,45	Ruthenium	Ru	101,07
Chrom	Cr	52,00	Samarium	Sm	150,35

Tabelle 9.3a. Fortsetzung

Name	Symbol	M_r	Name	Symbol	M_r
Dysprosium	Dy	162,50	Sauerstoff	O	16,00
Eisen	Fe	55,85	Scandium	Sc	44,96
Erbium	Er	167,26	Schwefel	S	32,06
Europium	Eu	151,96	Selen	Se	78,96
Fluor	F	19,00	Silber	Ag	107,87
Gadolinium	Gd	157,25	Silicium	Si	28,09
Gallium	Ga	69,72	Stickstoff	N	14,0067
Germanium	Ge	72,59	Strontium	Sr	87,62
Gold	Au	196,97	Tantal	Ta	180,95
Hafnium	Hf	178,49	Tellur	Te	127,60
Helium	He	4,00	Terbium	Tb	158,92
Holmium	Ho	164,93	Thallium	Tl	204,37
Indium	In	114,82	Thorium	Th	232,04
Iod	I	126,90	Thulium	Tm	168,93
Iridium	Ir	192,2	Titan	Ti	47,90
Kalium	K	39,098	Uran	U	238,03
Kohlenstoff	C	12,01	Vanadium	V	50,94
Krypton	Kr	83,80	Wasserstoff	H	1,01
Lanthan	La	138,91	Wolfram	W	183,85
Lithium	Li	6,94	Xenon	Xe	131,30
Luthetium	Lu	174,97	Ytterbium	Yb	173,04
Magnesium	Mg	24,31	Yttrium	Y	88,905
Mangan	Mn	54,94	Zink	Zn	65,37
Molybdän	Mo	95,94	Zinn	Sn	118,69
Natrium	Na	22,99	Zirkonium	Zr	91,22

Tabelle 9.3b. Relative Masse M_r von Vielfachen von Atomgruppen

Gruppe	M_r	Gruppe	M_r	Gruppe	M_r
C_1	12,01	H_1	1,01	OCH_3	31,03
C_2	24,02	H_2	2,02	$(OCH_3)_2$	62,07
C_3	36,03	H_3	3,02	$(OCH_3)_3$	93,10
C_4	48,04	H_4	4,03	$(OCH_3)_4$	124,14
C_5	60,05	H_5	5,04	$(OCH_3)_5$	155,17
C_6	72,06	H_6	6,05		
C_7	84,07	H_7	7,06	OCH_2CH_3	45,06
C_8	96,08	H_8	8,06	$(OCH_2CH_3)_2$	90,12
C_9	108,09	H_9	9,07	$(OCH_2CH_3)_3$	135,18
C_{10}	120,10	H_{10}	10,08		
				CO_2CH_3	59,04
CH_3	15,03	H_2O	18,02	$(CO_2CH_3)_2$	118,09

Tabelle 9.3b. Fortsetzung

Gruppe	M_r	Gruppe	M_r	Gruppe	M_r
$(CH_3)_2$	30,07	$(H_2O)_{0,5}$	9,01		
$(CH_3)_3$	45,10	$(H_2O)_2$	36,03	COOH	45,02
$(CH_3)_4$	60,14	$(H_2O)_3$	54,05	$(COOH)_2$	90,04
$(CH_3)_5$	75,17	$(H_2O)_4$	72,06	$(COOH)_3$	135,05
		$(H_2O)_5$	90,08		
				CHOH	30,03
C_2H_5	29,06	NH_2	16,03	$(CHOH)_2$	60,05
$(C_2H_5)_2$	58,12	$(NH_2)_2$	32,05	$(CHOH)_3$	90,08
$(C_2H_5)_3$	87,18	$(NH_2)_3$	48,08	$(CHOH)_4$	120,10
$(C_2H_5)_4$	116,24	$(NH_2)_4$	92,11	$(CHOH)_5$	150,13
(C_2H_5)	145,30			$(CHOH)_6$	180,16

Tabelle 9.3c. Relative Molmassen M_r anorganischer Verbindungen

Formel	M_r	Formel	M_r
$AgNO_3$	169,87	KOH	56,11
$AuHCl_4$	339,79	KSCN	97,18
$BaCl_2$	208,25	$MgCl_2 \cdot 6H_2O$	203,30
$CaCl_2 \cdot 6H_2O$	219,08	$Mg(acetat)_2 \cdot H_2O$	214,46
$Cu(acetat)_2 \cdot H_2O$	199,65	$MnCl_2 \cdot H_2O$	197,91
$CuSO_4 \cdot 5H_2O$	249,68	NH_4OH	35,05
$FeCl_3$	162,21	$(NH_4)_2SO_4$	132,13
$FeSO_4 \cdot 7H_2O$	278,01	NaCl	58,44
HCl	36,46	$NaClO_4$	122,44
$HClO_4$	100,46	Na_2CO_3	105,99
HNO_3	63,01	$Na_2CO_3 \cdot 10H_2O$	286,14
H_2O	18,02	$NaHCO_3$	84,01
H_3PO_4	97,995	NaH_2PO_4	119,98
H_2SO_4	98,08	$NaH_2PO_4 \cdot 2H_2O$	156,01
KCl	74,55	$Na_2HPO_4 \cdot 2H_2O$	177,99
KH_2PO_4	136,09	$Na_2HPO_4 \cdot 12H_2O$	358,14
K_2HPO_4	174,18	NaI	149,89
$KH_2PO_4 \cdot 3H_2O$	228,23	NaOH	40,00
KI	166,00	NaSCN	81,07

Tabelle 9.3d. Organische Verbindungen (organische Lösungsmittel s. Tab. 9.3e)

Name	Molmasse	Dichte[a]
N-Acetylglucosamin (GlcNAc)	221,21	
Ameisensäure	46,03	1,220
6-Aminohexansäure (ε-Aminocapronsäure)	131,18	
Buttersäure	88,11	0,964
Chloralhydrat	165,4	
Cholsäure	408,56	
Citronensäure	192,12	
1,6-Diaminohexan (Hexamethylendiamin)	116,21	
Dithioerythritol (DTE)	154,25	
Dithiothreitol (DTT, Clelands Reagens)	154,25	
Desoxycholsäure, Na-Salz	414,56	
Dodecylsulfat, Na-Salz (SDS)	288,38	
Essigsäure	60,05	1,049
Ethylendiamin	60,1	0,899
Ethylendiaminotetraessigsäure, Na_2-Salz (EDTA)	372,24	
Ethylenglycol	62,07	1,113
Ethylenglycol-bis(2-aminoethylether)-N,N,N',N'-tetraessigsäure (EGTA)	380,4	
Formaldehyd	30,03	
Glucose	180,16	
Glutaraldehyd	100,12	
Glycerol	92,09	1,261
Guanidinium-hydrochlorid	95,53	
Harnstoff	60,06	
Hexamethylendiamin (1,6-Diaminohexan)	116,21	
2-Mercaptoethanol	78,13	1,114
Methyl-α-D-mannopyranosid	194,18	
Phenylmethylsulfonylfluorid (PMSF)	174,19	
n-Propanol	60,1	0,804
Saccharose (engl. sucrose)	342,3	
Sulfosalicylsäure-dihydrat	254,21	
Trichloressigsäure (TCA)	163,39	
Tris(hydroxymethyl)aminomethan (Tris)	121,14	

[a] für Flüssigkeiten, bezogen auf 20 °C, in g/cm^3

Tabelle 9.3e. Organische Lösungsmittel

Lösungsmittel	M_r	Dichte g/cm³	Kp °C	Fp °C	Flammpunkt °C
Aceton	58,08	0,79	56	-95	-20
Acetonitril	41,05	0,78	82	-46	5
Benzen	78,11	0,88	80	5,5	-11
n-Butanol	74,12	0,81	117,7	-90	35
tert-Butanol	74,12	0,77	82	24	11
Chloroform	119,38	1,47	62	-64	-
Dichlormethan	84,93	1,32	39	-97	-
Diethylether (Ether, Narkoseäther)	74,12	0,71	35	-116	-40
Dimethylformamid (DMF)	73,10	0,95	153	-61	59
Dimethylsulfoxid (DMSO)	78,13	1,10	189	18,5	95
1,4-Dioxan	88,11	1,03	101	12	12
Essigsäure (Eisessig)	60,06	1,05	118	17	40
Ethanol	46,07	0,79	79	-117	9
Ethylacetat (Essigester)	88,10	0,90	77	-84	-4
Ethylenglycol (1,2-Ethandiol)	62,07	1,11	198	-13	111
Formamid	45,04	1,13	210	2	175
n-Hexan	86,18	0,66	69	-95	-22
Methanol	32,04	0,79	65	-93	12
2-Propanol (Isopropanol)	60,10	0,78	82	-89	12
Tetrachlorkohlenstoff (Tetra)	154,82	1,60	77	-23	-
Tetrahydrofuran (THF)	72,11	0,89	66	-108	-20
Toluen	92,14	0,87	111	-95	4
Triethanolamin	149,19	1,12	360	22	179

9.4 Proteindaten

Tabelle 9.4. Molmasse, isoelektrischer Punkt und Absorptionskoeffizient von Proteinen

Protein	M_r in kD Holoprotein	M_r in kD Untereinheit	pI	A_λ^c für c=1mg/ml	bei λ nm	Spezies
Aldolase	160	40	5.2	0,74	280	Kaninchen
Aldolase	80			1,06	280	Hefe
alkalische Phosphatase	140	69	4.4	1,0	280	Rind
alkalische Phosphatase	80			0,77	280	*Escherichia coli*
Alkoholdehydrogenase	80	41	8.7 - 9.3	0,455	280	Pferd
Alkoholdehydrogenase	141	35	5.4	1,26	280	Hefe
D-Aminosäureoxidase	100	50		1,60	280	Schwein
α-Amylase	51,3			25	280	Schwein
Apoferritin	443	18,5	4.1 - 4.5	0,86-0,97	280	Pferd
Avidin	67	16,8		1,57	280	Huhn
Carbonsäureanhydrase	30		6.0	1,80	280	Rind
Carboxypeptidase A	34,3			1,81	278	Rind
Chymontrypsinogen	25,761			2,0	280	Rind
Collagenase	105	57		1,47	280	*Clostridium histolyticum*
Concanavalin A	108	54; 26		1,14	280	Schwertbohne
Cytochrom c	12,75		9.6	2,39	550	Pferd
Cytochrom c				0,195	280	Schwein
Cytochrom-c-oxidase	200	100		1,74	280	Rind
Enolase	88	41		0,895	280	Hefe

(Fortsetzung)

Tabelle 9.4. Fortsetzung

Protein	M_r in kD Holoprotein	Untereinheit	pI	A_λ^c für c = 1mg/ml	bei λ nm	Spezies
Fibrinogen	341	63,5; 56; 47	5.5	1,39	280	Mensch
β-Galactosidase	540	135		1,91	280	Escherichia coli
Glucagon	3,483			2,38	278	Rind
Glucoseoxidase	186	80	4.15	1,67	280	Aspergillus niger
Glutamatdehydrogenase	56,1			0,95	280	Rind
Hämocyanin (KLH)				1,39	280	Limulus polyphemus
Hämocyanin (KLH)				0,223	340	Limulus polyphemus
Hämoglobin	68	16,5		0,80	280	Mensch
Hexokinase	102	51	4.93; 5.25	0,92	280	Hefe
Immunoglobulin IgG	150		5.8-7.3	1,38	280	Mensch
IgA	180-500			1,34	280	Mensch
IgM	950			1,33	280	Mensch
IgD	175		4.7-6.1	1,45	280	Mensch
IgE	200			1,41	280	Mensch
Insulin	5,733		5.5	1,0	280	Rind
A-Kette	2,33					
B-Kette	3,4					
Katalase	257	57,5		1,68	405	Rind
α-Lactalbumin	14,4			2,09	280	Rind

Lactatdehydrogenase	134	35	8.5	1,5	280	Rind
ß-Lactoglobulin	35	17,5	5.2	0,95	280	Rind
Luciferase	92	52				Glühwürmchen
Lysozym	14,388		11	2,53	280	Huhn
α_2-Macroglobulin	820	180-190	5.4	0,81	280	Mensch
Myoglobin	16,95		6.85;7.35			Pferd
Myosin	205-215		4.8-6.2	0,52	280	Kaninchen
L-Kette	18			0,43	277	Kaninchen
Ovalbumin	43			0,75	280	Huhn
Ovotransferrin	76,6			1,16	280	Huhn
Pepsin	33,367		2.2	1,48	280	Rind
Pepsinogen	41		3.7	1,305	280	Schwein
Phosphodiesterase	115					Crotus adamanteus
Phosphorylase b	97,4			1,32	280	Kaninchen
Pyruvatkinase	237	57,2	7.8-8.6	0,54	280	Kaninchen
Ribonuclease I	13,683		7.8	0,695	280	Rind
RNA-Polymerase	500	39;90;155				E.coli
Serumalbumin	67		4.9	0,68	280	Rind
Streptavidin	60	15	5	3,4	280	Streptomyces avidinii

(Fortsetzung)

Tabelle 9.4. Fortsetzung

Protein	M_r in kD Holoprotein	Untereinheit	pI	A_λ^c für c = 1mg/ml	bei λ nm	Spezies
Trypsin	23,8			1,66	280	Rind
Trypsininhibitor	20,1			0,95	280	Sojabohne
Trypsinogen	24,5			1,39	280	Rind
Urease	483	240		0,589	280	*Canavalis ensiformis*
Uricase	125	32		1,13	276	Schwein

Literatur

G.D.FASMAN (Hrsg.) (1992) Practical CRC Handbook of Biochemistry and Molecular Biochemistry, 196-358, CRC Press, Boca Raton

D.M.KIRSCHENBAUM (1978) Anal. Biochem. *87*, 223-242

S.C.GILL, P.H.VON HIPPEL (1989) Anal. Biochem. *182*, 319-326

9.5 Protease-Inhibitoren

Es gibt eine Vielzahl mehr oder weniger spezifischer Hemmstoffe für Proteasen. In der Praxis, bei der Arbeit mit Gewebehomogenaten, hat sich der in Tabelle 9.5 aufgeführte Mix mit breiter Spezifität bewährt. Die Inhibitoren werden als Stammlösungen hergestellt und kurz vor Gebrauch zu den jeweiligen Präparationspuffern zugegeben. Die Stammlösungen sind in der Regel 1000fach konzentriert gegenüber der Endverdünnung.

Weitere als die in Tabelle 9.5 genannten Inhibitoren mit mehr oder weniger breitem Wirkspektrum sind 4-(2-Aminoethyl)-benzen-sulfonylfluorid (Pefabloc SC, AEBSF, anstelle PMSF oder 4-Amidinophenyl-methylsulfonylfluorid (APMSF) zu verwenden), Antipain, Aprotinin, Bestain, Chymostatin, N-(α-Rhamnopyranosyl-hydroxyphosphinyl)-L-leucyl-L-tryptophan (Phosphoramidon), N-[N-L-3-*trans*-Carboxiran-2-carbonyl)-L-leucyl]-4-aminobutyl-guanidin (E-64).

Tabelle 9.5. Protease-Inhibitormix

Inhibitor	Endkonzentration	Spezifität
PMSF	0,1 mM	Serin- u. Thiol-Proteasen
Iodacetamid	1 mM	Thiol-Proteasen
EDTA	5 mM	Metalloproteasen
Leupeptin	0,5 µg/ml	(breites Wirkspektrum)
Benzamidin	0,1 mM	Trypsin u. ähnl. Proteasen
o-Phenanthrolin	0,1 mM	(breites Wirkspektrum)
Pepstatin A	0,5 µg/ml	saure Proteasen

0,1 M PMSF	87 mg in 5 ml *i*-Propanol lösen; im Kühlschrank 4–6 Wochen stabil	Stammlösungen
1 M Iodacetamid	925 mg in 5 ml dest. Wasser lösen; bei Raumtemperatur stabil	
0,5 M EDTA	1,86 g Na_2-EDTA in ca. 8 ml dest. Wasser lösen, mit NaOH pH 8 einstellen, auf 10,0 ml auffüllen; bei Raumtemperatur stabil	
Leupeptin	2,5 mg in 5 ml dest. Wasser lösen; bei 4 °C ca. eine Woche stabil	
0,1 M Benzamidin	87 mg in 5 ml dest. Wasser lösen; bei Raumtemperatur stabil	

0,1 M o-Phenanthrolin 99 mg in ca. 4 ml dest. Wasser lösen, pH
mit Salzsäure auf ca. 6 einstellen, auf
5,0 ml auffüllen, bei Raumtemperatur
stabil

Pepstatin A   1 mg/ml Methanol, mehrere Wochen bei
−20 °C stabil

Literatur

H.ZÖLLNER (1992) Handbook of Enzyme Inhibitors. 2.Aufl., VCH, New
York

9.6 Aminosäure-Einbuchstabencode und Molmassen der Aminosäuren

Der Einbuchstaben-Kurzcode sollte nur für die Wiedergabe von
längeren Sequenzen verwendet werden.

Mit Hilfe der Prüfzahl (checking no.) CN und der Referenzzahl
(reference no.) AA kann jede beliebige Aminosäuresequenz eindeutig charakterisiert werden:

$$CN = \sum_{i=1}^{n} NR_{AA_i} \cdot i$$

Beispiel

Beispiel:
Sequenz
(IUPAC-IUB): His-Ile-Leu-Phe-Glu-Met-Ala-Thr-His-Glu
Kurzcode: HILFEMATHE
CN: $525 = 1 \cdot 9 + 2 \cdot 10 + 3 \cdot 11 + 4 \cdot 14 + 5 \cdot 7 + 6 \cdot 13 + 7 \cdot 1 + 8 \cdot 17$
$+ 9 \cdot 9 + 10 \cdot 7$
NR: 10
MMP: 1390,41
COMP: $A_1 R_0 N_0 D_0 C_0 Q_0 E_2 G_0 H_2 I_1 L_1 K_0 M_1 F_1 P_0 S_0 T_1 W_0 Y_0 V_0$

mit CN – Prüfzahl, AA – Referenzzahl (s. Tab. 9.6), i - Positions-
zahl der jeweiligen Aminosäure in der Sequenz; N-terminale
Aminosäure trägt i=1, NR – Gesamtzahl der Aminosäuren in der
Polypeptidkette, MMP – Molmasse des Polypeptids, COMP –
Bruttoformel des Polypeptids (alle Aminosäuren müssen aufgeführt werden, in der Sequenz nicht enthaltene Reste werden mit
„0" indiziert)!

Literatur

A.BAIROCH (1982) Biochem. J. *203*, 527–528

Tabelle 9.6. Aminosäure-Kurzcode und Molmassen der Aminosäuren

Aminosäure	IUPAC-IUC-Code	Kurz-Code	M_r	M_r - H_2O	AA
Alanin	Ala	A	89,09	71,07	1
Arginin	Arg	R	174,20	156,18	2
Asparagin	Asn	N	132,10	114,10	3
Asparaginsäure	Asp	D	133,10	133,10	4
γ-Carboxy-glutaminsäure	Gla		191,14	173,12	
Cystein	Cys	C	121,15	103,14	5
Cystin	Cys$_2$		240,30	222,28	
Glutamin	Gln	Q	146,15	128,11	6
Glutaminsäure	Glu	E	147,13	129,11	7
Glycin	Gly	G	75,07	57,05	8
Histidin	His	H	155,16	137,14	9
Hydroxyprolin	Hyp		131,13	113,11	
Isoleucin	Ile	I	131,17	113,16	10
Leucin	Leu	L	131,17	113,16	11
Lysin	Lys	K	146,19	128,17	12
Methionin	Met	M	149,21	131,19	13
Norleucin	Nle		131,18	113,16	
Norvalin	Nva		117,15	99,13	
Ornithin	Orn	O	132,16	114,14	
Phenylalanin	Phe	F	165,19	147,17	14
Prolin	Pro	P	115,13	97,11	15
Pyroglutamin-säure	pGlu, Pyr		129,12	111,10	
Serin	Ser	S	105,09	87,07	16
Statin	Sta		175,23	157,21	
Threonin	Thr	T	119,12	101,10	17
Tryptophan	Trp	W	204,23	186,21	18
Tyrosin	Tyr	Y	181,19	163,17	19
Valin	Val	V	117,17	99,13	20
Asparagin od. -säure	Asx	B	132,65 [a]		21
Glutamin od. -säure	Glx	Z	146,64 [a]		22
unbekannte Aminosäure	Xaa	X	128,16 [a]		23

[a] Mittelwert

9.7 Spektroskopische Daten von Nucleotiden

Tabelle 9.7. Nucleotide: spektroskopische Daten und Molmassen

Nucleotid	λ_{max} in nm	ε_{max} 10^{-3}	ε_{260}	M_r	M_r (stabile Form)
5'-AMP	259	15,4	15,4	347,2	365,2 ($\cdot H_2O$)
5'-ADP	259	15,4	15,4	427,2	471,2 (Na_2-Salz)
5'-ATP	259	15,4	15,4	507,2	605,2 ($\cdot 3H_2O$, Na_2-Salz)
3',5'-cAMP	256	14,5	15,0 [a]	329,2	347,2 ($\cdot H_2O$)
5'-CMP	271	9,0	7,6	323,2	323,2
5'-CDP	271	9,2	7,5	403,1	469,1 (Na_3-Salz)
5'-CTP	271	9,1	7,5	483,1	549,1 (Na_3-Salz)
5'-GMP	252	13,7	11,8	363,2	443,2 ($\cdot H_2O$, Na_2-Salz)
5'-GDP	252	13,7	11,8	443,1	460,9 (Li_3-Salz)
5'-GTP	252	13,7	11,7	523,2	541,0 (Li_3-Salz)
3',5'-cGMP	252	13,7		345,2	367,2 (Na-Salz)
5'-dTMP	267	9,6		322,2	398,2 ($\cdot 3H_2O$, Na-Salz)
5'-dTDP	267	9,6		403,4	475,2 ($\cdot 3H_2O$, Li_3-Salz)
5'-dTTP	267	9,6		482,2	624,2 ($\cdot 3H_2O$, Na_4-Salz)
5'-UMP	262	10,0	9,9	324,2	368,2 (Na_2-Salz)
5'-UDP	262	10,0	9,9	404,1	470,1 (Na_3-Salz)
5'-UTP	262	10,0	9,9	484,1	550,1 (Na_3-Salz)
5'-UDP-Glucose				544,3	610,3 (Na_3-Salz)
NAD	260	18,0	18,0	663,4	705,4 ($\cdot 2H_2O$, Li-Salz)
NADH	259	16,9	16,9	745,4	833,4 (Na_4-Salz)
	339	6,22			
NADP	260	18,0	18,0	743,4	787,4 (Na_2-Salz)
NADPH	259	16,9	16,9	745,4	833,4 (Na_4-Salz)
	339	6,2			
FAD	263	38,0	37,0	785,6	807,6 (Na-Salz)

[a]   bei pH 6.0

Literatur

R.M.C.Dawson, D.C.Elliott, W.H.Elliott, K.M.Jones (1986) Data for Biochemical Research. 3. Aufl., Clarendon Press, Oxford

9.8 Stoffwerte von Detergenzien (Tensiden)

Tabelle 9.8. Tenside

Name	M_r	CMC [a]	Typ [b]
Aerosol OT (Natrium-bis(2-ethylhexyl)-sulfosuccinat)	444,6		b
$C_{12}E_8$ (Octa(ethylenglycol)-dodecylether)	538,7	0,09 0,18 (2°)	a
Cetyltrimethylammoniumbromid	364,5	0,92	c
CHAPS (3-[(3-Cholamidopropyl)-dimethyl-ammonio]-1-propansulfonat)	614,9	4	d
Digitonin	1229,3		a
1,2-Diheptanoyl-*sn*-phosphatidylcholin (DHPC)	504,1		d
1,2-Dipalmitoyl-*sn*-phosphatidylcholin (DPPC)	756,6		d
n-Dodecylglucosid (1-O-n-Dodecyl-ß-D-glucopyranosid)	348,0	0,13	a
Genapol X-080 (11-Methyldodecyl-octa(ethylenglycol)ether)	552,8	0,13	a
Hyamin 10X (Benzyl-N,N-diemthyl-N-[4-(1,1,3,3-tetramethyl-butyl)-phenoxyethyl]-ammoniumbromid)	492,5		c
Lithium-dodecylsulfat	272,2	6–8	b
Lysolecithin	≈500	<0,1	b
MEGA-10 (N-(D-Gluco-1,3,4,5,6-pentahydroxyhexyl)-N-methyl-decenamid)	349,5	6,2	a
Natrium-cholat	430,5	14	b
Natrium-desoxycholat	414,6	5	b
Natrium-dodecylsulfat (SDS)	288,4	8,2	b
Nonidet NP-40 (vergleichbar mit Triton X-100)			
n-Octylglucosid (1-O-n-Octyl-ß-D-glucopyranosid)	292,4	14,5	a
Thesit (Nona(ethylenglycol)-dodecylether)	582,9	0,09	a
Triton X-100 ([4-(1,1,3,3-Tetramethyl-butyl)-phenyl]-deca(ethylenglycol)ether)	647	0,2	a
Tween 20 (5-Eicosa(ethylenglycol)oxy-1-dodecylsorbitan)	1197,1	0,01	a
Zwittergent 3-12 (Sulfobetain SB 12, N,N-Dimethyl-N-dodecyl-3-propansulfonat)	332,5	3,6	d

Tabelle 9.8. Fortsetzung

Name	M_r	CMC [a]	Typ [b]
Zwittergent 3–14 (Sulfobetain SB 14, N,N-Dimethyl-N-tetradecyl-3-propansulfonat)	363,6	0,3	d

[a] Angaben in mmol/l für 25 °C. CMC - kritische Mizellkonzentration. Unterhalb dieses Konzentrationswerts, der temperatur- und ionenabhängig ist, bildet das Detergens keine Mizellen. Da Mizellen und Detergens-Monomere im Gleichgewicht mit einander stehen, sind besonders Detergensien mit größeren Aggregationszahlen bei Konzentrationen oberhalb der CMC kaum dialysierbar.

[b] Typen: a - nicht-ionsches Detergens, b - anionisches Detergens, c - kationisches Detergens, d - zwitterionisches Detergens

[c] anstelle von SDS in der PAGE verwendbar; Laufrichtung der Detergens-Protein-Komplexe + → - (D.T.AKIN, R.SHAPIRA, J.M.KINKADE JR. (1985) Anal.Biochem. *145*, 170-176)

Literatur

A.HELENIUS, K.SIMONS (1975) Biochim. Biophys. Acta *415*, 29–79

D.LICHTENBERG, R.J.ROBSON, E.A.DENNIS (1983) Biochim. Biophys. Acta *737*, 285–304

O.F.BJERRUM, K.P.LARSEN, M.WILKEN (1983) In: H.TSCHECHE (Hrsg.) Modern Methods in Protein Chemistry. 79–124, Springer, Berlin

R.M.M.BRITO, W.L.C.VAZ (1986) Anal. Biochem. *152*, 250–255

J.M.NEUGEBAUER (1990) Meth. Enzymol. *182*, 239–253

Besonders zu empfehlen:

U.PFÜLLER (1987) Mizellen, Vesikel, Mikroemulsionen – Tensidassoziate und ihre Anwendung in Analytik und Biochemie. Springer, Heidelberg

9.9 Brechungsindex und Dichte von Saccharose-Lösungen

Tabelle 9.9. Konzentration, Dichte und Brechungsindex von Saccharose-Lösungen

% Saccharose (w/w)	(w/v)	Molarität M	$\rho_{20°}$ in g/cm^3	$\rho_{0°}$	$n_{Na}^{20°}$
0	0	0	0,9982	0,9998	1,3330
2	2,0	0,06	1,0021	1,0080	1,3359
4	4,1	0,12	1,0139	1,0162	1,3388
6	6,1	0,18	1,0219	1,0244	1,3418
8	8,2	0,24	1,0299	1,0328	1,3448

Tabelle 9.9. Fortsetzung

% Saccharose (w/w)	(w/v)	Molarität M	$\rho_{20°}$ in g/cm³	$\rho_{0°}$	$n_{Na}^{20°}$
10	10,4	0,30	1,0381	1,0413	1,3479
12	12,6	0,37	1,0465	1,0498	1,3510
14	14,8	0,43	1,0549	1,0586	1,3541
16	17,0	0,50	1,0635	1,0674	1,3573
18	18,3	0,56	1,0721	1,0764	1,3606
20	21,6	0,63	1,0810	1,0855	1,3639
22	24,0	0,70	1,0899	1,0947	1,3672
24	26,4	0,77	1,0990	1,1040	1,3706
26	28,8	0,84	1,1082	1,1135	1,3740
28	31,3	0,91	1,1175	1,1231	1,3775
30	33,8	0,99	1,1270	1,1328	1,3811
32	36,4	1,06	1,1366	1,1427	1,3847
34	39,0	1,14	1,1463	1,1527	1,3883
36	41,6	1,22	1,1562	1,1628	1,3920
38	44,3	1,29	1,1663	1,1731	1,3958
40	47,1	1,37	1,1764	1,1835	1,3997
42	49,8	1,46	1,1868	1,1941	1,4036
44	52,7	1,54	1,1972	1,2048	1,4076
46	55,6	1,62	1,2079	1,2156	1,4117
48	58,5	1,71	1,2186	1,2266	1,4158
50	61,5	1,80	1,2296	1,2377	1,4200
52	64,5	1,88	1,2406	1,2490	1,4242
54	67,6	1,97	1,2519	1,2260	1,4285
56	70,7	2,07	1,2632	1,2720	1,4329
58	73,9	2,16	1,2748	1,2837	1,4373
60	77,2	2,255	1,2865	1,2956	1,4418
62	80,5	2,35	1,2983	1,3076	1,4464
64	83,9	2,45	1,3103	1,3198	1,4509
66	87,3	2,55	1,3224	1,3324	1,4558
68	90,8	2,65	1,3347	1,3446	1,4605
70	94,3	2,75	1,3472		1,4651
72	97,9	2,86	1,3598		1,4700
74	101,6	2,97	1,3725		1,4749
76	105,3	3,08	1,3854		1,4799

9.10 Ammoniumsulfat-Tabelle

Ammoniumsulfat wird nach wie vor häufig zur Fraktionierung von Proteingemischen verwendet. In der Regel wird zur Charakterisierung der Ammoniumsulfatmenge, die für die fraktionierte

Fällung verwendet wird, die Angabe „% Sättigung" gemacht. Dabei ist zu beachten, daß die Löslichkeit von Ammoniumsulfat mit sinkender Temperatur abnimmt, somit enthält eine bei Raumtemperatur gesättigte Lösung mehr Salz als eine von 4 °C.

Tabelle 9.10a enthält die Konzentrationsangaben für gesättigte Ammoniumsulfat-Lösungen bei verschiedenen Temperaturen.

Die Tabellen 9.10b und 9.10c geben die Menge an festem Ammoniumsulfat an, die bei 25 °C bzw. 0 °C einem Liter einer Lösung mit bestimmter Ausgangskonzentration an Ammoniumsulfat zugesetzt werden muß, um unter Berücksichtigung der Volumenzunahme den gewünschten Endsättigungsgrad zu erhalten.

Literatur

R.M.Dawson, D.C.Elliot, W.H.Elliot, K.M.Jones (1986) Data for Biochemical Research. 3. Aufl., 537-539, Clarendon Press, Oxford

Tabelle 9.10a. Gehalt an Ammoniumsulfat für gesättigte Lösungen bei verschiedenen Temperaturen

Temperatur in °C	Molarität in mol/l	% (w/w)	% (w/v)	Dichte in g/cm^3
0	3,90	41,42	51,48	1,243
10	3,97	42,22	52,52	1,244
20	4,06	43,09	53,65	1,245
25	4,10	43,47	54,12	1,247
30	4,13	43,85	54,59	1,249

Tabelle 9.10b. Ammoniumsulfat-Sättigung bei 25 °C

A - Ausgangssättigung in %, E - gewünschte Endsättigung in %

E=	10	20	30	40	45	50	55	60	65	70	75	80	90	100
A				g Ammonsulfat, zu 1000 ml Lösung mit der Sättigung A zu geben									
0	56	114	176	243	277	313	351	390	430	472	516	561	662	767
5	27	85	140	210	248	286	318	355	400	441	480	522	618	715
10		57	118	183	216	251	288	326	365	406	449	494	592	694
20			59	123	155	189	225	262	300	340	382	424	520	619
30				62	94	127	162	198	235	273	314	356	449	546
40					31	63	97	132	168	205	245	283	375	469
45						32	65	99	134	171	210	250	339	431
50							33	66	101	137	176	214	302	392
60									34	69	105	143	227	314
70											35	72	153	237
75												36	115	198
80													77	157
90														77

Tabelle 9.10c. Ammoniumsulfat-Sättigung bei 0 °C

A - Ausgangssättigung in %, E - gewünschte Endsättigung in %

E=	10	20	30	40	45	50	55	60	65	70	75	80	90	100
A					g Ammonsulfat, zu 1000 ml Lösung mit der Sättigung A zu geben									
0	55	107	166	229	262	295	331	366	404	442	483	523	611	707
5	26	80	139	200	232	266	300	336	373	411	450	491	578	671
10		54	111	171	203	236	270	305	342	379	418	458	544	636
20			56	84	115	145	177	210	244	280	316	392	476	565
30				57	87	119	150	184	217	253	289	328	408	495
40					29	59	90	122	155	190	225	262	340	424
45						29	60	91	125	158	193	229	306	388
50							30	61	93	127	161	197	272	353
60									31	63	96	131	204	283
70											32	66	136	212
75												32	102	176
80													68	141
90														71

9.11 Angaben zur Herstellung verdünnter Lösungen

In Tabelle 9.11 ist die Menge der Ausgangslösung A in ml angegeben, die auf 1000 ml aufzufüllen ist, um die gewünschte Konzentration zu erhalten.

Tabelle 9.11. Herstellung verdünnter Lösungen

Lösung		Konzentration	ml von A	Dichte (20 °C)
Ammoniak	A:	25 % (w/w)		0,907
		10 % (w/w)	422,3	0,9575
		5 % (w/v)	215,4	0,977
		1 M	75,1	0,992
Ameisensäure	A:	90 % (w/w)		1,205
		1 M	42,4	1,010
Essigsäure	A:	99 % (w/w)		1,052
		1 M	57,8	1,007
Perchlorsäure	A:	70 % (w/w)		1,674
		10 % (w/w)	90,5	1,060
		1 M	85,7	1,058

Tabelle 9.11. Fortsetzung

Lösung		Konzentration	ml von A	Dichte (20 °C)
Phosphorsäure	A:	90 % (w/w)		1,746
		10 % (w/w)	90,4	1,060
		1 M	56,1	1,051
Salpetersäure	A:	65 % (w/w)		1,391
		10 % (w/w)	116,6	1,054
		1 M	69,6	1,032
Salzsäure	A:	37 % (w/w)		1,180
		25 % (w/w)	643,6	1,124
		10 % (w/w)	239,8	1,047
		1 M	83,3	1,015
Schwefelsäure	A:	96 % (w/w)		1,8355
		25 % (w/w)	167,1	1,178
		10 % (w/w)	63,0	1,066
		5 % (w/w)	29,3	1,032
		1 M	54,5	1,061

9.12 Mischungskreuz

Will man aus einer konzentrierteren Lösung eine verdünntere durch Mischung herstellen bzw. will man wissen, welche Konzentration eines bestimmten Stoffs nach Mischung zweier Lösungen vorliegt, kann man das rasch mittels des Mischungskreuzes ermitteln. Dabei ist zu bedenken, daß, wenn nur Volumenteile eingesetzt werden und die Lösungen größere Dichteunterschiede besitzen, falsche Werte erhalten werden. Es ist dann günstiger, anstelle der Konzentrationen die Dichten einzusetzen und dann mittels Dichtetabellen auf die jeweilige Konzentration zurückzurechen.

Als Formel ausgedrückt lautet das Mischungskreuz:

$$V_1 = E - A_2 \text{ und } V_2 = A_1 - E$$

mit A_1 – Ausgangskonzentration der höher konzentrierten Lösung, A_2 – Ausgangskonzentration der geringer konzentrierten Lösung, E – gewünschte Endkonzentration, V_1 – zu verwendende Volumenteile höher konzentrierterer Lösung, V_2 – zu verwendende Volumenteile geringer konzentrierterer Lösung

Beispiel:
Wieviel Volumenteile einer 37 %igen Salzsäure ([HCl] = 37%)
sind mit wieviel Volumenteilen Wasser ([HCl] = 0%) zu mischen,
um eine 10 %ige Salzsäure zu erhalten? Exakter ist aber, anstelle
der Konzentrationen die Dichten einzusetzen, wenn die Dichte-
differenz zwischen Stamm- und Verdünnungslösung groß ist.

Lösung:

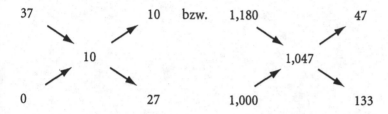

10 Volumenteile 37 %ige HCl sind mit 27 Volumenteilen (exakter
aus der Dichte: 28,3) Wasser zu mischen.

10 Anhang

10.1 Statistische Formeln

Einige für die übliche Versuchsauswertung wichtige statistische Formeln werden im folgenden angegeben. Ihre theoretische Begründung und Ableitung ist der aufgeführten Literatur zu entnehmen.

10.1.1 Mittelwert und zusammenhängende Größen

Mittelwert (arithmetisches Mittel, engl. mean):

$$m_x = \frac{\sum x_i}{n}$$

Freiheitsgrade des Mittelwerts:

$$F = n - 1$$

Standardabweichung (Streuung um den Mittelwert, engl. standard deviation of mean, S.D.) [1]:

$$s = \sqrt{\frac{\sum (x_i - m_x)^2}{F}}$$

Varianz des Mittelwerts:

$$s^2 = \frac{\sum (x_i - m_x)^2}{F}$$

Standardfehler des Mittelwerts (engl. standard error of mean, S.E.):

$$s_m = \frac{s}{\sqrt{n}}$$

Absoluter Fehler des Mittelwerts:

$$f_a = abs\left(\frac{t \cdot s}{\sqrt{n}}\right)$$

relativer Fehler des Mittelwerts (in %):

$$f_r = \frac{f_a \cdot 100}{m}$$

Vertrauensintervall für einen Mittelwert (Voraussetzung: Die Meßwerte müssen um den Mittelwert normalverteilt sein):

$$v_{1-P} = m_x \pm f_a$$

mit n - Anzahl der Meßwerte x_i, P - Irrtumswahrscheinlichkeit (Wahrscheinlichkeit, daß ein Wert signifikant von den Werten innerhalb des Vertrauensintervalls abweicht; wird oft auch, mit 100 multipliziert, als prozentuale Wahrscheinlichkeit angegeben), t - Grenzen des (1 - P)ten Teils der Fläche der Normalverteilungsfunktion für F (für die Berechnung des absoluten Fehlers und des Vertrauensintervalls für den jeweiligen Freiheitsgrad F und die erforderliche Irrtumswahrscheinlichkeitsgrenze P ist der t-Wert der Tab. 10.1 zu entnehmen).

10.1.2 Ausgleichsgerade (lineare Regression)

Nach der Methode der Minimierung der Fehlerquadrate lassen sich aus Meßwertpaaren, die zu einander in der Funktion

$$y = a + b \cdot x$$

stehen, die Parameter a (Schnittpunkt mit der y-Achse) und b (Anstieg der Geraden) sowie der Korrelationskoeffizient r, der ein Maß für die Güte der Korrelation ist, berechnen [2]

$$b = \frac{S3}{S1}$$

$$a = \frac{\sum y_i - b \cdot \sum x_i}{n} m_y - b \cdot m_x$$

$$r = \frac{S3}{\sqrt{S1 - S2}}$$

mit:

$$S1 = \sum x_i - \frac{(\sum y_i)^2}{n}$$

$$S2 = \sum y_i - \frac{(\sum y_i)^2}{n}$$

$$S3 = \sum (x_i \cdot y_i) - \frac{\sum x_i \cdot \sum y_i}{n}$$

x_i bzw. y_i - Werte des i-ten Meßwertpaares, m_x bzw. m_y - Mittelwerte der x- bzw. y-Werte, n - Anzahl der Meßwertpaare.

10.1.3 t-Test

Für die Abschätzung, ob sich die Mittelwerte zweier Versuchsreihen oder -gruppen signifikant unterscheiden oder nicht, kann der t-Test verwendet werden.

Für den Fall, daß *kein* Unterschied vorliegt, wird die sog. Nullhypothese als zutreffend angesehen werden, im anderen Fall wird sie verworfen.

Wenn die Nullhypothese zutrifft, ist der berechnete t-Wert kleiner oder gleich dem beim entsprechenden Freiheitsgrad F für eine Signifikanzschranke P (Wahrscheinlichkeit der Nichtunterscheidbarkeit der Mittelwerte) aus der Tabelle 10.1 entnommenen t-Wert, d.h. wenn $t_{berechnet} > r_{1-P(Tabelle)}$, dann unterscheiden sich die Mittelwerte signifikant voneinander mit dem Vertrauenswert P.

Wenn z.B. für zwei Wertegruppen mit 9 bzw. 10 Werten (F = 17) ein t-Wert von 2,70 berechnet wurde, so sind die Mittelwerte mit P = 0,02 von einander signifikant, aber mit P = 0,01 nicht signifikant unterschiedlich. Die Wahrscheinlichkeit, daß sie verschieden sind, beträgt also $(1 - P) \cdot 100 = 98\,\%$.

$$S_D^2 = \frac{\sum (x_{1i} - m_1)^2 + \sum x_{2i} - m_1)^2}{F}$$

$$m_1 = \frac{\sum x_{1i}}{n_1}$$

$$m_2 = \frac{\sum x_{2i}}{n_2}$$

$$F = n_1 + n_2 - 2$$

$$t = \frac{(m_1 - m_2) \cdot \sqrt{\frac{n_1 \cdot n_2}{n_1 + n_2}}}{s_D}$$

Tabelle 10.1. t-Werte für P = 10, 5, 2, 1 und 0,1 %

F P =	0,10	0,05	0,02	0,01	0,001
1	6,31	12,71	31,82	63,66	318,31
2	2,92	4,30	6,97	9,92	22,23
3	2,35	3,18	4,54	5,84	10,21
4	2,13	2,78	3,75	4,03	7,17
5	2,01	2,57	3,37	4,03	5,89
6	1,94	2,45	3,14	3,71	5,21
7	1,89	2,36	3,00	3,50	4,79
8	1,86	2,31	2,90	3,36	4,50
9	1,83	2,26	2,82	3,25	4,30
10	1,81	2,23	2,76	3,17	4,14
11	1,80	2,20	2,72	3,11	4,03
12	1,78	2,18	2,68	3,05	3,93
13	1,77	2,16	2,65	3,01	3,85
14	1,76	2,14	2,62	2,98	3,79
15	1,75	2,13	2,60	2,95	3,73
16	1,75	2,12	2,58	2,92	3,69
17	1,74	2,11	2,57	2,90	3,65
18	1,73	2,10	2,55	2,88	3,61
19	1,73	2,09	2,54	2,86	3,58
20	1,72	2,09	2,53	2,85	3,55
21	1,72	2,08	2,52	2,83	3,53
22	1,72	2,07	2,51	2,82	3,51
23	1,71	2,07	2,50	2,81	3,49
24	1,71	2,06	2,49	2,80	3,47
25	1,71	2,06	2,49	2,79	3,45
26	1,71	2,06	2,48	2,78	3,44
27	1,70	2,05	2,47	2,77	3,42
28	1,70	2,05	2,47	2,76	3,41
29	1,70	2,05	2,46	2,76	3,40
30	1,70	2,04	2,46	2,75	3,39
40	1,68	2,02	2,42	2,70	3,31
60	1,67	2,00	2,39	2,66	3,23
120	1,66	1,98	2,36	2,62	3,16

mit x_{1i} bzw. x_{2i} - Meßdaten der Gruppe 1 bzw. 2, m_1 bzw. m_2 - Mittelwerte der Meßdaten der Gruppe 1 bzw. 2, n_1 bzw. n_2 - Anzahl der Meßdaten in Gruppe 1 bzw. 2, F - Zahl der Freiheitsgrade.

Eine Voraussetzung für die Zulässigkeit dieses Tests ist eine Normalverteilung der Meßwerte um den Mittelwert, d.h. die Häufigkeiten der einzelnen Meßwerte mit gleicher Abweichung vom Mittelwert bilden eine Normalverteilungskurve („Glockenkurve"). Bei experimentellen Meßdaten kann man sicherlich im Regelfall von der Existenz dieser Normalverteilung ausgehen, im Zweifelsfall aber und beim Vorliegen von ausreichend Meßdaten sollte diese Voraussetzung überprüft werden.

Literatur

H.GRIMM, R.D.RECKNAGEL (1985) Grundkurs Biostatistik, VEB G.Fischer Verlag, Jena

W. KÖHLER, G.SCHACHTEL, P.VOLESKE (1992) Biostatistik 2. korr. Aufl., Springer, Berlin

10.2 Formeln zur Versuchsauswertung

10.2.1 Rezeptorbindungsstudien

Auch wenn die Bearbeitung von Daten aus enzymkinetischen Versuchen oder Rezeptor-Bindungsstudien in der Regel mit Computerprogrammen durchgeführt wird, sollen die gebräuchlichsten Darstellungsarten, der Scatchard- bzw. Rosenthal-Plot, die Bestimmung des Hill-Koeffizienten und die Darstellung nach LINEWEAVER und BURK kurz genannt werden.

Im allgemeinen folgt die Wechselwirkung eines sich reversibel bindenden Liganden L an einen Rezeptor R dem Massenwirkungsgesetz:

$$K_D = \frac{k_1}{k_2} = \frac{[R]\cdot[L]}{[RL]}$$

wobei K_D die Dissoziationskonstante, [R] die Rezeptor-, [L] die Ligand- und [RL] die Rezeptor-Ligand-Konzentration ist.

Inkubiert man eine Menge Rezeptor mit einer bestimmten Menge Ligand, bindet sich ein Teil des Liganden entsprechend der Gleichgewichtsverhältnisse an den Rezeptor, man erhält dann die Konzentration ("bound" B) des Rezeptor-Ligand-Komplexes

$$[RL] = B = [L]\text{-}F$$

wobei F die freie, ungebundene Ligandkonzentration darstellt.
Durch Einsetzen in das Massenwirkungsgesetz und entsprechende Transformation kommt man zur Scatchard-Darstellung,
wobei B_{max} die Ligandkonzentration ist, bei der die Bindungsstellen des Rezeptors abgesättigt sind (ein Beispiel für ein Bin-
dungsexperiment ist im Abschn. 5.2.2.3 gegeben).

$$\frac{B}{F} = \frac{1}{K_D} \cdot B + \frac{B_{max}}{K_D}$$

Der HILL-Koeffizient n folgt aus der Gleichung

$$\lg \frac{B}{B_{max} - B} = n \cdot \lg F - \lg K_D$$

und gibt einen Anhaltspunkt dafür, wieviele Bindungsstellen für
einen Liganden an einem Rezeptor vorhanden sind (bei $n \approx 1$ ist
eine Bindungsstelle zu erwarten).

Die Assoziationskonstante k_1 erhält man entweder unter Verwendung der unabhängig bestimmten Maximalbindung B_{max} nach

$$k_1 = \frac{1}{t \cdot (L_T - B_{max})} \ln \frac{B_{max} \cdot (L_T - B)}{L_T \cdot (B_{max} - B)}$$

oder, wenn die Dissoziationskonstante k_2 bekannt ist, aus der
Darstellung der Geraden $y = f(t)$

$$\ln \frac{B_e}{B_e - B} = k_{obs} \cdot t$$

unter Verwendung der Beziehung

$$k_{obs} - k_2 = k_1 \cdot L_T$$

mit B_e, Konzentration des gebundenen Liganden im Gleichgewichtszustand, B_0, Konzentration des spezifisch gebundenen
Liganden zum Zeitpunkt t=0, B, Konzentration des spezifisch
gebundenen Liganden zum Zeitpunkt t, L_T, Gesamt-Ligandkon-
zentration, k_{obs}, ermittelte Geschwindigkeitskonstante.

Die Dissoziationsgeschwindigkeitskonstante k_2 ist aus off-
kinetics-Experimenten zu ermitteln. k_2 ist der Anstieg der Funktionsgleichung

$$\ln \frac{B}{B_0} = k_2 \cdot t$$

Die Verwendung von Computerprogrammen, die nicht-lineare Regressionsrechnungen durchführen, gestattet den Vergleich der Güte der Anpassung verschiedener Modellgleichungen. Dabei werden mittels eines F-Tests die Summen der Fehlerquadrate zweier Kurvenanpassungen mit einander verglichen.

So kann man z.B. feststellen, ob bei semilogarithmischer Darstellung (Abszisse: $\log_{10} x$) eine sigmoide Funktion die Kurve besser an die Daten anpaßt oder ob z.B. eine nieder- und eine hochaffine Bindungsstelle vorhanden ist.

Vergleich der Güte von Kurvenanpassungen

Die Funktionen, die der Anpassung zugrunde liegen, sind für die sigmoide Kurve $y=f(x)$ (y ist die Menge gebundener Ligand "bound"-"blank", $x = \log_{10}$ [Ligand])

$$y = A + \frac{B-A}{1+\left(\dfrac{10^C}{10^x}\right)^D}$$

mit A, unteres Plateau (≈ 0), $B = B_{max}$, $C = \log_{10} IC_{50}$, D = HILL-Koeffizient

und für eine zweifach-sigmoide Kurve (zwei unterschiedlich affine Bindungsstellen) lautet die entsprechende Gleichung[3]

$$y = A + \frac{B \cdot 10^{D \cdot x}}{10^{C \cdot D} + 10^{D \cdot x}} + \frac{F^H \cdot x}{10^{G \cdot H} + 10^{H \cdot x}}$$

mit A, unteres Plateau (≈ 0), $B = B_{max}$ (hochaffine Bindungsstelle), C, $\log_{10} IC_{50}$ (hochaffine Bindungsstelle), D, HILL-Koeffizient (hochaffine Bindungsstelle), F, Anteil der niedigaffinen Bindungsstelle, G, $\log_{10} IC_{50}$ (niedrigaffine Bindungsstelle), H, HILL-Koeffizient (niedrigaffine Bindungsstelle)

Die Anpassung für eine rechteckige Hyperbel (Sättigungskurve),

$$y = \frac{A \cdot x}{B + x}$$

mit A, B_{max} (in Enzymkinetiken V_{max}) und B, K_D (in Enzymkinetiken K_M)

aus der B_{max} und K_D direkt ablesbar sind, kann über den F-Test nicht mit den voranstehenden Gleichungen verglichen werden, da hierbei nicht der Logarithmus der Ligand-Konzentration [Ligand], sondern diese direkt verwendet wird.

Literatur

J.W.WELLS (1992) in: E.C.HULME (Hrsg.) Receptor-Ligand Interactions - A Practical Approach. M, 289-395 IRL Press, Oxford

D.B.Bylund (1980) Analysis of Receptor Binding Data, in: 1980 Short Course Syllabus „Receptor Binding Techniques", Soc. Neurosci., Cincinnati

10.2.2 Enzymkinetik

Die folgende Darstellung ist sehr kurz und vereinfacht gehalten. Sie soll einem orientierenden Überblick dienen und kann eine intensive Beschäftigung mit ausführlicheren Abhandlungen, wie sie z.B. in der angeführten Literatur gegeben sind, keinesfalls ersetzen.

Für Enzyme sind die Maximalgeschwindigkeit des Stoffumsatzes v_{max}, die Michaelis-Menten-Konstante K_M, die halbmaximale Inhibitorkonzentration IC_{50} und die spezifische Enzymaktivität wichtige Größen.

Eine Enzymreaktion folgt im einfachsten Fall der Reaktionsgleichung

$$E + S \rightleftharpoons ES \rightleftharpoons EP \rightleftharpoons E + P$$

$$K_a = \frac{k_1}{k_2} = \frac{[ES]}{[E] \cdot [S]} \quad \text{und} \quad K_D = \frac{k_3}{k_4} = \frac{[E] \cdot [P]}{[EP]}$$

mit E, Enzym; S, Substrat; P, Produkt, K_a, Assoziationsgleichgewichtskonstante; K_D, Dissoziationsgleichgewichtskonstante; k_n, Geschwindigkeitskonstanten der Hin- bzw. Rückreaktionen.

Bei einem Enzymtest kann man davon ausgehen, daß im Verlauf des Tests die Enzymkonzentration sich nicht ändert und das Substrat im großen molaren Überschuß gegenüber dem Enzym vorliegt, d.h. die Substratkonzentration ebenfalls praktisch konstant bleibt. Durch diese beiden Annahmen wird aus einer Reaktion 2. Ordnung eine Reaktion 0. Ordnung. Wenn Substrat und Enzym in annähernd gleichen Konzentrationen vorliegen, erhält man eine Reaktion 1. Ordnung. Die Reaktionsgeschwindigkeiten sind dann für die Reaktion $E + S \rightarrow ES$

$$v = \frac{d[S]}{dt} = k \quad \text{für die Reaktion 0. Ordnung}$$

bzw.

$$v = \frac{d[S]}{dt} = \frac{d[P]}{dt} = k \cdot [S] \quad \text{für die Reaktion 1. Ordnung}$$

Integration der Gleichung für Reaktionen 1. Ordnung über die Zeit von t = 0 bis t ergibt

$$\ln [S] = \ln [S_0] - k \cdot t$$

mit $[S_0]$, Substratkonzentration zur Zeit 0.

Aus dieser Gleichung läßt sich die Geschwindigkeitskonstante der Assoziationsreaktion bestimmen, analog, durch Messung des Produkts, die der Dissoziationsreaktion.

Eine weitere charakteristische Größe ist die Halbwertszeit $t_{1/2}$, d.h. die Zeit, in der die Hälfte des Substrats ($[S] = 0,5[S_0]$) umgesetzt ist:

$$t_{1/2} = \frac{\ln 2}{k}$$

Im Fließgleichgewicht (engl. steady state), d.h. wenn Assoziation und Dissoziation gleich schnell verlaufen, sind die zeitlichen Änderungen von [ES] und [E] gleich. Da $[E_0]$, die Enzymkonzentration zum Zeitpunkt t = 0, gleich der Summe aus [E] und [ES] ist, erhält man nach entsprechenden Umformungen und dem Umstand, daß die Geschwindigkeit maximal ist, wenn alle Enzymmoleküle mit Substrat belegt sind und am Stoffumsatz beteiligt sind ($v_{max} = k_3 \cdot [E_0]$) die Michaelis-Menten-Gleichung

$$v = \frac{V_{max}[S]}{K_M + [S]}$$

$$\text{mit } K_M = \frac{k_2 + k_3}{k_1}$$

K_M ist die Michaelis-Konstante der Enzymreaktion. Trägt man nun die Reaktionsgeschwindigkeit v gegen die Substratkonzentration S durch Messung der Reaktionsgeschwindigkeit (Ordinate) bei verschiedenen Substratkonzentrationen (Abszisse) auf, erhält man durch Extrapolation von $[S] \to \infty$ v_{max}, und der Abszissenabschnitt für $v = 0,5 \cdot v_{max}$ ist der Wert für K_M.

In der Regel werden aber K_M und v_{max} aus anderen, linearisierten Darstellungsformen als die der Michaelis-Menten-Gleichung gewählt. Diese Darstellungsformen sind in Tabelle 10.2 aufgeführt. Die Reaktionsgeschwindigkeit v erhält man experimentell aus dem linearen Bereich des Substratumsatzes bei einer definierten Substrat- und Enzymkonzentration. Wenn $[S] >> K_M$ ist, wird $v = v_{max}$.

Mit der Lineweaver-Burk-Darstellung lassen sich leicht Aussagen über die Art der Wirkung eines Enzyminhibitors treffen: Kompetitive Inhibitoren haben den gleichen Schnittpunkt mit der y-Achse und verschiedene Abszissenabschnitte, nicht-kom-

Tabelle 10.2. Darstellungsformen zur graphischen Bestimmung von K_M und v_{max}

Darstellungs- form nach	Auftrag auf der x-Achse	y-Achse	Schnittpunkt mit der x-Achse	y-Achse	Steigung
LINEWEAVER-BURK	1/[S]	1/v	$-1/K_M$	$1/v_{max}$	K_M/v_{max}
HANES	[S]	[S]/v	$-K_M$	K_M/v_{max}	$1/v_{max}$
EADIE/HOFSTEE	v/[S]	v	v_{max}/K_M	v_{max}	$-K_M$
DIXON	[I]	1/v		$1/v_{max}$ [a]	

[a] für hohen Substratüberschuß

petitive Inhibitoren besitzen den gleichen Schnittpunkt mit der x-Achse bei unterschiedlichen Ordinatenabschnitten; der Anstieg der Geraden ist größer als bei der ungehemmten Enzymreaktion.

Wenn nur die Wirkung eines Inhibitors auf das Enzym untersucht werden soll, ist die Darstellung nach DIXON vorteilhaft. Man mißt die Reaktionsgeschwindigkeit bei jeweils konstanter Substratkonzentration und variiert die Inhibitorkonzentration [I]. Bei kompetitiver Hemmung schneiden sich die Geraden in einem Punkt mit den Koordinaten $x = -K_I$ und $y = 1/v_{max}$, bei nicht-kompetitiver Hemmung gehen alle Geraden bei $x = -K_I$ durch die x-Achse, $1/v_{max}$ erhält man als Ordinatenabschnitt für die bei großem Substratüberschuß aufgenommene Gerade.

Die spezifische Enzymaktivität ist die umgesetzte Substrat- bzw. gebildete Produktmenge pro Zeiteinheit und Enzymmenge unter definierten Bedingungen (pH, Temperatur, Pufferzusammensetzung). Sie wird entweder in willkürlichen Dimensionen (Einheiten bzw. Units/mg/min; Einheiten können Massen, Extinktionsänderungen o.ä. sein, die Internationale Einheit IU wird definiert als Umsatz von 1 μmol Substrat bzw. Bildung von 1 μmol Produkt pro Minute) oder als SI-Einheit "kat/mg" (mol/s/mg) angegeben.

Die IC_{50} ist die Inhibitor-Konzentration, bei der die Enzymaktivität nur noch 50 % des ungehemmten Werts beträgt.

Literatur

H.BISSWANGER (1994) Enzymkinetik. Theorie und Methoden. 2. überarb. Aufl. VCH, Weinheim

R.EISENTHAL, M.J.DANSON (Hrsg.) (1992) Enzyme Assays - A Practical Approach. IRL Press, Oxford

10.2.3 Molmassenbestimmung in SDS-Elektropherogrammen

Eine absolute Molmassenbestimmung in der SDS-PAGE ist nicht möglich, sondern es wird die Wanderungsstrecke bzw. der R_f-Wert (Laufstrecke Protein : Laufstrecke Markerfarbstoff) des interessierenden Proteins (als stäbchenförmiger, partiell denaturierter SDS-Protein-Komplex) mit der von Eichproteinen verglichen. Man verwendet am besten eine halblogarithmische Darstellung ($\log_{10} M_r$ vs. Wanderungsstrecke oder R_f). Durch die Punkte der entsprechenden Eichproteine wird eine Ausgleichsgerade gelegt, mit deren Hilfe die Molmasse des gesuchten Proteins ermittelt wird (vgl. Abb. 2.1).

Besonders bei homogenen Trenngelen ist zu beachten, daß die Eichproteine am oberen und am unteren Ende der Molmassenskala stark von einer (linearen) Ausgleichsgeraden abweichen. Um sicher zu gehen, daß die ermittelte Molmasse korrekt ist, sollte ein Ferguson-Plot erstellt werden, d.h. man bestimmt den R_f-Wert in Gelen mit unterschiedlichem %T und trägt $\log_{10} R_f$ gegen %T auf: "normale" Proteine ergeben einen linearen Zusammenhang, besonders im Fall von Glycoproteinen ist ein hyperbolischer Kurvenverlauf zu beobachten, der in höherkonzentrierten Gelen und/oder mit größerem Quervernetzer-Anteil %C eine kleinere Molmasse ermitteln läßt als in Gelen mit niedrigem %T.

Literatur

B.D.HAMES (1990) In: B.D.HAMES, D.RICKWOOD (Hrsg.) Gel Electrophoresis of Proteins - A Practical Approach. 2. Aufl., 16-22, IRL Press, Oxford

10.3 Software für die Laborpraxis

Die nachstehenden Programmpakete stehen stellvertretend für eine Vielzahl von Angeboten. Obwohl es sich bei den genannten um ausgereifte Programme handelt, ist natürlich von Fall zu Fall zu entscheiden, ob nicht ein anderes Programm hinsichtlich spezieller Parameter und Leistungen oder auch Nutzergewohnheiten günstiger ist.

Da sich die Weiterentwicklung der Programme rasant vollzieht, ist eine Angabe von Versionsnummern unterlassen worden. Auch ist eine Angabe zum Betriebssystem nicht sinnvoll, da die meisten Programme sowohl in WINDOWS- als auch DOS- oder APPLE-Versionen angeboten werden.

10.3.1 Datenauswertung und -präsentation

EBDA, LIGAND, KINETIC & LOWRY: Biosoft, 49 Bateman Street,
  Cambridge CB2 1LR, GB
  Programmpaket zur Auswertung von Rezeptor-Ligand-Unter-
  suchungen, für Enzymkinetiken und nicht-lineare Regression
  der Daten der Proteinbestimmung nach LOWRY et al. Nutzer-
  freundliche Dateneingabe und -ausgabe, aber mäßige Graphik

Enzfitter: Biosoft, 49 Bateman Street, Cambridge CB2 1LR, GB
  Relativ einfach zu bedienendes, dabei sehr leistungsfähiges
  Programm für die Auswertung von Enzymkinetiken nach
  verschiedenen Modellen.

Harvard Graphics: SPC GmbH, Oskar-Mester-Str. 24, D-85737
  Ismaning
  Zur Datenpräsentation ausgezeichnet geeignet, zur Bearbeitung und Auswertung wissenschaftlicher Daten mit Einschränkungen nutzbar.

InPlot bzw. Prism: GraphPad Software, 10855 Sorrento Valley
  Road #204B, San Diego, CA 92121, USA
  Für den Routinebetrieb (z.B. Auswertung von Enzym- und
  Rezeptorassays) komfortables Auswertungs- und Darstel-
  lungsprogramm

SigmaPlot: Jandel Scientific GmbH, Schimmelbuschstr. 25, D-
  40699 Erkrath
  Universelles Programm zur Auswertung und Darstellung wissenschaftlicher Daten

10.3.2 Statistik-Programme

InStat: GraphPad Software, 10855 Sorrento Valley Road #204B,
  San Diego, CA 92121, USA

Statgraphics: Manugistics Inc., 2115 East Jefferson Street, Rock-
  ville, MD 20852, USA
  Sehr umfangreiches, graphikorientiertes Statistikpaket

WinStat: Kalmia Corp. Inc., 71 Dudley Street, Cambridge, MA
  02140, USA bzw. G. Greulich Software, Auf dem Graben 20,
  D-79219 Staufen

10.3.3 Sonstiges

Protein Purification by A.G.Booth. IRL Press Software, Oxford
Zum Training von Proteinreinigungsstrategien

MAbAssistant: Pharmacia Biotech GmbH, Munzinger Str. 9, D-79111 Freiburg.
Interaktives Programm zur Planung der Aufreinigung von monoklonalen Antikörpern

1 trägt die gleiche Dimension wie der dazugehörige Mittelwert   Anmerkungen
2 $(1 \geq |r| \geq 0,8$ - sehr gute Korrelation, $0,8 \geq |r| \geq 0,6$ - mäßige Korrelation, $|r| < 0,6$ - schlechte bzw. keine Korrelation)
3 nach G.Zernig, E.R.Butelman, J.W.Lewis, E.A.Walker, J.H.Woods (1994) J. Pharmacol. Expt. Therap. *269*, 57-65

Index

Druck: Saladruck, Berlin
Verarbeitung: Buchbinderei Lüderitz & Bauer, Berlin